农业源控制管理制度与减排政策示范

吴根义　主编

中国环境出版集团·北京

图书在版编目（CIP）数据

农业源控制管理制度与减排政策示范/吴根义主编.
—北京：中国环境出版集团，2019.9
ISBN 978-7-5111-4081-4

Ⅰ．①农… Ⅱ．①吴… Ⅲ．①农业污染源—污染
控制—环境政策—中国 Ⅳ．①X501

中国版本图书馆 CIP 数据核字（2019）第 191358 号

出 版 人　武德凯
责任编辑　丁莞歆
责任校对　任　丽
封面设计　岳　帅

出版发行　**中国环境出版集团**
　　　　　（100062　北京市东城区广渠门内大街 16 号）
　　　　　网　　址：http://www.cesp.com.cn
　　　　　电子邮箱：bjgl@cesp.com.cn
　　　　　联系电话：010-67112765（编辑管理部）
　　　　　　　　　　010-67175507（第六分社）
　　　　　发行热线：010-67125803，010-67113405（传真）
印　　刷　北京建宏印刷有限公司
经　　销　各地新华书店
版　　次　2019 年 9 月第 1 版
印　　次　2019 年 9 月第 1 次印刷
开　　本　787×1092　1/16
印　　张　16.75
字　　数　305 千字
定　　价　65.00 元

编 委 会

主　编：吴根义

副主编：姜　珊　李　想　曾　东　胡立琼

编著者：（按姓氏笔画排序）

马晓蕊　丘丽清　刘明庆　苏文幸　李方鸿　邴永鑫

佘　磊　余苹中　沈根祥　张成军　罗惠莉　柳王荣

姜彩红　贺德春　钱晓雍　席运官　黄惠妍子

审　定：吴根义

前　言

农业源污染已成为当前我国流域水环境质量下降的重要原因，农业源污染物总量减排已成为当前环境保护的重要工作之一。党的十八大以来，国家对农业源污染防治工作提出了更高要求——《"十三五"生态环境保护规划》（国发〔2016〕65号）提出"打好农业面源污染治理攻坚战"，党的十九大提出乡村振兴战略，农业源污染防治和农村生态环境改善成为我国生态环境保护工作的重要任务。

"十二五"以来，以规模化畜禽养殖为重点的农业源污染减排已成为国家节能减排约束性考核指标，各地积极推动农业源污染减排工作，并取得了明显成效。然而，我国农业源污染防治起步晚、基础薄弱，现有农业政策主要集中在提高产量和效益上，农业环境政策不健全，并未与农业生产相协调；农业源污染减排战略缺乏系统性，污染减排目标和任务未与水环境质量目标相关联，没有形成一体化的农业源污染减排技术与管理体系。全面分析当前农业源污染减排成果与存在的问题，探索农业源污染减排技术与政策，构建符合我国不同区域的农业源污染减排一体化防控技术与管理体系已成为深入开展农业源污染减排的迫切需要。

本书基于"十二五"国家水体污染控制与治理科技重大专项支撑项目"农业源控制管理制度与减排政策示范研究"（2014ZX07602-004）的成果，在其专项资金资助下完成，由吴根义、姜珊、李想、曾东、胡立琼等编著。全书分为6章，立足构建农业源控制管理制度与减排政策体系，通过广泛的资料和成果总结与分析、深入的现场调研与典型案例的采样监测，汇集了不同行业专家的意见，结合国家农业面源污染防治工作实施的需求，形成了"深化农业源污染减排、强化农业面源污染综合管控能力"的相关成果，主要包括基于环境目标的分区分类减排目标与任务分配方法、规模化畜禽养殖污染物总量减排核算方法和农业源污染控制管理制度环境绩效评估方法，农业源污染减排防治区域分区分级方案，种植业、畜禽养殖业、水产养殖业、农副产品加工业污染物减排技术指南等内容。研究成果可为促进农业面源污染防治、改善农村环境质量提供支撑。

编 者

2019 年 6 月

目　录

第1章

绪　论

我国作为世界上的人口大国、农业大国，农业源污染已成为当前的突出环境问题，特别是由于过去重点关注大中城市的环境保护工作，而对广大农村地区重视不够，从而导致农村环境问题日益恶化，尤以水污染问题最为突出。《中华人民共和国环境保护法》（以下简称《环境保护法》）中涉及农业环境问题，但是并未与农业生产相协调，现有农业政策仍主要集中在提高产量和效益上，导致农业生产与环境保护脱节。农业源污染的防治政策和减排战略缺乏系统性，在具体工作中出现职能部门职责交叉与重叠的现象，易产生权力冲突或各职能部门互相推诿的问题；同时，由于农业源污染减排的管理模式、政策制度的欠缺，未能形成有利于污染防治的农业源污染物排放量核算方法。

随着近年来国家在水环境污染减排方面工作力度的逐步加大，工业污染源治理取得了一定成效，并在一定程度上得到控制，而农业源造成的水环境污染问题仍日益突出。水污染负荷结构已经或正在发生变化，表现在工业源污染所占的比重趋于稳定甚至下降，农业源污染的比重逐渐加大。监测和研究结果表明，在一些重要水域和地区，农业面源污染已超过工业点源污染，成为水体污染的第一污染源和威胁水质的主要因素。党中央、国务院多次作出重要指示，要求采取有效措施防治农业面源污染。李克强总理明确提出"注意食品安全和保护环境是农业的生命"。从 2006 年开始，中央连续下发的一号文件都把农业面源污染防治工作摆到重要位置，多次提出"加大力度防治农业面源污染""加强农村环境保护，减少农业面源污染""治理农业面源污染"。"十一五"期间，国家在重点流域开展农业环境综合整治工作，并取得较明显的成效，部分地区农业污染蔓延态势得到明显控制。国家以污染物总量减排为手段推动污染防治工作，而在"十一五"期间农业源污染物减排并未纳入减排目标要求中，因此农业源污染在全国并未得到有效控制。

2012 年 1 月 30 日，国务院印发《全国现代农业发展规划（2011—2015 年）》（国发

〔2012〕4 号），明确在工业化、城镇化深入发展中同步推进农业现代化是"十二五"时期的一项重大任务。为合理开发和利用资源，从根本上改变农村生产生活废弃物造成的脏、乱、差局面，全国各省（区、市）纷纷制定了农业"十二五"发展规划。一系列规划的发布，加快了由数量型农业向质量效益型和休闲型农业的转变，由资源消耗型农业向资源节约型、环境友好型、循环生态型农业的转变。2011 年 8 月，国务院发布《"十二五"节能减排综合性工作方案》（国发〔2011〕26 号），明确要求建立农业源排放统计监测指标体系，这是国家首次将农业源污染减排纳入总量减排目标要求中。农业源污染减排工作的开展推进了我国规模化畜禽粪污治理及循环利用，大大降低了我国农业源污染物的排放量。

党的十八大以来国家对农业面源污染防治工作提出了更高要求。《"十三五"生态环境保护规划》（国发〔2016〕65 号）提出"打好农业面源污染治理攻坚战"，党的十九大提出乡村振兴战略，农业源污染防治和农村生态环境改善成为我国生态环境保护工作的重要任务。我国农业面源污染对水环境、农田土壤环境、大气环境等方面的影响逐渐加大，并可能对食品安全和人体健康造成威胁，成为我国现代农业发展的"瓶颈"。然而我国农业源污染治理政策框架和配套制度建设仍处于逐步健全阶段，全面分析当前农业源污染防治的成果与存在的问题、提升管理措施与革新技术成为农业环境管理的迫切需要。

1.1 农业环境管理存在的主要问题

1.1.1 农业源污染已成为当前我国面临的突出环境问题

我国作为世界上的人口大国、农业大国，控制农业面源污染至关重要。调查显示，我国水资源污染主要来自农业生产，农业面源污染对太湖、巢湖、滇池三湖全氮的贡献率分别达到 59%、33%、63%。每年进入长江、黄河的氮素中，分别有 92% 和 88% 来自农业，特别是化肥氮占进入河流氮素的 50%。农业污染对农业环境的扰动和生态系统的损害日益加剧，并呈现时空延伸、来源扩大、复合交叉等新特点，总体态势非常严峻。我国过去环保工作的重点一直集中在大中城市，忽视了占全国总面积近 90% 的广大农村，从而使农村环境问题日益恶化，尤以水污染问题最为突出，且呈现出迅速恶化的态势。

长期以来，为解决十几亿人口的温饱问题，我国农业生产的首要目标就是增加粮食产量。近年来，我国农业化肥的投入量逐年增加，每年化肥施用量的增加速度超过

200万t。截至2015年，我国化肥施用量已达到6 500万t，其中氮肥的用量增加最为迅速。由于过量施用的氮肥无法被作物完全吸收，其中一半以上可能沉积在土壤中，因而导致了严重的农业非点源污染问题。这些没有被作物吸收利用的氮肥，一方面会通过地表径流等方式进入受纳水体，不仅会造成地下水污染，还会造成湖泊、池塘的富营养化；另一方面，过量使用的氮肥中约有一半以 N_2O 气体形式挥发到空气中（N_2O 是最主要的温室气体之一），从而加剧了全球气候变暖。由此可见，伴随着农业集约化程度的不断提高和养殖业的快速发展，化肥、农药使用量大幅度增加，畜禽粪便及污水排放不断增长，过量和不合理使用肥药以及畜禽粪便随意排放等问题造成了土壤、水体、大气的立体污染。

目前，我国农村的城镇化水平逐步提高，居民居住相对集中，由此造成了生活垃圾、污水的集中排放，再加上治理资金、政策方面的欠缺，使其成为我国新农村建设中面临的突出环境问题。另外，随着农村经济的发展，适合农村特点的农副产品加工业迅速发展，与大型农业生产企业相比，存在点多、面广、技术和资金不足等多方面的问题，对农村环境的影响已在局部地区表现出来，并有迅速扩展的态势。

1.1.2 农业生产与农业环境保护需求之间存在冲突

我国的《环境保护法》中涉及农业环境问题，但是并未与农业生产相协调。我国现有的农业政策仍主要集中在提高粮食产量和农民收入上，从某种程度上对环境产生了负面影响，导致农业发展与环境保护脱节，造成严重的农业面源污染问题。企业、政府与公众之间的环保投资信息不对称，政府职能部门尚未建立环保投入及其产出的有效追踪方法，长期形成的重投入轻产出、重建设轻成效的管理模式难以定量表征环保投入究竟产生了哪些成效，发挥了何种作用。因此，有必要考察目前我国主要农业政策的污染防治效应，增加我国农业政策中的环境目标，改革我国农业政策中与环境保护目标不一致的制度缺陷，在制订农业政策时充分考虑环境目标，同时在制订环境政策时也应考虑其对农业生产、收入和价格的潜在影响，使农业政策和环境政策从长远来看互相支持、互相增强。

1.1.3 推动农业源污染防治工作的政策与激励机制缺乏

目前，我国的农业面源污染防治工作尚处于起步阶段，既缺少政策框架和配套制度，又缺乏鼓励和推动农民采用有效实用技术和管理经验的机制。"十一五"期间，国家水体污染控制与治理科技重大专项围绕农业面源污染控制与治理开展了技术研发与集成，但一直缺乏相应的管理制度与激励政策去推动已确立的相关技术体系在农业生产中全面普及推广，特别是缺乏针对主产区大宗粮食作物生产和蔬菜高污染种植模式的产业性或行业性环境友好化肥施用限量和推荐标准、施用技术推行机制、有效的监督管理办法和效益考评管理制度，也没有高污染种植约束、退出机制和激励政策与奖惩办法。与此同时，片面强调技术研发、集成而忽视了技术的使用者，特别是除农民外还有更多有组织、有协调能力的涉农利益相关者，如龙头企业、专业合作组织在农业源污染减排方面的作用。因此，有必要加快这方面的研究示范，并大力支持和吸引涉农企业将政府、科技推广人员、农民联系在一起，加快推动种植业污染减排的进程，使种植业污染减排计划、行动、方案及技术模式、技术体系落到实处，切实在生产中发挥作用。

1.1.4 没有形成一体化系统控制的农业源污染防治政策和减排战略

目前，我国主要采用大力推广各种污染控制技术和工程设施建设的手段对农业源污染进行削减和控制，如大力推进种养废弃物能源化、资源化利用，重点抓好农村沼气建设，以自然村为基本单元，建设秸秆、粪便、生活垃圾等有机废弃物处理设施，推广秸秆覆盖还田、秸秆快速腐熟、秸秆气化、过腹还田和机械化还田技术，逐步推进乡村清洁工程建设，实现农业资源和废弃物的高效利用及循环利用；同时，以节肥、节药、节水、节能为突破口，大力推广节约型农业技术，并开展全国性的农业源污染普查，加强重点区域农产品产地环境监测，建立和完善污染减排体系，切实降低农业源污染。这些措施的推动和实施，无疑对于农业源污染的减排和控制起到了积极作用，但农业源的"立体污染"特性决定了在污染防治过程中必然会出现相关职能部门职责交叉与重叠的现象，造成各职能部门因争相负责而造成权力冲突或因互相推诿而产生权力"真空"的现象。美国等发达国家农业面源污染防治的成功经验也表明，农业源污染防治需要多部门相互合作与配合，这种合作不仅要建立在农业行政部门和环境保护行政部门之间，还要建立在它们与各自相关方之间，只有这样才能实现农业面源污染的有效控制。

此外，我国至今还没有形成指导全国农业源污染防治的总体战略，农业源污染减排的管理模式、政策制度极为缺乏，对于我国农业源污染发展趋势的了解也比较模糊，没有形成简单可行的农业源污染物排放量核算方法，缺乏污染减排的分区分类指导政策框架、激励机制、补偿机制。因此，从区域社会经济发展和国家宏观管理层面构建适合我国实际的农业源污染减排政策制度，提出促进我国农业源污染减排的政策构架，从而形成我国农业源污染减排的总体战略框架,无疑对进一步强化农业源污染管理、弥补单纯采用技术措施进行农业源污染控制的不足具有重要意义。

1.1.5　水产养殖与农副产品加工业污染防治政策不健全

我国的水产养殖业在法律法规和环境管理、监督机制方面并不健全。在法律方面,从 1986 年《中华人民共和国渔业法》颁布实施以来,我国渔业法律体系从法律、行政法规及规章、地方性法规及规章、政策、法律解释、涉外法等多个层面逐步建立起来,但是依然存在着部分法律条款强制力不够、法规体系不完善,执法依据不足、一些法律规范之间出现冲突、缺乏专项法律和详尽的水产养殖过程中的水环境管理细则,立法目的偏重于经济发展而非环境保护、缺乏相应的地方标准等方面的问题。在机构设置与管理方面,存在着地方环保部门监管动力不足、管理机构设置不明确、各部门管理队伍力量薄弱、监督执法水平低、水环境管理行政区的管理重叠和冲突等方面的问题。国家在渔业管理上侧重于抓产量、促增长,在保护资源与环境方面办法不多、措施不足。在水产养殖业自身管理方面,虽然我国颁布了行业标准《淡水池塘养殖水排放要求》(SC/T 9101—2007)和《海水养殖水排放要求》(SC/T 9103—2007),规定了养殖废水排放指标及其标准值,但是由于我国水产养殖业的生产组织化程度低、分散经营,因而存在水产养殖无组织排放现象严重、管理难度较大,养殖者的生态环境保护意识淡薄、滥用渔药现象严重等问题。

随着农村经济结构的转型升级,农村农副产品加工业迅速发展,其污染物排放量逐年增大。但当前我国农副产品初级加工依附于农业生产,规模小而散,污染发生较为隐蔽,还没有形成专门的监督监管机制。我国农产品的生产、加工、物流与销售等环节以分段监管为主要方式,其中农业部门负责初级农产品生产环节的监管,质检部门负责食品生产加工环节的监管,工商部门负责食品流通环节的监管,卫生部门负责餐饮等消费端的监管,食药监部门负责对食品安全的综合监督,存在各管理机构自成体系、政出多门、多元化领导等现象,缺少统一的监管体制,部门之间职能交叉、责任不明,不利于农副产品加工业的有序发展,尤其在农副产品初级加工环节的污染控制和环境管理方面往往形成监管盲区。此外,相应标准与规范制定滞后,绝大部分农副产品加工业在废弃物综合利用方面没有制定国家标准和行业标准,更谈不上基础标准、方法标准和管理标准对产品标准的有效支持。我国现有的农副产品加工业标准与规范侧重于从食品卫生与质量的角度进行制定,基本没有考虑对废弃物的综合利用,在污染物排放标准、管理措施等方面更是空白。虽然已颁布了《肉类加工工业水污染物排放标准》（GB 13457—1992）、《屠宰与肉类加工废水治理工程技术规范》（HJ 2004—2010）等标准规范，限制了污染物的排放，但主要是针对大规模、工业化的农副产品加工业，而对于量大面广的农村地区小型、分散、粗放式的农副产品加工业，则缺乏相应的污染防治和综合利用的标准规范。

1.1.6　农业政策环境效益综合评估技术缺乏

近年来，我国各相关部门出台了一系列农业生产与污染防治方面的制度和政策，这些政策为促进农业发展、保护农村环境起到了积极作用。我国已经实施的主要农业政策大多以经济效益为主，未形成适合农业源污染控制的管理制度与政策体系，现有农业源污染控制技术大多引用工业源污染控制技术的方法和规范，而农业源污染在不同地区和不同规模农业区或基地存在巨大差异，照搬工业源污染控制制度和方法在农业源污染防治上往往不能发挥最佳效益，需要系统地研究农业源污染物的治理技术对污染物的去除效果及减排影响，系统地对农业政策的环境效益进行综合评估。农业源污染是农业生产与发展中存在的现实问题，不能因为污染而不发展或少发展农业，只能以科学发展的观点引导。建立和提出农业源污染防治政策的环保效果评估方法可以对各类农业政策与污染防治制度、政策进行综合评估，客观正确地掌握各项政策、措施产生的环境效果，从而科学、合理地选择农业源污染防治政策，以降低农业源污染防治成本，提高治理效率。

1.2　农业环境管理需求

1.2.1　落实国家控制农业源污染、强化农村生态环境治理的需求

近年来，国家对水环境污染减排与治理工作愈加重视，《国家中长期科学和技术发展规划纲要（2006—2020 年）》指出，我国仍然面临水污染的严峻挑战，而农业源污染已成为我国水污染的主要成因。2015 年，中央一号文件对"加强农业生态治理"作出专门部署，强调要加强农业面源污染治理。"十三五"以来，国家对面源污染防治工作提出了更高要求：《国家环境保护"十三五"科技发展规划纲要》将"农村与生态保护修复"列为环境保护的重点任务；《中共中央　国务院关于加快推进生态文明建设的意见》（中发〔2015〕12 号）、《生态文明体制改革总体方案》等中央文件，均提出要加快推进

农业面源污染治理，进一步加大了环境保护工作对农村地区的覆盖。《中华人民共和国国民经济和社会发展第十三个五年规划纲要》《全国农业现代化规划（2016—2020 年）》（国发〔2016〕58 号）、《全国农业可持续发展规划（2015—2030 年）》（农计发〔2015〕145 号）、《畜禽规模养殖污染防治条例》（国务院令　第 643 号）、《水污染防治行动计划》（国发〔2015〕17 号）、《土壤污染防治行动计划》（国发〔2016〕31 号）、《大气污染防治行动计划》（国发〔2013〕37 号）等的相继发布，虽然明确了相关部委在农业面源污染防控上的主体任务与监管责任，但对如何落实具体政策与措施仍需加强研究与制定，以高效推动该项工作。

1.2.2　总结经验与不足、提升农业面源污染防治成效的需求

目前我国农业面源污染日益严重，对水环境、农田土壤环境、大气环境等的影响逐渐加大，是影响农村生态环境质量的重要因素，并可能对食品安全和人体健康造成威胁，成为我国现代农业发展的"瓶颈"。然而，农业面源污染涉及范围广、随机性大、隐蔽性强、不易监测、难以量化、控制难度大，其发展趋势令人担忧。当前国家对农业源污染治理缺少政策框架和配套制度，同时缺乏鼓励和推动农民采纳有效实用技术和管理经验的机制。全面分析当前农业源污染防治的成果与存在的问题、提升管理措施与革新技术成为农业环境管理的迫切需求。

1.2.3　通过示范全面推动农业面源污染防治工作的需求

我国农业源污染防治起步较晚，相关政策与措施相对滞后，且地域辽阔，各地自然条件、经济发展水平、农业生产方式存在较大差异，适合各地区的农业源污染防治政策措施还未形成。只有在深入研究与总结的基础上，通过典型地区的综合示范与应用，才能确保农业面源污染防治工作全面高效推动。

ellipse content: 第 2 章

农业源污染物减排总体战略

2.1　国内外相关政策与法律法规的调研与分析

2.1.1　国外主要农业政策、污染防治政策及其环保调控作用

1. 美国

农业是造成美国地表水污染的重要原因。自 1972 年《清洁水法》颁布以来，来自点源的污染负荷量已经减少，美国水环境质量问题的焦点转移到非点源方面。美国各州根据《清洁水法》提供的两年一次的报告指出，农业是美国河流、湖泊水质恶化的最主要污染源，是导致江河入海口水质恶化的主要源头，沉积物、病原体、营养物质是最主要的污染物。人们逐渐认识到，对这些水体来说，仅仅通过控制点源污染不能使水质达到《清洁水法》规定的标准，只有同时控制非点源污染尤其是农业污染源才能实现水质目标。

1）美国农业污染治理的法规/标准体系

（1）《清洁水法》（*Clean Water Act*，CWA）

CWA 是美国针对水质问题制定的主要联邦成文法之一，其前身是 1972 年通过的《联邦水污染控制法案》（*Federal Water Pollution Control Act*，PL 92-500）。至 1987 年，该法案已经增补修正了 3 次。CWA 构建了联邦和各州现行水质保护的政策框架，其重点目标在于保护地表水，同时也为联邦、州和地方政府开展地下水污染治理计划提供了法律指南（USEPA，1998）。CWA 确立的排放许可制度和总量控制制度为美国的排污权交易政策的实施提供了法律基础，而美国的排污权交易体系堪称法规/标准、经济激励与自愿参与组合政策的典范。1987 年，CWA 修正案还首次提出了对点源与非点源污染实行

统一管理的行动计划。

（2）《海岸带再授权修正案》（*Coastal Zone Act Reauthorization Amendments*，CZARA）

CZARA 确立了海岸带非点源污染治理计划，是美国污染治理方面的第二部联邦成文法。依据该法制定的海岸带非点源污染治理规划直接用于解决非点源污染问题。美国国家海洋和大气管理局（National Oceanic and Atmospheric Administration，NOAA）是该计划的执行机构。第 6217 项条款要求各州根据联邦批准的海岸带管理计划，制订和实施海岸带非点源污染治理计划，以保证海岸带水质得到恢复、水资源得到有效保护。有 30 个州被要求发展此类计划，它们都已经向美国国家环保局（Environmental Protection Agency，EPA）和 NOAA 提交了非点源治理计划，并获得批准。

CZARA 提出了执行最佳管理实践的要求。美国的海岸带非点源污染治理计划要求各州必须规定执行最佳管理实践（Best Management Practices，BMPs）的方法，最佳管理实践由 EPA 在国家技术指南中详细说明。在每个州的管理计划中都有一系列关于治理农业非点源污染的措施，这些措施要求在经济上是可行的。

（3）关于防止地下水污染的法律

CWA 和 CZARA 主要针对地表水立法。对于地下水的问题，在美国可依据 4 个联邦成文法来解决，它们是《安全饮用水法案》、《资源保护和恢复法案》、《环境响应、补偿和责任综合法案》和《联邦农药、杀真菌剂和杀鼠剂法案》。CWA 也鼓励保护地下水资源，认为地下水是河流和湖泊的重要水源之一，特别是要求联邦、州和地方各级政府应制订综合治理计划，减少、消灭和防止地下水污染。《安全饮用水法案》和《联邦农药、杀真菌剂和杀鼠剂法案》直接涉及农业污染治理。

2）美国农业污染治理的行动计划

EPA 实施了很多与水质有关的计划，有一些计划直接涉及农业生产者。这些计划运用财政、教育、研究与发展等政策工具，帮助农民自愿采纳有助于保护水资源和实现其他环境目标的管理实践，主要包括自然资源保护技术补贴（Conservation Technical Assistance，CTA）、自然保护服从条款（Conservation Compliance Provisions，CCP）、自然资源储备计划（Conservation Reserve Program，CRP）、湿地保护计划（Wetland Reserve Program，WRP）、水质量计划（Water Quality Program，WQP）、环境质量激励计划（Environmental Quality Incentives Program，EQIP）、综合养分管理计划（Comprehensive Nutrients Management Plan，CNMP）等。

2. 欧盟

1）欧盟层面的农业污染治理政策

农业生态系统的营养物流失是欧洲各国水体污染物的主要来源。欧盟通过环境立法和共同农业政策来控制农业非点源污染。与农业污染有关的主要政策措施包括《饮用水指令》（*Drinking Water Directive*，75/440 和 80/778）、《硝酸盐指令》（*Nitrates Directive*，91/676）和《农业环境条例》（*Agri-Environmental Regulation*，92/2078）；共同农业政策包括实施市场方法和农村发展项目。

《饮用水指令》主要包括地表水水体指令和地下水次级指令。地表水水体指令的目标是对河流实行流域层面的水管理，起草包括有具体措施的流域管理计划，制定关于营养物和农药残余的普通标准及特定情况下采取的更严格标准，以保持流域水体具有良好的质量、数量和生态状况。地下水次级指令为成员国评价地下水化学状况提供指标，规定地下水中硝酸盐和农药质量浓度的临界指标分别为 50 mg/L 和 0.1 μg/L，并制定了一些其他污染物的临界指标，提供了污染物浓度变化的鉴定标准，还制定了间接排放限额。

20 世纪 80 年代末，在一些成员国的推动下，欧盟进一步立法以治理排入水体的营养物污染源，于 1991 年出台了《硝酸盐指令》。该指令要求各成员国对受到农业硝酸盐污染的水体进行监测，并将硝酸盐含量超过或可能超过 50 mg/L 及已经发生或可能发生富营养化的水体标定出来，将这些水体的集水区划定为易受硝酸盐污染区（Nitrate Vulnerable Zones，NVZs）。各成员国必须对所有的 NVZs 制订切实可行的行动计划，防止动物粪肥和无机化肥施用对水体的污染，区域内要采取强制性措施以减少营养物质的进一步流失，其中对农业经济影响最大的一项规定是动物粪肥使用量（以氮计）每年不得超过 170 kg/hm^2。对于 NVZs 以外的地区，各成员国必须制定实施"环境友好型农业"措施的自愿性准则，内容包括粪便储存率、施用率、施用时间和其他相关问题。目前所有成员国都实行了硝酸盐监测。

《农业环境条例》的重要性主要在于防止农业生产对野生生物及其生存环境造成污染和破坏。它确立了几项基本原则，各成员国可以据此制订相关政策，如通过向农民提供补偿性支付来保护野生生物及其环境。《农业环境条例》在各成员国实施的情况各不相同，在可允许进行的农业活动方面差异很大。

共同农业政策（Common Agricultural Policy，CAP）是欧盟自成立以来一直保持的行业政策，由两大支柱组成：一是市场支持，包括建立直接付款的营销团体和采取诸如调节、存贮这样的市场手段；二是包括 11 条措施的农村发展项目。市场支持的目的是维持土地在良好的农业和环境条件下的持续利用。农村发展项目制定了农民在当地从事农业生产活动时所应遵循的标准，各成员国制定的标准不能与欧盟通过的强制性环境要求的最低标准相冲突。该项目有两个重要措施：一个是对农民为社会和农业环境改善所做出的贡献中超出政府所提供资金的那一部分应该给予补偿；另一个是行业立法设立新标准时，要对农业生产成本进行补贴，使农民可以接受这个新标准。

此外，1998 年欧盟理事会就《关于水政策的框架指令》（*Framework Directive on Water Policy*）达成初步协议，为保护地表水和地下水建立了共同的政策框架，包括河流流域管理、实施评价、行动计划和标准等内容。2001 年 12 月，欧盟颁布了《水框架指令》（*EU Framework Water Directives*）。该指令强调，对于来自农业的径流污染应特别关注污染管理措施，这些措施应是"范围广泛的、预防性的、经济合算的、联合运作的"。指令要求增加监测点，对农业径流污染进行充分的监测，以评估非点源污染对水体的影响。

根据该指令制订的流域管理计划已在 2009 年完成，其内容包括对造成水污染的径流污染源进行评估，对造成这种污染的土地利用情况进行总结，在用于提取饮用水的水体所在区域建立水保护区，并制订计划及措施防止和控制来自径流的水污染。

欧盟还通过立法对农药管理提出了要求，农药立法的目的是保护环境与人类健康，并协调农药生产、使用和控制三者的关系。农药立法实行双重评估体系，在行业水平上评价各种用于农药生产的毒性物质的作用，合格品列入准许进口的货单，各成员国可以检验并批准含有这些物质的农药产品投入生产，农民需要按产品标签上的规定来施用，并对农产品中各种污染物的残留量分别做出规定，以确保人体摄入最低量的有害物质。欧盟指令提出了进行农药注册的要求，各国通过各种具体行动来实现欧盟标准。

所有成员国都在努力采取措施将农业活动对环境的影响控制在一定程度内：①某些情况下的环境税（如瑞典的化肥税、丹麦的农药税、荷兰的粪肥税）；②自愿签约计划，通过参加这类计划农民可以接受某些管理限制及要求，并得到相应的补偿；③规制、标准管理，如存栏率、施肥率、施肥时间的限制。自愿签约计划主要用于野生生物和景观保护领域，在这些领域对农民生产的公共产品给予支付的观点已经得到整个社会的认同。环境税和规制标准主要用于环境恶化的领域，如在水污染方面，似乎整个社会普遍认为农民应当付出成本治理环境，以达到社会满意的水平。这也表明公众的好恶对公共政策工具的选择是有影响的。

2）成员国层面的农业污染治理政策

（1）荷兰

荷兰是世界上人口密度最大的国家之一。这里有高密度的牲畜养殖，因此与牲畜废弃物有关的污染问题十分严重。此外，荷兰的大型园艺企业也是农药使用大户。这里简单介绍一下荷兰是如何执行欧盟的《硝酸盐指令》的。

根据土壤特征和农业活动特点，1995 年荷兰政府决定将全国都划定为硝酸盐脆弱规划区，这个决定直接关系到农业发展。该行动计划的基本方法是运用农场水平的无机物结算系统（Farm-level Mineral Accounting System）和总量平衡方法，估算每个农场每一年的硝酸盐流失量（即投入量超过作物吸收的量）。政府可以运用这个系统对全国任何年份来自硝酸盐的环境负荷进行量化评估，并把定点评估地区的富营养化或饮用水质量问题与硝酸盐流失报告联系起来。这个结算系统是分阶段逐步应用的，从 1998 年开始首先用于对集约化畜禽养殖业的评估。

行动计划对农田养分的流失量也有明确规定，如果流失量超过标准，就必须缴纳一定的费用，且收费标准会随着养分流失量的增加而增加。例如，在设定化肥施用限量范围方面，规定每年可施用于草地的 P_2O_5 最大值是 200 kg/hm^2，禁止于 9 月 1 日至次年 2 月 1 日在易于渗漏的土壤上施用动物粪肥。按照有关强制性条款，根据每个农场的粪肥平衡表计算出的农场剩余粪肥要纳税。荷兰还开发了一个粪肥交易系统，目前运行良好。根据这个系统，农场主可以买卖粪肥施用权，这样那些有"富余接纳能力"面积的农场主就可以向那些面积额度用完的农场主出售施肥权。这个权力的大小根据比值来确定，即一个特定农场的最大允许撒播率与实际牲畜存栏率的比值。这个系统设有内在的减少供给机制，因为每进行一次交易，权利就减少 25%，这与土地大小无关。此外，政府支持工业化再生企业的发展，以促进粪肥的转化利用。这些政策都改变了荷兰农场的收入和环境质量。

荷兰还对动物类肥料加工征收剩余肥料税，税率则根据农场每公顷农田每年所产生的磷的重量来确定。

（2）西班牙

除了西北部沿海一带，西班牙大部分地区年降水量较少且不稳定，长期经受着干旱的侵袭。历史上，灌溉在西班牙大部分农村扮演着避免贫困和饥荒的关键角色，其水源主要是收集洪水和开采地下水。在很多情况下，这种灌溉农业对环境有负面影响：旧式灌溉水分配系统和大水漫灌方法不但导致很低的水利用率，而且易造成农业面源污染。

农业灌溉回水夹带着大量农用化学品进入地表水并下渗，再通过水循环进入地下水，导致水质恶化，其主要污染物是硝酸盐和其他盐类。2007 年，西班牙阿拉贡自治区施用的 65 000 t 氮肥产生的硝酸盐约为 19 000 t，其他盐类污染物约为 100 万 t。

西班牙仍有大量除了发展灌溉农业没有其他选择的农村，因此政府非常注重集约灌溉系统的建设。2004 年启动的《国家灌溉计划》的目标之一就是通过发展节水灌溉农业来应对自然的挑战。该计划包括 5 个行动方案：①技术改造方案，即对传统灌溉系统进行现代化改进；②执行方案，在大灌溉区运行灌溉系统的基础设施；③社会灌溉方案，基于维持农村人口数量等社会目的，在灌溉面积不足 2 000 hm² 的地区设置新的灌溉基础设施；④个人灌溉方案，在灌溉面积不足 2 000 hm² 的地区为农民私人配置新的灌溉基础设施，以巩固当地的农业生产；⑤支持方案，包括监测、持续投资、现代灌溉技术培训和补充学习等内容。这 5 个方案中最重要的是第一个方案——灌溉系统的现代化改造，西班牙提供农业基础设施的 4 个国有公司为这一方案的实施起到关键作用。本国的政府投资加上欧洲农业指导和保证基金对西班牙农村发展计划的社区资助，使上述 5 个方案能获得约 500 亿欧元的资助，其中第一个方案就占了一大部分。其他 4 个方案尤其是第 5 个方案中的监测方案也很重要。监测包括土壤水分监测、气象监测和环境监测，其中环境监测方案控制着灌溉基础设施的环境影响评估，当一项现代灌溉系统要投入运行时，必须让人知道该系统是怎样实现《国家灌溉计划》目标的。

《国家灌溉计划》为西班牙许多农村地区经济、社会、环境的可持续发展做出了贡献。根据《国家灌溉计划》，西班牙的灌溉基础设施包括蓄水池、水渠、净水站、泵站等设备投入，除农民田间所需设施外，基本上由欧盟和西班牙中央及地方各级政府负担，这为在全国推行高新灌溉技术奠定了设施基础。2006 年，西班牙成为现代灌溉面积占总灌溉面积的比例在 31%～60% 的三个国家之一（另外还有南非和法国）。2008 年，仅灌溉系统现代化改造就节水大约 2 100 hm³（立方百米）。在《国家灌溉计划》的资助下，几乎所有的农户都在自己的田块里建有一个或几个小型蓄水池，自己调节灌溉水源。在没有新的水资源可供开发的情况下，灌溉对象向需水较少的园艺作物转换，从而在确保农业福利的同时，也保证了自然生态系统的质量。为降低农业面源污染，西班牙采取了限制氮肥量、对施用氮肥征税等有效措施，但限制氮肥量只能减少硝酸盐污染，不会降低水体盐度负荷。而滴灌、喷灌、渗灌等现代灌溉技术的采用不但减少了农业灌溉回水量，较好地控制了化肥、农药等产生的面源污染，还不会对水体盐度负荷造成较大影响。定点灌溉不仅可以控制用水量，而且可以将肥料加入水中，根据作物情况按比例进行灌溉，从而有效地控制了施肥。通过比较西班牙减少农业面源污染的各项措施表明，对灌溉工程进行技术改造是一项有效的控制水污染的措施，而征收水税、提高水价或限制用水量的效果不是很理想。

2.1.2 我国主要农业源污染控制管理制度

1．我国农业源污染管理政策的演变

20 世纪 70 年代初，我国开始启用"环境保护"的概念，逐渐替代 60 年代末提出的"三废"处理和回收利用的概念。1973 年，国务院成立环境保护领导小组，同年出台《关于保护和改善环境的若干规定（试行草案）》，提出了关于植树造林、资源综合利用、水土保持、环境监测等环境保护政策。截至 1982 年，我国又陆续颁布并实施了一些关于治理环境污染的规章、制度。这一时期的环境保护更多的是关注工业污染和城市环境问题。

我国的环境保护事业在十一届三中全会后才开始逐步发展，但对于农业环境保护的正式关注要追溯到 1982 年，这一时期，我国农业环境政策的制定才开始起步。1992—2004 年是我国农业环境政策的全面启动阶段，农业环境政策的力度开始逐步加大，主要以污染控制为主要目标，以强制命令型为主要政策工具。从 1992 年起，我国开始有组织地实行农村生态环境保护目标责任制。从 2005 年开始，随着经济的转型发展，农业环境政策的目标逐渐由传统的末端治理向全过程综合治理转变，政策实施的手段也逐渐由单一的行政命令向经济、法律、技术政策综合调控转变。农业环境政策力度逐渐加大，农业面源污染治理效率也得到提高。

2．我国农业环境政策体系框架及成效分析

我国农业环境政策体系是我国环境政策体系的重要组成部分，是由相互联系、相互制约、相互补充的各种农业环境政策所组成的完整体，是由旨在保护和改善农业生态环境的各种政策表现形式和各项环境政策内容所形成的统一整体。从不同角度可以列出我国农业环境政策体系的不同结构和框架，反映人民对农业环境政策的不同认识、理解和研究方法（表 2-1）。从政策的表现形式来看，我国农业环境政策是一个由中央和国家组织制定并实施的环境政策文件（包括有关环境的法律规范性文件、非环境的法律规范性文件）等政策形式所组成的体系；从制定农业环境政策的公共组织级别来看，我国农业环境政策是由中央级环境政策、地方级（包括省、市、县以及流域、区域）环境政策所组成的体系；从我国目前主要的农业环境污染源分析来看，我国农业环境政策体系是由农药、化肥、畜禽养殖、作物秸秆污染控制以及农村新能源发展等环境政策所组成的体系。

表 2-1　我国农业环境政策体系

	农药	化肥	畜禽养殖	作物秸秆	农村新能源
国家规划	《国家环境保护"十二五"规划》《"十三五"生态环境保护规划》《"十三五"国家地表水环境质量监测网设置方案》《全国现代农业发展规划》				
中央一号文件	2004—2017 年连续 14 年发布以"三农"（农业、农村、农民）为主题的中央一号文件，强调了"三农"问题在中国社会主义现代化时期"重中之重"的地位				
法律	《环境保护法》《农业法》《水污染防治法》《大气污染防治法》《固体废物污染环境防治法》《清洁生产促进法》《矿产资源法》《森林法》《草原法》《水土保持法》《农产品质量安全法》《可再生能源法》《畜牧法》《循环经济促进法》《环境保护税法》				
法规	《农产品产地安全管理办法》《农药环境安全管理办法》《农药安全使用规定》《农业管理条例》	《肥料登记管理办法》	《畜禽养殖污染防治管理办法》《畜禽规模养殖污染防治条例》《畜禽养殖业污染防治技术政策》《饲料和饲料添加剂管理条例》	《秸秆能源化利用补助资金管理暂行办法》《秸秆焚烧和综合利用管理办法》	—
	《全国农业环境监测工作条例（试行）》《农业环境监测报告制度》《农业部绿色食品产品管理暂行办法》《基本农田保护条例》《土地管理法实施条例》《国务院办公厅关于印发第一次全国污染源普查方案的通知》《国务院办公厅转发环保总局等部门关于加强农村环境保护工作意见的通知》《国务院办公厅关于改善农村人居环境的指导意见》《国务院关于印发土壤污染防治行动计划的通知》《国务院关于印发水污染防治行动计划的通知》《国务院办公厅关于印发第二次全国污染源普查方案的通知》				
规章	《农用地土壤环境管理办法（试行）》《固定污染源排污许可分类管理名录（2017 年版）》《污染地块土壤环境管理办法》				
政策	《关于严禁在蔬菜生产上使用高毒、高残留农药，确保人民食菜安全的通知》	《关于重视和加强有机肥料工作的指示》《关于进一步加强有机肥料工作的通知》《关于有机肥产品免征增值税的通知》	《关于实行"以奖促治"加快解决突出的农村环境问题的实施方案》	《国务院关于落实科学发展观　加强环境保护的决定》《关于加快推进农作物秸秆综合利用的意见》《关于严禁焚烧秸秆保护生态环境的通知》《"十二五"农作物秸秆综合利用实施方案的通知》	《农业部关于加强农业和农村节能减排的意见》《中共中央　国务院关于做好 2002 年农业和农村工作的意见》
标准	《农药安全使用标准》	《化学农药环境安全评价试验准则》	《畜禽养殖业污染防治技术规范》《畜禽养殖业污染物排放标准》	—	—
	《农田灌溉水质标准》《渔业水质标准》《土壤环境质量标准》《保护农作物的大气污染物最高允许浓度》《地面水环境质量标准》《城镇垃圾农用控制标准》《农业粉煤灰中污染物控制标准》《农用污泥中污染物控制标准》				
地方规章政策	各省级行政区、市、区（县）以及流域、区域农业环境政策，如各省、市、自治区《农业环境保护条例》				

1）国家规划

《国家环境保护"十二五"规划》：针对农药、化肥使用及处理提出"引导农民使用生物农药，大力推进测土配方施肥"，针对养殖业提出"要提高防治水平"，针对塑料膜及秸秆提出"加强种养废弃物资源化回收利用"。可见，《国家环境保护"十二五"规划》对农业面源污染防治提出了严格的管控措施，并针对畜禽养殖、农药、化肥、农膜、秸秆、水产养殖业以及农村环境污染问题都提出了具体的防治策略。

《"十三五"生态环境保护规划》：提出继续推进农村环境综合整治，完善农村生活垃圾"村收集、镇转运、县处理"模式，积极推进城镇污水、垃圾处理设施和服务向农村延伸；大力推进畜禽养殖污染防治，划定禁止建设畜禽规模养殖场（小区）区域，加强分区分类管理，以废弃物资源化利用为途径，整县推进畜禽养殖污染防治；打好农业面源污染治理攻坚战，优化调整农业结构和布局，推广资源节约型农业清洁生产技术；强化秸秆综合利用与禁烧，完善秸秆收储体系，加快推进秸秆综合利用，强化重点区域和重点时段秸秆禁烧措施，不断提高秸秆禁烧监管水平。

《全国现代农业发展规划》：在农业生态环境治理和控制农业面源污染方面提出了较为具体的要求，包括鼓励使用生物农药和有机肥，加快规模养殖场粪污处理，加快种养废弃物资源化利用，开展沼气入村入户，着力开展乡村洁净工程建设。

2）中共中央、国务院一号文件

中共中央、国务院曾在20世纪80年代初期连续五年发布"三农"主题的一号文件。自2004年以来，又连续14年发布关注"三农"的一号文件。2007年是环境保护政策转折的关键性一年，党的十七大首次把"建设生态文明"写入党的报告并作为全面建设小康社会的新要求之一。这14个一号文件以2007年为界分为前一阶段和后一阶段：前一阶段的主要政策目标是追求稳定的农业生产和保障农民增收；后一阶段的政策目标开始关注并逐渐重视改善生态环境（表2-2）。

表2-2　2004—2017年一号文件与环境保护有关的措施

年份	一号文件	与农业环境保护有关的措施
2004	《关于促进农民增加收入若干政策的意见》	开展改水改厕和秸秆气化等各种小型设施建设。继续搞好生态建设，对天然林保护、退耕还林还草和湿地保护等生态工程，要统筹安排，因地制宜，巩固成果，注重实效
2005	《关于进一步加强农村工作提高农业综合生产能力若干政策的意见》	继续实施天然林保护等工程，完善相关政策。切实搞好京津风沙源治理等防沙治沙工程。加快实施退牧还草工程，防治耕地和水污染

年份	一号文件	与农业环境保护有关的措施
2006	《关于推进社会主义新农村建设的若干意见》	加快发展循环农业。要大力开发节约资源和保护环境的农业技术,重点推广废弃物综合利用技术、相关产业链接技术和可再生能源开发利用技术。首次提出"加大力度防治农业面源污染"
2007	《关于积极发展现代农业扎实推进社会主义新农村建设的若干意见》	加快实施沃土工程,重点支持有机肥积造和水肥一体化设施建设,鼓励农民发展绿肥、秸秆还田和施用农家肥。加快发展农村清洁能源。加强农村环境保护,减少农业面源污染,搞好江河湖海的水污染治理。大力推广资源节约型农业技术
2008	《关于切实加强农业基础建设进一步促进农业发展农民增收的若干意见》	加快转变畜禽养殖方式,对规模养殖实行"以奖代补"。加快沃土工程实施步伐,扩大测土配方施肥规模。鼓励发展循环农业。加大农业面源污染防治力度,抓紧制定规划,切实增加投入,落实治理责任,加快重点区域治理步伐
2009	《关于2009年促进农业稳定发展农民持续增收的若干意见》	加快发展畜牧水产规模化、标准化健康养殖。启动草原、湿地、水土保持等生态效益补偿试点。增加农村沼气工程建设投资,扩大秸秆固化气化试点示范
2010	《关于加大统筹城乡发展力度　进一步夯实农业农村发展基础的若干意见》	加大力度筹集森林、草原、水土保持等生态效益补偿资金。大力增加森林碳汇。加强农业面源污染治理,发展循环农业和生态农业
2011	《关于加快水利改革发展的决定》	大力发展农村水电,积极开展水电新农村电气化县建设和小水电代燃料生态保护工程建设
2012	《关于加快推进农业科技创新　持续增强农产品供给保障能力的若干意见》	开展农村土地整治重大工程和示范建设。把农村环境整治作为环保工作的重点,完善以奖促治政策,逐步推行城乡同治。加快农业面源污染治理和农村污水、垃圾处理,改善农村人居环境
2013	《关于加快发展现代农业进一步增强农村发展活力的若干意见》	强化农业生产过程的环境监测,严格农业投入品生产经营使用管理,积极开展农业面源污染和畜禽养殖污染防治。加强农作物秸秆综合利用。搞好农村垃圾、污水处理和土壤环境治理,实施乡村清洁工程,加快农村河道、水环境综合整治
2014	《关于全面深化农村改革加快推进农业现代化的若干意见》	大力推进机械化深松整地和秸秆还田等综合利用,加快实施土壤有机质提升补贴项目,支持开展病虫害绿色防控和病死畜禽无害化处理。完善林木良种、造林、森林抚育等林业补贴政策
2015	《关于加大改革创新力度加快农业现代化建设的若干意见》	首次提出"实施农业环境突出问题治理总体规划和农业可持续发展规划"。落实畜禽规模养殖环境影响评价制度,大力推动农业循环经济发展。首次提出"健全农业资源环境法律法规"
2016	《关于落实发展新理念加快农业现代化　实现全面小康目标的若干意见》	推动农业可持续发展,必须确立发展绿色农业就是保护生态的观念,加快形成资源利用高效、生态系统稳定、产地环境良好、产品质量安全的农业发展新格局
2017	《关于深入推进农业供给侧结构性改革　加快培育农业农村发展新动能的若干意见》	推进农业清洁生产。深入推进化肥农药零增长行动,开展有机肥替代化肥试点,促进农业节本增效。建立健全化肥农药行业生产监管及产品追溯系统,严格行业准入管理。大力推行高效生态循环的种养模式,加快畜禽粪便集中处理,推动规模化大型沼气健康发展

综上可知，自 2006 年一号文件首次提出对农业面源污染要加大力度防范和治理以来，我国农业环境保护的力度在逐步加大，农业环境政策措施覆盖的领域也越来越广，从最初的点源污染逐渐认识到农业面源污染的危害，从末端治理逐渐发展为多手段综合调控。从 2008 年的重点区域治理到 2009 年的生态效益补偿，再到 2010 年加大生态效益补偿资金和加强农业面源污染治理，以此发展循环农业和生态农业，并提出了具体的农业环境保护措施。2012 年，首次提出"把农村环境整治作为环保工作的重点，推进农业清洁生产，引导农民合理使用化肥农药，加快农业面源污染治理和农村污水、垃圾处理"。2013 年，提出"启动低毒低残留农药以及有机肥使用补助试点"，使农业环境政策的目标更加具体化、有针对性。2014 年，在全面深化农村改革的背景下，各种措施全面开花，包括规模养殖场畜禽粪污资源化利用，推广高标准农膜和残膜回收，完善林木良种、造林、森林抚育等林业补贴政策等。2015 年，首次提出"履行农业环境治理和农业可持续发展规划""健全农业资源环境法律法规"，首次将农业环境保护上升到专门立法的角度，并提出从源头到末端的综合调控措施，可以说将我国的农业环境政策水平提升到空前的高度。2016 年，提出面对有限的农业资源，必须坚持严格保护和高效利用"双管齐下"，对耕地和水资源坚持最严格的保护制度和管理制度。2017 年，提出深入开展农村人居环境治理和美丽宜居乡村建设，从生活垃圾治理到农村危房改造，从县域乡村建设规划编制到农业文化遗产保护，再度发力整治农村环境，建设"美丽乡村"。

3）法律法规

目前，我国环境保护的法制化建设已初步形成了适合我国国情的环境保护法律体系的雏形，但农业环境领域的立法工作还相对滞后。到目前为止，我国还没有有关农业面源污染防治的综合立法，对于农业生态环境保护还没有专门性法律，只有一些涉及农业面源污染防治的规定条款散见于法律法规之中。

（1）《宪法》层面的规定

《宪法》是我国的根本大法，其中针对生态环境保护提出了纲领性规定："国家对于生活和生态环境进行改善和保护，全面治理公害和污染"，这是我国针对自然环境保护的总纲领，是一切环境法律、法规、政策的基础。

（2）法律层面的规定

《环境保护法》：2014 年 4 月 24 日，新修订的《环境保护法》经第十二届全国人大第八次会议审议通过，于 2015 年 1 月 1 日正式施行。这是我国环保领域最基本的法律，针对农业面源污染治理提出了很多有指导意义的条款，并进一步明确了农业环保问责机制。

《农业法》：2002 年 12 月 28 日，第九届全国人大第三十一次会议审议通过对《农业法》的修订，这是中国农业领域最重要的一部基础性法律，在农业生态环境保护方面提出了众多规定，如各级人民政府应当采取措施，加强农业生态环境保护；加大对西部地区的农业支持力度；调整农业生产资料和农产品之间的比价。对于国家明令禁止的农业生产资料，严禁任何人以任何目的从事生产和销售；合理利用和保护自然资源，发展生态农业。合理使用化肥、农药等，防止农用地的污染、破坏。对畜禽养殖废弃物（废水、病死畜禽等）实施无害化处置。新修订的《农业法》对影响农业面源污染的因素做出了详细规定，但是这些规定都是原则性的，可操作性较差，相应的惩戒机制并不健全。

环境污染防治及生态环境资源保护单行法：针对特定环境要素的污染防治，我国先后出台了水、大气、固体废物污染环境防治法等，针对自然资源环境保护对象，先后出台了《矿产资源法》《森林法》《草原法》《可再生能源法》《畜牧法》，其他的单行法规还包括《农产品质量安全法》《循环经济促进法》《清洁生产促进法》《水土保持法》《农产品质量安全法》《环境保护税法》，这些单行法分别从环境保护原则、农业技术推广原则、海洋养殖、农业种植、畜牧养殖等方面对农药、化肥、饲料使用以及秸秆废弃物处置等做了相应规定，对农业环境保护以及农业面源污染起到了一定程度的辅助作用。

农业资源保护行政法规：我国颁布实施的一些法规中也不同程度地涉及农业生态环境保护的条款。虽然这些规定在制定之初并非完全为了农业环境保护，但这些行政法规的实施会在一定程度上有利于农业面源污染的防治，如《基本农田保护条例》《农业管理条例》《农药管理条例》《土地管理法实施条例》《秸秆禁烧和综合利用办法》《饲料和饲料添加剂管理条例》《退耕还林条例》《畜禽规模养殖污染防治条例》《畜禽养殖业污染防治技术政策》《饲料和饲料添加剂管理条例》《国务院办公厅转发环保总局等部门关于加强农村环境保护工作意见的通知》《国务院办公厅关于改善农村人居环境的指导意见》《农用地土壤环境管理办法（试行）》等。

4）标准

农业环境标准是为了保护农业生态环境安全，防治环境污染，促进农业生态健康、良性循环等所制定的有关规定，是我国农业环境政策体系的重要分支。我国已相继出台了有关农药安全使用、畜禽养殖污染防治、农田灌溉、渔业用水等农业环境标准，如《农药安全使用标准》《农田灌溉水质标准》《渔业水质标准》《畜禽养殖业污染防治技术规范》《畜禽养殖业污染物排放标准》等，逐步建立起科学性和现实性相统一且具有中国特色的农业环境标准体系，为我国农业健康、持续发展以及维护农业生态环境安全做出了重要贡献。

5）地方规章

我国各省级行政区、市、区（县）在农业生态环境保护实践中，依据相关环境保护法规和政策已编制实施了较多的地方性法规和条例。《山西省农业环境保护条例》可以说是我国第一部农业环境保护的地方性法规，此后我国的其他省市也依据本辖区的农情相继颁布实施了地方性法规及政策。目前，大部分省级行政区、市、区（县）均颁布实施了地方性法规和条例，成为构成我国农业环境政策体系的重要组成部分。

3．我国农业环境政策演变的特征

1）农业环境政策指导思想由末端治理向综合调控转变

由于不同时期的经济发展对环境的影响不同，因此人民对于同一时期的环境保护认知也就不同。在初期的环境政策中，主要是提倡"三废"末端治理和提出"谁污染谁治理"的原则。20世纪80年代，更多的是关注资源保护、防风防水等。"谁开发谁保护，谁破坏谁恢复，谁利用谁补偿"的18字方针曾在1990年《国务院关于进一步加强环境保护工作的决定》（国发〔1990〕65号）中提出，其主要指导思想仍然是末端治理。1997年确立了将"可持续发展"作为国家战略，紧接着国家提出"将经济发展与保护资源和生态环境协调统一"。2005年，《国务院关于落实科学发展观 加强环境保护的决定》（国发〔2005〕39号）首次将环境保护与科学发展摆在同一位置。2007年，党的十七大提出"生态文明建设"，其主要思想是"人与自然、人与人之间的和谐发展"。随后的农业环境政策更加富有针对性，提出了较多具体的使生态发展和环境保护相协调的政策，也提出了众多激励政策，如对有机肥、农村新能源的支持激励政策，完善林业补贴政策等。到2015年，首次提出"实施农业环境治理和农业可持续发展规划""健全农业资源环境法律法规"，逐步将农业环境保护上升到农业环境政策一体化的角度，农业环境保护的目标不再是单纯的末端治理，也不仅靠罚款、关停并转等行政手段，而是开始转向政府调控与市场调节相结合的综合调控目标，最终实现环境效益、经济效益和社会效益"多赢"的局面。

2）农业环境政策目标从原则性向可操作性转变

在我国农业环境政策的初步制定阶段，对于政策目标主要提出了一些具有宏观指导性和原则性要求的措施，如"谁污染谁治理"原则。进入全面启动阶段后，主要针对某一领域的具体环境问题提出技术方面的控制措施和管理措施，农业环境政策逐步显现出具体化，如针对农药、化肥、秸秆和畜禽养殖废水等污染问题提出了较为具体的控制排放标准和防治措施。在转型发展阶段，农业环境政策更灵活、更有针对性，可操作性增强，如提出了排污权交易制度、排污收费、生态环境补偿制度等。

3）农业环境政策工具从单一控制性向经济技术手段转变

从我国的环境政策演变历程不难看出，农业环境政策初期主要以传统命令性手段为主，而这一类型的手段存在着效率低下、效果不明、监管难度大、成本高等不足。此后，农业环境政策工具逐步发展到法律、行政法规、经济激励等自愿性环境政策及经济技术型环境政策等多种手段，有效推动了政府管理职能的转变，减少了对农业环境管理微观事务的干预，充分发挥了农业市场对于环境保护的调节作用。

2.2　农业源水污染物总量减排目标与任务分配方法

除运用技术手段对局部水体污染进行控制和修复外，从源头控制污染物进入环境的量，即实施污染物总量控制已成为遏制环境恶化、实现可持续发展的根本保证。

从 20 世纪 80 年代我国开始实施污染物总量控制试点研究以来，经过近 40 年的发展，污染物总量控制已经成为我国一项重要的环境保护管理制度，但同时也存在着一定的改进空间，需要不断修正和完善。总量控制的起点与核心是总量分配，实施的关键在于如何制订科学的总量分配方案，即各排污单元或污染源之间如何合理地分配允许排放污染物的量。

本书通过将农业面源污染减排与流域水环境质量关联，构建了基于流域水质目标的农业源污染减排目标与任务分配方法。该方法按照国家《水污染防治行动计划》（以下简称"水十条"）确定的各流域水质达标目标，结合流域断面水文参数，核算出流域理想的水环境容量；利用容量调控系数，分段计算各区域可利用的水环境容量；采用"污染物排放总量等比分配法"，即以基准年农业源水污染物排放量所占比例作为农业源污染物排放比例，根据基准年污染物排放量与可利用环境容量，结合农业源污染物排放比例，确定农业源污染物总量减排目标。以减排目标为基础，综合考虑地区经济、产业结构和发展规划，确定各地区农业源污染阶段（目标年）减排任务。该分配方法在确定减排目标时直接将农业源污染减排与流域水环境质量关联起来，直接将污染物总量减排与环境质量对应，可解决经济欠发达、环境容量大的地区经济发展受总量控制约束的不足；

同时，也可有效避免为了短期经济效益，盲目提高农业源污染减排目标与任务以补充工业与城市发展总量需求的现象。该方法已部分应用在"十三五"全国污染物总量减排任务分配工作中，为我国农业源污染减排目标制定与减排任务分配提供了重要支撑。

2.2.1　基于流域水环境目标的农业源水污染物总量减排目标制定方法

总量控制的基本思路：根据研究区域的自然地理条件、水体的自净能力以及污染物迁移转化规律等反推出理想水环境容量；结合研究区域在经济和技术上的条件，参照容量调控系数，分段计算各水功能区的可利用环境容量；各水功能区可利用环境容量与现状污染物排放量之差为其剩余水环境容量。为使各水功能区水质达到《地表水环境质量标准》（GB 3838—2002）的相应要求，可根据其剩余水环境容量进行污染物削减量分配，再基于行业差异，按照行业公平和技术可行性原则将各水功能区的主要污染物削减量进一步分配到各行业。

1. 理想水环境容量

按照水环境容量计算技术路线，经过控制单元划分、污染源资料收集、水文数据计算、功能区水质评价等基础研究工作，最终按照确定的水环境容量参数、设计流量和流速及计算方法，通过计算得出河流水环境功能区的理想水环境容量。本书按照国家"水十条"规定的流域水质达标要求，结合流域断面水文参数，计算出理想水环境容量（根据监测断面水质监测数据，选取全年水质最差的月份为核算依据）。

《"十三五"国家地表水环境质量监测网设置方案》（环监测〔2016〕30号）设置的国控断面（点位）为2 767个，其中，评价、考核、排名断面1 940个，入海控制断面195个（其中85个同时为评价、考核、排名断面），趋势科研断面717个（表2-3）。

表2-3　国控地表水环境质量监测网点位分布情况

流域（区域）名称	原有国控断面数/个	调整后国控断面数/个	监测河流（湖库）数/个	流域面积/万 km²	干流河长/km	断面增建情况/个
长江	160	648	319	180.8	7 379	488
黄河	62	213	94	79.5	5 464	151
珠江	54	293	173	57.9	2 197	239
松花江	88	186	90	92.2	2 309	98
淮河	94	269	174	32.9	1 000	175
海河	64	191	115	31.8	1 090	127
辽河	55	142	71	31.2	1 430	87
浙闽片	45	168	117	23.7	—	123

流域（区域）名称		原有国控断面数/个	调整后国控断面数/个	监测河流（湖库）数/个	流域面积/万 km²	干流河长/km	断面增建情况/个
西北诸河		52	113	69	345	—	61
西南诸河		31	92	59	85	—	61
太湖	湖体	20	20	1	—	—	0
	河流	34	75	56	—	39	41
巢湖	湖体	8	8	1	—	—	0
	河流	11	16	11	—	5	5
滇池	湖体	10	10	1	—	—	0
	河流	16	18	18	—	2	2
大型湖库		168	305	136	—	—	137
总计		972	2 767	1 505	960	—	1 795

2．可利用水环境容量

理想水环境容量是河流流域最大可接纳的污染物的量，而实际可利用水环境容量要小于这个值，需要用容量总量调控系数进行修正。容量总量调控系数主要是考虑为政府各部门预留一定的空间以进行发展、改善和调节等工作，所以对容量总量进行控制时应按相关规定或者标准预留一部分调节容量以容纳将来新增的污染，这样才能充分利用河流的自净能力达到最高的环境经济效益。我国容量总量调控系数一般取值为 0.8～0.9，本书容量总量调控系数取值为 0.9。

3．分段剩余水环境容量

剩余水环境容量就是现状污染物入河量与可利用环境容量的差值。如果现状污染物入河量低于可利用环境容量，那么表示环境容量还有能够利用的空间，根据剩余环境容量可算出环境容量剩余率；如果现状污染物入河量高于可利用环境容量，则其差值为污染物现状削减量，应根据削减量计算污染物的削减率，以期对各污染源或水功能区安排减排计划。

4．工业源、生活源、农业源目标年排放量计算

根据环境现状统计工业源、生活源、农业源污染物排放量，并结合当地工业增长速度、城市人口增长比例、养殖量增长、作物产量增长比例等计算出目标年份工业源、生活源和农业源污染物排放总量，即先按基准年单位工业产值污染物排放量、人均污染物排放量、养殖单位排污系数计算出目标年污染物排放量，再结合实际情况确定工业源、生活源、农业源污染物削减比例，进而计算出工业源、生活源、农业源污染物目标年最终排放量。

化学需氧量（氨氮）[COD（NH₃-N）]排放量计算方法见式（2-1）：

COD（NH$_3$-N）排放量=工业污染源排放量+城镇生活污染源排放量+

农业污染源排放量　　　　　　　　　　(2-1)

1）工业源 COD（NH$_3$-N）排放量计算

工业污染源 COD（NH$_3$-N）排放量=造纸行业排放量+印染行业排放量+

其他工业行业排放量　　　　　　　　(2-2)

式中，造纸（印染）行业排放量 —— 所有造纸（印染）企业排放量的累加值，各地区
累计机制纸及纸板（浆）、印染布产量用国家统计
局累计数据进行校核。

其他工业行业排放量=上一年排放量+当年新增排放量−当年新增削减量　　(2-3)

当年新增排放量=上一年排放强度×上一年地区生产总值×计算用地区生产总值

增长率　　　　　　　　　　　　　　(2-4)

上一年排放强度=上一年扣除造纸、印染行业后的工业排放量/上一年地区生产

总值×（1−监察系数）　　　　　　　(2-5)

式中，监察系数 —— 核查期综合达标率较上一年同期变化情况取值。

计算用地区生产总值增长率=当年地区生产总值增长率×{1−［低 COD（NH$_3$-N）

排放行业工业增加值+造纸行业工业增加值+印染行业

工业增加值］/（当年地区生产总值×当年工业增加值占

地区生产总值比重）}　　　　　　　　(2-6)

2）生活源 COD（NH$_3$-N）排放量计算

城镇生活污染源 COD（NH$_3$-N）排放量=上一年排放量+当年新增排放量−

当年新增削减量　　　　　　　　(2-7)

当年新增排放量=新增城镇人口数×COD（NH$_3$-N）综合产生系数×天数　(2-8)

3）农业源 COD（NH$_3$-N）排放量计算

（1）畜禽养殖业 COD（NH$_3$-N）排放量计算

畜禽养殖业 COD（NH$_3$-N）排放量=规模化养殖场（小区）COD（NH$_3$-N）排放量+

非规模化畜禽养殖 COD（NH$_3$-N）排放量

(2-9)

①5 类畜禽（猪、奶牛、肉牛、蛋鸡和肉鸡）规模化养殖场（小区）COD（NH$_3$-N）
排放量计算方法见式（2-10）：

$$E_i = P_i \times e_i \times (1 - f_{i\text{核定}}) \times 10^{-3} + (P_{i\text{总}} - P_i) \times e_i \times (1 - f_{i\text{平均}}) \times 10^{-3} \quad (2\text{-}10)$$

式中，E_i——某类畜禽规模化养殖场（小区）COD 排放量，万 t；

P_i——某类畜禽规模化养殖场（小区）存（出）栏量，万头（只）（猪、肉牛、肉鸡以出栏量计，奶牛、蛋鸡以存栏量计）；

e_i——某类畜禽产污系数，kg/［头（只）·a］；

$f_{i平均}$——某类畜禽规模化养殖场（小区）上一年 COD 平均去除率；

$f_{i核定}$——某类畜禽养殖场（小区）COD 平均去除率；

$P_{i总}$——规模化养殖场（小区）某类畜禽存（出）栏总量，万头（只）。

②非规模化 5 类畜禽（猪、奶牛、肉牛、蛋鸡和肉鸡）养殖 COD（NH₃-N）排放量计算方法见式（2-11）：

$$COD（NH_3\text{-}N）排放量=非规模化 5 类畜禽养殖量×排污强度×天数 \quad (2\text{-}11)$$

（2）种植业 COD（NH₃-N）排放量计算

调查各省土地利用类型及面积、土壤类型、年降雨量等基础资料，根据流域各类土地的径流系数和径流中 COD（NH₃-N）的浓度计算农田径流污染物排放总量。具体计算方法见式（2-12）：

$$W_i=S_j×N×r_j×C_{i(j)}×10^{-3} \quad (2\text{-}12)$$

式中，W_i——农田径流中第 i 类污染物的年排放总量，t；

S_j——第 j 类农业用地面积，km²；

N——相应地区多年平均降雨量，mm；

r_j——第 j 类农业用地的地表径流系数；

$C_{i(j)}$——第 j 类农业用地地表径流中第 i 类污染物浓度，mg/L。

（3）水产养殖业 COD（NH₃-N）排放量计算

水产养殖业 COD（NH₃-N）排放量=规模化养殖场（小区）COD（NH₃-N）

排放量（W_j）+非规模化养殖 COD（NH₃-N）

排放量（W） \quad (2-13)

$$W_{j规模水产排}=W_{j规模水产产}×\eta_j\left(1-\sum_{g=1}^{n}f_g\right) \quad (2\text{-}14)$$

式中，$W_{j规模水产排}$——j 类规模化/工厂化水产养殖场排污量，t；

$W_{j规模水产产}$——j 类规模化/工厂化水产养殖场污染物产生量，t；

η_j——j 类规模化/工厂化水产养殖场年平均换水率（围网、围栏养殖按换水率 100%计）；

f_g —— 处理设施对总污染物产生量的消减率（围网、围栏养殖无处理设施）。

$$W_{非规模水产排}=\sum_{i=0}^{n}W_{i非规模水产排} \qquad (2\text{-}15)$$

$$W_{i非规模水产排}=W_{i非规模水产产}\times S_{i水产}\times 10^{-3} \qquad (2\text{-}16)$$

式中，$W_{非规模水产排}$ —— 非规模化水产养殖排污量，t；

$W_{i非规模水产排}$ —— i 类非规模化水产养殖排污量，t；

$W_{i非规模水产产}$ —— i 类非规模化水产养殖产污量，t；

$S_{i水产}$ —— i 类非规模化水产养殖排污系数，kg/t。

5．农业源可利用水环境容量计算

由于目标年污染物排放总量为目标年工业源、生活源和农业源污染物排放总量之和，同时根据目标年污染物排放总量不可超过目标年理想水环境容量的原则，将目标年工业源、生活源、农业源污染物排放量等比例削减，计算出目标年农业源理想水环境总量。参照容量调控系数，得出式（2-17）：

目标年农业源可利用环境容量=目标年农业源理想水环境容量×0.9 （2-17）

式中，0.9 —— 总量调控系数。

6．农业源污染物限度排放量核算

农业废水进入目标环境后污染物的生态降解、植物吸收等受各地自然条件、气候条件、地形条件等多方面因素的影响，因此可根据农业源可利用水环境容量和污染物自然削减率的比例来核算农业源污染物限度排放量。

7．农业源污染物削减量核算

农业源污染物削减量=基准年农业源污染物排放量-限定污染物排放量 （2-18）

式中，基准年农业源污染物排放量来源于环境统计或总量减排。

2.2.2　我国农业源水污染物总量减排任务分配方法

1．总量控制目标制定

根据对我国流域水环境容量进行的测算，可以确定研究区域内 COD 和 $NH_3\text{-}N$ 的最大允许排污总量。本书根据我国流域水环境功能区要求、环境容量及社会经济发展趋势，确定了各预测年农业污染物排放量控制总体目标：2020 年，我国流域 COD、$NH_3\text{-}N$ 排放总量在 2015 年排放量的基础上削减大于 30%，流域内跨界断面水质达标率提高到100%；2025 年，流域 COD、$NH_3\text{-}N$ 排放总量在 2015 年的基础上削减大于 50%，实现我国流域水环境质量全面达标。

在实际分配过程中，若某一地区的削减比例过大，必然会导致该区域的生产技术和污染治理水平无法承受；削减比例过小，又会带来总量削减目标无法完成等问题。因此，为了实现总量分配过程中公平性的最大化，本书暂定 2020 年各省（区、市）最大削减比例不超过 40%，最小不低于 25%；2025 年各省（区、市）最大削减比例不超过 60%，最小不低于 40%。

2. 污染物总量分配方法

1）地域分配（一次分配）

本书采用优化的基尼系数法对我国流域水环境农业污染物总量进行地域分配（一次分配）。20 世纪初期，意大利经济学家基尼根据洛伦茨曲线提出了基尼系数（Gini Coefficient）这一经济学概念，用来分析国民收入分配是否均衡，衡量各地区之间居民收入分配的差异程度。

图 2-1 为以人数或家庭数累积百分比为横坐标，以收入累积百分比为纵坐标的洛伦茨曲线示意图，图中 A 代表实际收入分配与绝对平等分配之间的差距，实际收入分配曲线（洛伦茨曲线）下方的面积用 B 来表示，A/（A+B）即为基尼系数，也称洛伦茨系数，表示不平等程度。基尼系数在 0～1 的范围内变化，在实际收入分配曲线向绝对平等分配曲线靠近的过程中，洛伦茨曲线的弧度和基尼系数都逐渐变小，即收入分配趋近于完全平等；反之，若 B 为 0，则洛伦茨曲线的弧度和基尼系数为 1，即收入分配绝对不平等。

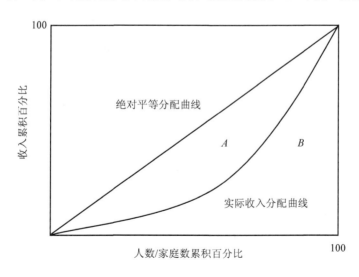

图 2-1　洛伦茨曲线示意图

基于环境基尼系数的总量分配方法，在考虑了不同地区的自然状况、经济水平、社会发展水平和环境承载力差异的基础上，通过选取最具代表性的基尼系数指标，构建单目标多约束条件的规划求解方程，最终获得最优化的水污染物总量分配方案。基尼系数是用于评价收入公平性的经济学概念，本书将基尼系数的原理运用到水污染物总量分配方案的公平性评估当中，以实现流域内各区域间污染物允许排放量的科学合理分配。

在运用基尼系数法进行污染物总量分配的过程中，环境基尼系数指标的选取是首先要解决的问题。选取的基尼系数指标应能够比较全面地代表我国流域自然、社会和经济发展状况，而且与环境污染密切相关并可量化。本书在典型性、易采集、易定量化等原则的基础上，选取土地面积、人口数量、地区生产总值和水环境容量为环境基尼系数指标，以便于该总量分配方法在今后的环境管理与污染控制中得到广泛应用。根据《中国环境统计年鉴》和相关研究成果，确定了流域内各主要控制指标基数和各区域污染物现状排放量（以 2015 年为基准年）。

2）行业分配（二次分配）

本书针对总量分配方案制定过程中的技术参数缺乏问题，将行业污染物总量分配分为以下两个步骤：①选择对水环境影响最大的农业污染源为主要分配对象，从效率的角度出发，以所有污染源产值最大为目标函数，在约束条件下优化求解；②采用等比例法，以不同类别污染源中具体行业的现状排放量在该类污染源排放总量中所占的比例为权重进行分配。该方法具有数据易于获取、简单易行的特点，同时可以促使排放强度大的污染源通过技术革新或加强治理来实现污染物排放总量控制。

选择对水环境影响最大的种植业、林业、畜禽养殖业、水产养殖业和居民生活五大类污染源为主要分配对象，结合研究区域内各地年鉴资料，计算其各自的单位产值排污系数，从而确立行业分配初步方案。具体计算方法见式（2-19）和式（2-20）：

$$目标函数：\max M = \sum_{i=1}^{n} \frac{Z_i}{C_i} \tag{2-19}$$

$$约束条件：\sum_{i=1}^{n} Z_i \leqslant \sum_{i=1}^{n} Z_{0i} \times q \tag{2-20}$$

式中，M —— 所有参与优化计算的水污染行业产值总量，万元；

C_i —— 第 i 种污染源的万元产值排污系数，kg/万元；

Z_i —— 第 i 种污染源的污染物分配量，t；

Z_{0i} —— 第 i 种污染源的现状排放量，t；

q —— 某地区目标削减比例，%。

削减比例约束（相对于基准年）：2020 年为 $0.55 \leqslant \dfrac{Z_i}{Z_{0i}} \leqslant 1$，2025 年为 $0.4 \leqslant \dfrac{Z_i}{Z_{0i}} \leqslant 1$。

考虑到研究区域内种植业、畜禽养殖业和居民生活等部分指标数据获取的困难性，本书选用等比例削减法，通过计算各具体行业排污权重，对种植业、林业、畜禽养殖业和水产养殖业等污染源中具体行业的 COD 和 NH_3-N 排放总量进行分配。某一分配区域内各行业总量分配模型见式（2-21）和式（2-22）：

$$P_k = \frac{m_{0(k)}}{\sum\limits_{k=1}^{n} m_{0(k)}} \tag{2-21}$$

$$m_k = P_k \times Z_i \tag{2-22}$$

式中，P_k —— 某一分配区域第 k 个污染源排污权重；

$m_{0（k）}$ —— 某一分配区域第 k 个污染源的现状年排放总量，t；

m_k —— 某一分配区域第 k 个污染源的二次分配年允许排放量，t。

利用 MATLAB 线性规划函数 linprog（f，A，B，A_{eq}，B_{eq}，xl，xu）确立不同污染源的排放削减比例。

2.3　农业源污染控制管理制度环境绩效评估技术

从保护生态环境的视角，适时开展农业环境政策绩效评估技术研究，并以此为契机构建和完善适合中国特色的农业环境政策体系，可以保障农产品质量安全和有效供给，提升农业的可持续发展能力。

农业环境政策绩效评估是对农业环境政策实施效果进行的评估，通过科学的评估方法和评估标准，按照特有的绩效评估原则，通过定量与定性相结合的分析方法，对政策实施的整个过程和系统性进行综合评估，以判断其在各个阶段的环境表现是否达到了预期目标和效果（环境效益、经济效益、社会效益、政治效益等）。更为重要的是，通过评估结果可以适时调整政策措施，最终成为政策延续、变化、改进和制定新政策的依据。目前，我国对于农业环境政策的绩效评估研究甚少。虽然在生态环境保护方面国家和地方相继出台了大量的治理与保护政策，在农业发展方面也发布了很多追求产量和经济利益的政策，但两方面的政策还未形成有机结合，在大量的农业环境保护政策中缺乏有效的激励机制。同时，相关的管理机构也较为零散，各级政府管理部门对农业源污染的管理也较为混乱。因此，在农业环境政策绩效评估技术研究的基础上，构建和完善适合中国特色的农业环境政策体系，促进地方强化对农业源污染的管理，就显得极为重要和迫切。

2.3.1 指标体系构建原则与评估方法

对于任何一项政策而言，能否有效贯彻实施对政策目标、价值起着至关重要的作用。农业源污染控制管理制度作为惠及亿万农民的政策管理制度，必须加强其执行和监督力度，以期达到最大效益。在对农业源污染控制管理制度进行环境绩效评估时，必须坚持以实际情况为立足点，科学客观地构建农业源污染控制管理制度环境绩效评估的指标体系。

1. 指标体系构建的基本原则

建立科学的评估指标体系是完成评估的关键。农业源污染控制管理制度是一个非常复杂的政策体系，涉及环境、经济、农业、社会、技术等方面的内容，其评估指标也必然会涉及多个层次的内容。如何在众多的评估指标中筛选出最合适的代表性指标，使农业源污染控制管理制度环境绩效评估的结果更科学、更符合实际，也就变得异常复杂，这就要求我们要具备系统的方法，如经过初步判定、专家咨询、信息反馈、统计处理和综合归纳等环节层层筛选，最终确定出一套科学合理、符合系统实际的评估指标体系。因此，对于指标的筛选应遵循以下原则。

1）科学性原则

遵循科学理论，以评估系统的内部各要素以及要素之间的本质联系为依据，客观真实地反映农业环境政策的特点与状况，客观准确地反馈所有指标间的真实关系。

2）系统性原则

整个评估指标体系应该能够全面反映评估对象的整体性，能够全面、系统地反映政策效果，每个指标间要构成一个有机整体。农业环境政策评估指标体系涉及较多的因子，但每个层次的指标作为一个子系统是相互影响的。另外，指标体系的构建应该结构合理并具有层次性和关联性。

3）可操作性原则

评估指标体系必须具有可操作性，信息的获取与数据计算都不能特别困难。通常选取指标越多，客观事实越容易反映，但在实际操作过程中，大量的指标也会带来计算和统计上的混乱，尤其对于农业环境政策这种涉及多层次的政策，能够获取到的大多是一些定性指标，定量指标比较少。

4）动态性原则

农业环境政策绩效评估是一个长期积累的过程，它对生态环境的影响具有滞后性，短期内无法获得真实的反应关系。为此，在选择农业环境政策绩效评估指标时，既要有测度农业环境政策绩效结果的现实指标，又要有反映农业环境政策绩效活动过程的过程指标，以便能综合反映农业环境政策绩效发展的现状和未来趋势。

5）综合性原则

政策绩效评估指标体系应既能反映政策本身的完善度、合理性，又能反映出针对生态环境改善的农业环境政策的有效性，同时还要体现社会公平性，从整体上能够反映出综合的绩效水平。

2．常用绩效评估方法

1）层次分析法

层次分析法（AHP）首先运用系统分析思路把复杂的问题拆分为金字塔式的层次，通常分为 3 层——目标层（A）、准则层（B）和指标层（C），然后再对每一层的构成元素进行两两比较分析。对于复杂烦琐的问题，指标层下还可以多次细分，以便将复杂问题分析得更加透彻。

目标层（A）：农业源污染控制管理制度环境绩效评估的总体目标，是指标体系的最高层次。

准则层（B）：确保总体目标实现的主要系统层次，是指标体系的中间层。

指标层（C）：最基本的指标层次，包括评估的所有具体指标，是评估的最基本元素。

2）多目标模糊综合评价法

多目标模糊综合评价法是通过模糊数学法中的隶属度理论来进行综合评价的一种研究方法，其最终目标是对定性评价进行定量化研究，主要特征是系统性强，能够将模糊问题简单化。另外，依据多目标模糊综合评价法得出的评价结果非常清晰，能够较好地实现定性评价指标的定量化，且适用于解决各种非确定性问题。

农业源污染控制管理制度的环境绩效评估指标体系比较复杂，既含有定量指标又含有定性指标，且分为多个层次。针对定性指标，主要结合德尔菲专家咨询法进行评价，采用百分制，邀请相关理论与实践专家根据评价标准进行打分，然后取算术平均值，再进行类间加权平均，最后得到该指标的最终评分；针对定量指标，主要从不同年度的《中国统计年鉴》以及地方政府财政局、保监局网站等获取官方数据。

3）综合评分法

综合评分法即通过线性加权法实现多目标的综合评价。本书通过指数法确定各项指标的评价值，然后再结合综合评分法将各指标的评价值进行加权求和，其函数公式见式（2-23）、式（2-24）：

$$Z_n = \sum (B_i \times W_i) \tag{2-23}$$

$$Y = \sum (Z_n \times W_n) \tag{2-24}$$

式中，Z_n —— 某一项内容评价指标的评价值；

B_i —— 某一具体指标的评价值；

W_i —— 某一具体指标的分权重；

Y —— 总评价指标的评价值；

W_n —— 某一内容评价指标的权重。

2.3.2 环境绩效评估体系的构建

1．指标体系的构建

本书通过对农业源污染控制管理制度体系各个系统的层次分析，结合我国农业源污染控制管理制度实施行为与环境之间的相互响应关系，经过深入分析后构建出农业源污染控制管理制度环境绩效评估指标体系（表 2-4）。

表 2-4　农业源污染控制管理制度环境绩效评估指标体系

目标层	准则层	指标层
农业源污染控制管理制度环境绩效评估指标体系	政策执行效率	政策到位性、财政补贴到位性、税收优惠
	环境效益	COD 排放量、NH₃-N 排放量、TP 排放量、河湖水质 COD 浓度、河湖水质 TN 浓度、综合营养状态指数、环湖河流 COD 浓度、环湖河流 TN 浓度、环湖河流 NH₃-N 浓度、劣Ⅴ类地表水比例、环境质量、农田化肥施用强度
	经济效益	农户收入水平、中央财政补贴资金额、第一产业占区域境内生产总值的比重（%）、有机肥施用量占传统化肥用量的比重（%）、农业面源污染治理资金占 GDP 的比重（%）、绿色农业产值（亿元）
	社会效益	水源地供水保证率（%）、农民培训率（%）、农民收入增长率（%）、农业环保技术人才培养情况（万人）、农户满意度（%）

对农业源污染控制管理制度开展环境绩效评估，主要集中在政策执行效率、环境效益、经济效益和社会效益评估 4 个方面。

首先，反映政府政策执行效率的评估指标有政策到位性、财政补贴到位性以及税收优惠。政策到位性是指政府制定的相关政策法规应贯彻公平、正义价值取向的指导，确保政策法规宣传到位，保障政策执行的时效性；财政补贴到位性是指为了推动农业源污染控制管理工作健康持续发展，中央财政以及地方财政对农业产业运行及其污染治理的补贴资金应及时到账，确保农业源污染防治工作的顺利进行，它反映了各级政府对政策性农业源污染的重视程度；税收优惠是指为了提高商业或个体经营农业产业的积极性，政府应给予其一系列税收上的优惠政策，以发挥财政政策的综合效应。

其次，反映环境效益的评估指标有 COD 排放量、NH_3-N 排放量、总磷（TP）排放量、河湖水质 COD 浓度、河湖水质总氮（TN）浓度、综合营养状态指数、环湖河流 COD 浓度、环湖河流 TN 浓度、环湖河流 NH_3-N 浓度、劣Ⅴ类地表水比例、环境质量、农田化肥施用强度。农业源污染控制管理制度及政策最明显、最本质的效果应该是生态环境效应，主要表现在生态环境质量的变化上。以上指标都反映出农业生态环境的质量变化，从而可以评估农业源污染控制管理制度及政策效应。

再次，反映经济效益的评估指标有农户收入水平、中央财政补贴资金额、第一产业占区域境内生产总值的比重（%）、有机肥使用占传统化肥用量的比重（%）、农业面源污染治理资金占 GDP 的比重（%）、绿色农业产值（亿元）。其中，农户收入水平用农村居民农业收入来表示；中央财政补贴资金额反映国家补贴农业发展及污染防治的力度；第一产业占区域内生产总值的比重（%）、有机肥使用占传统化肥用量的比重（%）、农业面源污染治理资金占 GDP 的比重（%）这三项指标反映了与环境相关的农业支持政策的效果；绿色农业产值（亿元）则反映了农业污染管理制度与政策是否具有长效发展能力。

最后，反映社会效益的评估指标主要有水源地供水保证率（%）、农民培训率（%）、农民收入增长率（%）、农业环保技术人才培养情况（万人）、农户满意度。其中，水源地供水保证率（%）是指预期供水量在多年供水中能够得到充分满足的年数出现的概率；我国农业污染问题及政策效力都反映在农民收入增长率（%）上；农业环保技术人才培养情况（万人）代表我国对农业环保科技的重视程度及发展能力；农户满意度以问卷调查和访谈调查相结合的方式来表示，理想值为 100%。

2. 评估模型的构建

AHP-模糊综合评价法模型主要由层次分析法与多目标模糊综合评价法两部分构成，两者相辅相成，使评估结果的可靠性有了很大提高（图 2-2）。基于 AHP-模糊综合评价法的农业源污染控制管理制度环境绩效评估是对两种方法的结合：①一切政策评估特别是农业源污染控制管理制度环境绩效评估必须结合定量与定性分析方法，避免结果出现极大偏差；②农业源污染控制管理制度环境绩效评估考虑因素众多，但每个因素所占的比重都是经人为主观判断做出的，而这种判断不可避免地要运用模糊评估。综上，要做出客观、合理、准确、公平公正的政策评估，两种方法的结合是一种非常有效的选择。

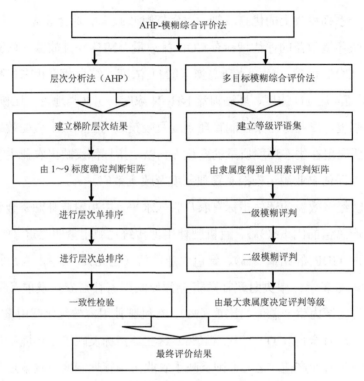

图 2-2 AHP-模糊综合评价法模型构建

3．确定指标权重的步骤

1）建立递阶层级结构模型

层次分析法是基于具有层次的指标体系进行的运算。按照表 2-5 所示的结构进行分层：第一层为农业环境政策的目标函数，即综合绩效；第二层为评价项目；第三层为评价指标。给出评判的项目集和指标集，项目集 $A=\{B_1, B_2, B_3\}$，指标集 $B=\{C_{i1}, C_{i2}, \cdots, C_{in}\}$，如图 2-3 所示。

表 2-5　判断矩阵标度及其含义

因素 x、y 相比较	说明	$f(x, y)$	$f(y, x)$
x 与 y 同等重要	x、y 对总目标有相同的贡献	1	1
x 比 y 稍微重要	x 的贡献稍大于 y，但不明显	3	1/3
x 比 y 明显重要	x 的贡献明显大于 y，但不十分明显	5	1/5
x 比 y 强烈重要	x 的贡献强烈大于 y，但不特别突出	7	1/7
x 比 y 极端重要	x 的贡献以压倒优势大于 y	9	1/9
x 与 y 处于上述相邻两判断之间	相邻两判断的折中	2, 4	1/2, 1/4
x 与 y 处于上述相邻两判断之间	相邻两判断的折中	6, 8	1/6, 1/8

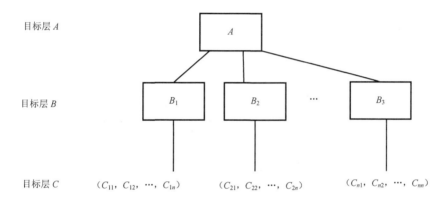

图 2-3　评价指标层次递阶

2）采用 1～9 标度构建判断矩阵

通过引入合适的数值标度（1～9 标度）表示每一层次中各因素的相对重要性，并构造判断矩阵。

将所有因素中的每两个进行对比，对比结果可用"极端重要""强烈重要""较为重要""稍微重要""同等重要"等定性语言来说明。通过引入函数 $f(x, y)$ 来表示这些定性语言。规定当 $f(x, y)=1$ 时，x 与 y 同等重要；若 $f(x, y)>1$，说明 x 比 y 重要；若 $f(x, y)<1$，说明 y 比 x 重要。为了使决策判断定量化，引入表 2-5 所示的 1～9 标度方法。

通过咨询专家，按表 2-5 所列各项的意义，比较分析 B 层因素和 A 层因素的相对重要性，得出如表 2-6 所示的判断矩阵（a_{ij}）$n \cdot n$，其中 $a_{ij}=f(x_i, x_j)$。

表 2-6　判断矩阵

A	B_1	B_2	B_3	$\cdots$	B_n
B_1	1	a_{12}	a_{13}	$\cdots$	a_{1a}
B_2	a_{21}	1	a_{23}	$\cdots$	a_{2a}
B_3	a_{31}	a_{32}	1	$\cdots$	a_{3a}
$\cdots$	$\cdots$	$\cdots$	$\cdots$	$\cdots$	$\cdots$
B_n	a_{n1}	a_{n2}	a_{n3}	$\cdots$	1

3）确定评价因素的权向量

假设 $w_i \in (0, 1)$ 是因素 x_i 的重要性权重，且 $\sum_{i}^{n} w_i = 1$，则 $W = (w_1, w_2, \cdots, w_n)^T$ 就是权向量。用 $W = (w_1, w_2, \cdots, w_n)^T$ 乘矩阵 A，结果见式（2-25）：

$$AW = \begin{bmatrix} \dfrac{w_1}{w_1} & \dfrac{w_1}{w_2} & \cdots & \dfrac{w_1}{w_n} \\ \dfrac{w_2}{w_1} & \dfrac{w_2}{w_2} & \cdots & \dfrac{w_2}{w_n} \\ \vdots & \vdots & \vdots & \vdots \\ \dfrac{w_n}{w_1} & \dfrac{w_n}{w_2} & & \dfrac{w_n}{w_n} \end{bmatrix} \begin{bmatrix} w_1 \\ w_2 \\ \vdots \\ w_n \end{bmatrix} = \begin{matrix} nw_1 \\ nw_2 \\ \vdots \\ nw_n \end{matrix} = nw \qquad （2\text{-}25）$$

4）矩阵的一致性判断及其检验

根据式（2-26）计算判断矩阵的一致性指标（CI），同时通过引入判断矩阵最大特征根以外的其余特征根的负平均值来检查决策者判断的一致性，引入判断矩阵同阶平均随机一致性指标 RI 值（表 2-7）。

$$CI = \frac{\lambda_{\max} - n}{n - 1} \qquad （2\text{-}26）$$

表 2-7　平均随机一致性指标 RI 取值

阶数	1	2	3	4	5	6	7	8	9
RI 值	0.00	0.00	0.58	0.90	1.12	1.24	1.32	1.41	1.45

CR（一致性比率）是一种判断矩阵一致性的有效手段，表示为 $CR = CI/RI$。当 $CR < 0.10$ 时，即认为判断矩阵符合一致性检验，否则就需要重新修改。

4．模糊评估步骤

1）建立因素集

在模糊综合评价中，可以考虑将影响评估对象的每个因素构成一个因素集合 U。

$$U=\{U_1, U_2, \cdots, U_3\} \tag{2-27}$$

2）影响程度评判等级的划分

为以上各层影响因素划分评判等级构成模糊综合评判集 V。这一集合为每个因素的不同评语等级，也就是语言变量，通过模糊综合评估可以从评语集合中选取一个最大结果。

$$V=(V_1, V_2, \cdots, V_n) \tag{2-28}$$

3）建立隶属度矩阵

根据实际情况和确定隶属度的方法，确定出模糊关系矩阵：

$$R=\begin{bmatrix} \delta_{11} & \delta_{12} & \cdots & \delta_{1n} \\ \delta_{21} & \delta_{22} & \cdots & \delta_{2n} \\ \delta_{31} & \delta_{32} & \cdots & \delta_{3n} \end{bmatrix}\begin{bmatrix} \delta_{11} & \delta_{12} & \cdots & \delta_{1n} \\ \delta_{21} & \delta_{22} & \cdots & \delta_{2n} \\ \delta_{31} & \delta_{32} & \cdots & \delta_{3n} \end{bmatrix} \tag{2-29}$$

4）确定评价因素的权向量

在模糊综合评价中，运用层次分析法确定评价因素的权向量：

$$W=(w_1, w_2, \cdots, w_n) \tag{2-30}$$

5）确定模糊综合评估模型

根据 $W=(w_1, w_2, \cdots, w_n)$ 和确定的模糊关系矩阵 R，选用加权平均模型 M 进行模糊评价。该模型兼顾了所有因素权重大小，适用于考虑各种大小因素共同起作用的情况。

$$B=W\cdot R \tag{2-31}$$

6）确定评价对象的最终评价等级

根据最大隶属度原则，选取模糊综合评估模型 B 集合的最大值，再对应模糊综合评判集 V 中的评语集合，即为该评价对象的最终评价等级。

第 3 章

农业源污染物分类减排政策与制度

3.1 种养业污染物减排配套管理制度与政策

3.1.1 畜禽养殖业污染物减排

1. 畜禽养殖业污染防治现状与管理政策

1）全国规模化畜禽养殖环境统计数据分析

为准确了解全国各省（区、市）主要畜禽品种规模化养殖及污染治理情况，表 3-1 对 2015 年全国环境统计中规模化畜禽养殖情况进行了统计分析。

表 3-1   2015 年全国环境统计中主要畜禽品种养殖情况

省（区、市）	生猪		奶牛		肉牛		蛋鸡		肉鸡	
	养殖场/家	养殖量/头	养殖场/家	养殖量/头	养殖场/家	养殖量/头	养殖场/家	养殖量/羽	养殖场/家	养殖量/羽
安徽	5 103	9 658 750	82	109 169	282	101 586	712	25 495 687	615	139 175 836
北京	630	1 773 903	207	121 958	31	16 563	136	11 678 260	81	12 281 408
福建	3 862	10 075 573	32	26 382	21	12 450	196	9 032 714	237	242 849 395
甘肃	925	1 179 975	82	46 073	557	180 541	186	5 710 054	36	2 530 628
广东	9 748	23 033 579	47	42 093	32	10 621	230	20 101 862	728	106 054 780
广西	3 487	6 536 354	23	21 868	68	27 265	95	7 735 515	125	15 526 609
贵州	525	1 290 326	7	16 486	102	40 076	163	6 819 876	19	1 898 500
海南	645	2 129 400	4	1 905	5	2 061	46	2 694 840	32	14 827 600
河北	5 424	15 020 328	1 397	1 270 970	498	457 400	1 903	63 355 056	539	168 239 877
河南	11 920	37 471 147	551	405 322	1 241	789 753	2 115	90 187 929	792	242 533 410
黑龙江	1 639	5 225 915	639	417 573	325	253 548	321	6 818 620	106	32 497 160
湖北	5 077	19 234 796	48	33 992	354	193 481	1 190	84 525 580	321	119 773 449
湖南	13 420	22 169 024	14	15 107	165	66 063	414	10 745 552	406	79 359 227

省（区、市）	生猪		奶牛		肉牛		蛋鸡		肉鸡	
	养殖场/家	养殖量/头	养殖场/家	养殖量/头	养殖场/家	养殖量/头	养殖场/家	养殖量/羽	养殖场/家	养殖量/羽
吉林	1 736	4 885 860	134	95 662	373	346 946	491	20 381 900	322	57 825 100
江苏	3 255	8 778 521	264	148 403	52	36 982	1 162	40 114 326	578	169 334 887
江西	5 353	17 295 706	13	10 345	73	54 269	156	12 098 153	92	33 791 674
辽宁	2 914	8 628 945	306	328 456	566	401 405	1 257	57 756 407	1 051	202 607 700
内蒙古	537	1 688 373	916	783 394	360	409 732	145	6 725 819	34	4 165 617
宁夏	209	391 677	260	274 558	122	92 724	54	5 043 600	8	572 000
青海	107	235 503	57	16 890	127	46 784	28	1 330 940	12	865 000
山东	5 593	16 845 796	751	571 489	634	457 914	2 180	87 631 655	2 250	832 930 204
山西	1 802	4 623 454	363	185 083	308	118 838	663	28 224 093	285	91 989 367
陕西	1 232	3 693 800	272	144 283	90	38 410	254	8 559 764	48	7 117 700
上海	207	1 560 000	93	57 000	1	200	33	1 560 000	21	9 260 000
四川	5 539	14 608 780	100	48 059	348	125 744	556	30 725 480	228	39 351 610
天津	432	1 295 921	152	150 301	51	25 520	185	5 466 000	125	35 963 600
新疆	171	699 430	113	60 062	130	138 517	88	5 873 200	27	10 399 500
兵团*	236	961 486	113	104 087	68	86 074	44	3 364 739	8	831 300
云南	1 124	2 100 056	66	37 115	75	22 866	201	11 616 479	86	12 335 856
浙江	3 817	9 672 506	78	40 696	5	2 213	196	7 691 255	247	48 159 947
重庆	2 772	4 943 235	34	9 826	146	80 849	320	8 393 487	98	12 024 084
总计	99 441	257 708 119	7 218	5 594 607	7 210	4 637 395	15 720	687 458 842	9 556	2 747 073 025

* 兵团指新疆生产建设兵团。

　　由表 3-1 可知，2015 年全国列入环境统计中的规模化畜禽养殖场共有 139 145 家，其中，生猪养殖场 99 441 家，总养殖量约为 25 771 万头；奶牛养殖场 7 218 家，总养殖量约为 559 万头；肉牛养殖场 7 210 家，总养殖量约为 464 万头；蛋鸡养殖场 15 720 家，总养殖量约为 68 746 万羽；肉鸡养殖场 9 556 家，总养殖量约为 274 707 万羽。对比前几年的环境统计数据可知，我国规模化畜禽养殖业发展迅速，养殖量持续增加。从养殖区域分布情况分析，河南、湖南、山东、广东、河北均为养殖大省，规模化养殖场数量分别达到 16 619 家、14 419 家、11 408 家、10 785 家、9 761 家，而宁夏、青海的养殖场数量却分别只有 653 家和 331 家，而且养殖量分布及其不均，种养不能平衡。

　　根据表 3-1 的统计，全国纳入环境统计系统的规模化畜禽养殖场近 14 万家，但从农业部门和相关统计部门的数据分析，全国目前规模化畜禽养殖场的总数量却已达到 38 万家左右，这说明我国现阶段规模化畜禽养殖场的环境管理薄弱，相当一部分畜禽养殖并未纳入环境保护部门的监管范围之内。

2）"十二五"畜禽养殖污染物总量减排考核认定情况

（1）减排认定项目数及比例分析

"十二五"期间，规模化畜禽养殖是农业源污染物总量减排的重点领域，在各级政府部门的推动下，一大批规模化畜禽养殖场完善了污染治理设施，达到了国家农业源污染物总量减排的考核要求，得到国家总量减排考核认定，其认定项目数及占比情况分别如表 3-2、表 3-3 所示。

表 3-2 "十二五"规模化畜禽养殖减排认定项目数和养殖量统计

畜禽种类	项目数/家					养殖量/（万头、万羽）				
	2011 年	2012 年	2013 年	2014 年	2015 年	2011 年	2012 年	2013 年	2014 年	2015 年
生猪	3 313	5 732	8 105	10 605	14 212	2 110.6	3 158.0	3 563.4	3 360.9	4 114.9
奶牛	378	760	1 068	856	1 068	41.3	87.4	99.1	76.6	92.9
肉牛	279	454	573	617	1 093	28.6	46.1	52.8	57.4	75.5
蛋鸡	658	975	1 455	1 559	2 453	4 504.4	6 898.3	10 351.2	8 067.2	13 711.5
肉鸡	796	801	834	957	1 405	28 723.4	41 360.6	40 501.3	31 177.9	41 284.7
合计	5 424	8 722	12 035	14 594	20 231	—	—	—	—	—

表 3-3 "十二五"规模化畜禽养殖场减排考核认定比例

种类	2015 年环境统计数量		减排认定量		减排完成比例/%	
	养殖场/家	养殖量/（万头、万羽）	养殖场/家	养殖量/（万头、万羽）	养殖场	养殖量
生猪	99 441	25 771	41 967	16 308	42.20	63.28
奶牛	7 218	560	4 130	397	57.22	70.89
肉牛	7 210	464	3 016	260	41.82	56.03
蛋鸡	15 720	68 926	7 100	43 533	45.17	63.16
肉鸡	9 556	274 757	4 793	183 048	50.16	66.62

由表3-2可知，"十二五"期间，全国共完成规模化畜禽养殖场污染物总量减排项目 61 006 家，其中规模化生猪养殖场约占 69%。从年度情况看，考核认定减排项目总量逐年增加，年均增长 2 500 家左右，2015 年，规模化畜禽养殖污染物总量减排考核认定项目 20 231 家。分析表明，一方面，随着农业源污染物总量减排工作的推动，各地在养殖污染防治上的推动力度逐渐加强，对养殖污染治理的认识逐步提高，治理技术和管理措施逐步成熟；另一方面，养殖数量逐年增加体现出我国正大力推进畜禽规模化养殖。由表3-3可知，"十二五"期间，我国规模化畜禽养殖场减排认定项目数占环境统计总量的一半左右，从认定养殖量分析，其所占的比例略高，这是由于农业源污染物总量减排刚

刚启动；从对环境的影响、污染治理基础设施和工作的重点方面考虑，大型规模化畜禽养殖场是治理的重点，养殖量大的养殖场能够先期完成污染治理设施，达到减排考核要求。

通过以上分析可知，"十二五"期间，在畜禽养殖减排工作的推动下，我国规模化畜禽养殖场粪污处理情况得到了较好的改善，但仍有大部分养殖场粪污处理效果不理想甚至缺乏粪污处理设施，这些养殖场是畜禽养殖环境管理的主要对象，其畜禽固体废物和污水排放量也是本书的研究重点。

（2）减排认定养殖场治理模式

畜禽养殖行业利润较低，从经济上无法承受不受外界环境影响的工业化处理模式，必须结合当地条件，以资源化利用为主，但是畜禽养殖粪污资源化利用又受自然条件、农业生产方式、地形地貌、社会经济发展水平等诸多因素的影响，因此各地区养殖场选择的处理模式应有所不同，而不同的粪污处理模式对应的污染物排放量也会不同。为全面分析各地区畜禽养殖污染防治模式，表 3-4 从粪便和污水两个部分对"十二五"期间减排认定项目的主要治理方式进行了统计。

表 3-4　"十二五"污染物总量减排认定项目治理模式

地区	种类	粪便处理模式占比/%				污水处理模式占比/%				
		有机肥	农业利用	垫草垫料	生产沼气	达标排放	深度处理回用	储存农用	厌氧农用	垫草垫料
全国	生猪	17.55	79.06	2.26	1.1	2.71	4.59	30.86	59.56	2.28
	奶牛	20.77	77.49	0.45	1.29	1.98	3.07	57.41	37.02	0.44
	肉牛	22.02	75.44	1.53	1.01	1.21	1.51	56.91	38.77	1.58
	蛋鸡	61.34	37.24	0.77	0.65					
	肉鸡	69.39	26.68	3.64	0.29					
华南地区	生猪	16.9	81.92	0.62	0.55	2.74	5.08	64.84	26.72	0.62
	奶牛	16.67	81.82	0	1.52	7.58	16.67	31.82	43.94	0
	肉牛	4.69	95.31	0	0	0	3.13	87.5	9.38	0
	蛋鸡	65.87	33.11	0.68	0.34					
	肉鸡	65.44	34.02	0.55	0					
长江中游地区	生猪	16.46	79.16	1.91	2.48	4.69	10.19	27.64	55.57	1.91
	奶牛	56.67	43.33	0	0	6.67	13.33	23.33	56.67	0
	肉牛	58.06	35.48	4.84	1.61	3.23	6.45	22.58	62.9	4.84
	蛋鸡	87.5	11.54	0.64	0.32					
	肉鸡	57.25	21.74	21.01	0					

地区	种类	粪便处理模式占比/%				污水处理模式占比/%				
		有机肥	农业利用	垫草垫料	生产沼气	达标排放	深度处理回用	储存农用	厌氧农用	垫草垫料
华北地区	生猪	33.01	62.04	2.8	2.15	3.56	0.96	35.19	57.49	2.8
	奶牛	34.34	63.43	0.4	1.82	1.82	1.41	41.82	54.55	0.4
	肉牛	47.58	47.4	0.36	4.67	4.85	0	35.55	59.25	0.36
	蛋鸡	75.34	23.84	0.74	0.08					
	肉鸡	86.65	10.23	3.05	0.06					
四川盆地地区	生猪	12.6	84.94	2.14	0.31	0.74	5.8	78.41	12.92	2.14
	奶牛	22.86	77.14	0	0	2.86	10	65.71	21.43	0
	肉牛	15.09	83.49	0.94	0.47	1.42	3.77	78.77	15.09	0.94
	蛋鸡	60.91	26.97	3.33	8.79					
	肉鸡	46.99	31.33	15.66	6.02					
东北地区	生猪	20.49	76.16	3.25	0.1	0.62	0.1	71.3	24.73	3.25
	奶牛	17.96	80.52	0.91	0.61	2.28	0.76	72.75	23.29	0.91
	肉牛	21.51	75.21	3.12	0.16	0.49	0	70.28	26.11	3.12
	蛋鸡	71.13	28.57	0.3	0					
	肉鸡	65.12	34.67	0.21	0					
长城沿线地区	生猪	14.08	80.56	5.14	0.21	0.25	0.82	72.76	21.04	5.14
	奶牛	19.43	80.43	0	0.13	0.13	1.75	66.8	31.31	0
	肉牛	14.77	84.43	0.6	0.2	0.2	1	79.64	18.56	0.6
	蛋鸡	36.83	63.07	0.1	0					
	肉鸡	44.29	55.48	0	0.24					
淮南地区	生猪	8.32	86.83	3.59	1.26	3.17	4.85	47.29	41.11	3.59
	奶牛	17.83	78.29	2.33	1.55	5.43	11.63	39.53	41.09	2.33
	肉牛	4.6	93.1	1.15	1.15	1.15	4.6	49.43	43.68	1.15
	蛋鸡	19.72	76.86	1.41	2.01					
	肉鸡	34	58.5	5.5	2					
沿海-经济发达地区	生猪	18.67	74.39	4.35	2.59	7.34	6.38	42.72	39.21	4.35
	奶牛	18.52	77.16	0.15	4.17	7.72	5.25	53.7	33.18	0.15
	肉牛	21.97	75	3.03	0	0	2.27	65.91	28.79	3.03
	蛋鸡	63.36	35.72	0.78	0.13					
	肉鸡	73.41	19.85	6.65	0.1					
西南地区	生猪	2.97	96.13	0.91		4.53	63.81	30.75	0.91	
	奶牛	5.71	94.29	0	0	0	11.43	65.71	22.86	0
	肉牛	2.38	96.43	1.19	0	0	10.71	63.1	25	1.19
	蛋鸡	23.98	76.02	0	0					
	肉鸡	12.9	83.87	0	3.23					
黄土高原地区	生猪	6.68	91.44	1.77	0.1	0.21	0	65.66	32.36	1.77
	奶牛	8.62	91.38	0	0	0	22.76	37.59	39.66	0
	肉牛	10.19	89.81	0	0	0	0.27	75.07	24.66	0
	蛋鸡	53.85	46.15	0	0					
	肉鸡	50	50	0	0					

地区	种类	粪便处理模式占比/%				污水处理模式占比/%				
		有机肥	农业利用	垫草垫料	生产沼气	达标排放	深度处理回用	储存农用	厌氧农用	垫草垫料
甘新蒙地区	生猪	10.96	86.3	2.05	0.68	1.71	1.03	80.14	15.07	2.05
	奶牛	18.52	78.4	3.09	0	1.23	0.62	74.07	20.99	3.09
	肉牛	8	85.14	6.86	0	0	0.57	81.71	10.86	6.86
	蛋鸡	26.37	67.03	4.4	2.2					
	肉鸡	4	96	0	0					
内蒙古地区	生猪	7.88	89.7	2.42	0	0	8.48	63.64	25.45	2.42
	奶牛	8.64	90.81	0	0.56	0.56	3.62	86.07	9.75	0
	肉牛	28.3	71.7	0	0	0	4.4	67.3	28.3	0
	蛋鸡	59.26	40.74	0	0					
	肉鸡	30	70	0	0					
青藏地区	生猪	2.7	94.59	2.7	0	0	0	94.59	2.7	2.7
	奶牛	21.74	78.26	0	0	0	0	78.26	21.74	0
	肉牛	4.44	95.56	0	0	0	0	95.56	4.44	0
	蛋鸡	25	75	0	0					
	肉鸡	0	100	0	0					
北蒙黑地区	生猪	2.7	78.38	18.92	0	2.7	0	48.65	29.73	18.92
	奶牛	6.67	93.33	0	0	0	0	70	30	0
	肉牛	10	90	0	0	0	10	50	40	0
	蛋鸡	0	100	0	0					
	肉鸡	0	100	0	0					

注：蛋鸡、肉鸡养殖污水产生量较少，基本不会对环境造成影响，同时减排考核也未对其作具体要求，而且大部分蛋鸡、肉鸡养殖场的污水处理采用储存农用模式，因而本表未对蛋鸡、肉鸡的污水处理情况进行统计。

从表 3-4 中可以看出，养殖污染治理资源化利用仍是主要途径。从区域分布情况分析，由于我国不同地区之间的自然地理特征（包括地形地貌、气候特点、种植品种等）和养殖现状（如养殖规模、养殖废弃物处理模式等）情况不同，且地区之间经济实力悬殊，东南沿海城市普遍比西北内陆城市发达，因而各地的废弃物处理模式有所不同，建设成本和运行成本也不同，所以不同地区的畜禽养殖污染治理模式存在一定的差异性和区域性。在经济较为发达、农业种植面积大、土地平整的地区，污水处理以储存农用模式为主，采用达标排放模式的相对较少；在气温较高的南方地区以厌氧农用模式为主，而东北等气温较低的地区采用厌氧农用模式的相对较少。

3）我国畜禽养殖污染管理规定及执行情况

畜禽养殖废弃物污染涉及千家万户，问题复杂，控制起来难度很大。对于我国来说，问题的关键在于缺少政策框架和配套制度，同时也缺乏相应的机构向农民宣传畜禽养殖污染的原因和防治方法，不足以鼓励和推动农民采用有效的技术和管理经验。

我国历年来畜禽养殖业环境管理的相关政策法规如表 3-5 所示。

表 3-5　我国畜禽养殖业环境管理的相关政策法规

政策法规及颁布年份	相关条款及规定
《中华人民共和国水污染防治法》（2008 年）	国家支持畜禽养殖场、养殖小区建设畜禽粪便、废水的综合利用或者无害化处理设施。畜禽养殖场、养殖小区应当保证其畜禽粪便、废水的综合利用或者无害化处理设施正常运转，保证污水达标排放，防止污染水环境
《中华人民共和国固体废物污染环境防治法》（2004 年）	从事畜禽规模养殖应按照国家有关规定收集、贮存、利用或者处理养殖过程中产生的粪便，防止污染环境
《中华人民共和国畜牧法》（2015 年修正）	禁止在生活饮用水的水源保护区等区域内建设畜禽养殖场、养殖小区。省级人民政府根据本行政区域畜牧业发展状况制定畜禽养殖场、养殖小区的规模标准和备案程序
新修订的《中华人民共和国环境保护法》（2014 年）	从事畜禽养殖和屠宰的单位和个人应当采取措施，对畜禽粪便、尸体和污水等废弃物进行科学处置，防止污染环境
《中华人民共和国农业法》（2012 年）	从事畜禽规模养殖的单位和个人应对粪便、废水及废弃物进行无害化处理或者综合利用
《畜禽养殖污染防治管理办法》（原国家环境保护总局第 9 号令，2001 年）	畜禽养殖场应当保持环境整洁，采取清污分流和粪尿的干湿分离等措施，实现清洁养殖。养殖场的排水系统应实行雨水和污水收集输送系统分离，在场区内外设置污水收集输送系统，不得采取明沟布设
《畜禽养殖业污染防治技术规范》（HJ/T 81—2001）	新、改、扩建的畜禽养殖场应采取干法清粪工艺，采取有效措施将粪及时、单独清出，不可与尿、污水混合。畜禽养殖过程中产生的污水应坚持种养结合的原则，经无害化处理后尽量充分还田，实现污水资源化管理
《畜禽养殖业污染物治理工程技术规范》（HJ 497—2009）	新、改、扩建的畜禽养殖场应采取干法清粪工艺；采用水冲粪、水泡粪湿法清粪工艺的养殖场，应逐步改为干法清粪工艺；畜禽粪污应日产日清
《畜禽粪便还田技术标准》（GB/T 25246—2010）	畜禽粪便作为肥料使用，应使农产品产量、质量和周边环境没有危险，不受到威胁。畜禽粪肥施于农田，其卫生学指标、重金属含量、施肥用量应符合标准要求
《畜禽养殖业污染物排放标准》（GB 18596—2001）	按集约化畜禽养殖业的不同规模分别制定了水污染物、恶臭气体的最高允许日均排放浓度、最高允许排水量，畜禽养殖业废渣无害化环境标准
《畜禽养殖业污染防治技术政策》（2011 年）	对清洁养殖与废弃物收集、养殖废弃物无害化处理、养殖废水处理、设施的建设、运行和监督管理等方面提出适用技术和要求
《畜禽规模养殖污染防治条例》（2013 年）	使畜禽养殖污染防治有法可依，促进形成农业部门、环保部门以及其他相关部门合理分工的良性工作机制

政策法规及颁布年份	相关条款及规定
《水污染防治行动计划》（2015 年）	防治畜禽养殖污染。科学划定畜禽养殖禁养区，自 2016 年起，新建、改建、扩建规模化畜禽养殖场（小区）要实施雨污分流、粪便污水资源化利用
《土壤污染防治行动计划》（2016 年）	强化畜禽养殖污染防治。严格规范兽药、饲料添加剂的生产和使用，防止过量使用，促进源头减量。到 2020 年，规模化养殖场、养殖小区配套建设废弃物处理设施比例达到 75%以上

从上述对我国畜禽养殖管理现状的梳理来看，国内对畜禽养殖污染防治管理的研究主要集中在畜禽养殖污染的概括性描述、畜禽养殖污染管控的工程技术措施、农户行为与畜禽养殖污染的关系及应采取的经济政策调控方面。相关研究大多指出我国畜禽养殖污染已造成严重的水体污染，而且多从相关水文模型数据分析和技术条件、工程性措施方面来探讨应对之策。一些文献从经济学理论出发探讨了畜禽养殖污染防治的财政调控和补偿机制，但相关内容着眼于具体地区具体情况的经济分析，而不是从宏观普适性角度研究制度应对。目前国内系统深入地探讨畜禽养殖污染防控法律及其相关政策制度的研究还不多见，尤其是从水污染防治法律制度建设角度的分析还非常少。直到最近几年，随着农村环境问题的逐渐恶化，畜禽养殖污染的法制调控才受到关注。

畜禽养殖业双重绿色革命的广泛开展离不开政策法规的支持。完备的政策和法律制度是实行依法治国的前提和基础，农业面源污染防治政策、法规的出台使用直接影响着相应的开展力度及成效。新修订的《中华人民共和国环境保护法》规定，从事畜禽养殖和屠宰的单位及个人应当采取措施，对畜禽粪便、尸体和污水等废弃物进行科学处置，防止污染环境。该条款规定，不管是单位还是个人，只要从事畜禽养殖就应当承担对畜禽粪便进行科学处置、防止污染环境的责任。目前，我国已对畜禽规模化养殖场的污染防治有了比较全面的法律规定，但对非规模化畜禽养殖还缺乏详细的法律规定，应尽快出台相关规定，将达不到规模养殖标准但已达到一定养殖规模的养殖户也列入法律监管的范围，使农村非规模化畜禽养殖污染防治有法可依。另外，国务院颁布的《畜禽规模养殖污染防治条例》规定，畜禽养殖场的具体规模标准由省级人民政府确定，但很多省份至今还未明确具体规模标准，环保与农业部门就规模划定标准意见还未能达成一致，政府应做好协调牵头工作，在结合本地养殖规模与污染状况的基础上明确规模标准并颁布实施。

2. 畜禽养殖业污染防治管理存在的主要问题

根据对畜禽养殖业污染防治现状与管理政策的调查分析，可以得出目前我国畜禽养殖污染防治和管理存在的一些问题。

1）畜禽养殖规划缺失，区域养殖分布不均、种养失衡

我国畜禽养殖规划缺失，原始自发状态的养殖形式居多，且大部分建设在村屯内，与居民区混合；畜禽养殖废弃物大多就近堆放或者还田农用，没有考虑到整个区域的合理施用，造成了区域种养平衡被打破、种养结合不合理的现状。通过环境统计资料及实地调研可知，部分地区的实际承载力均超过理论最大承载力，说明存在着畜禽养殖污染风险。此外，根据大量的实地走访调研可知，虽然我国东北地区部分畜禽养殖场配套的耕地面积足够大，单位耕地面积畜禽环境承载量相对较低，但是由于运输成本高、施用难度大、设施简陋等原因，大部分畜禽养殖废弃物就近还田农用或者随意堆放在场区周围，并未施用在整个农田种植区，造成部分就近农田营养盈余，而大部分农田并未施用养殖废弃物，整个区域种养分离、农牧脱节。

2）缺乏符合地区特点的畜禽养殖污染防治技术模式

我国对畜禽养殖及污染现状的宏观掌控不足，未能根据每个地区不同的自然地理特征和养殖现状做出合理规划。虽然近年来有的省份根据自身养殖及污染现状提出了相应的防治对策，但这些研究没有结合每个地区的自然地理特征（包括地形地貌、气候特点、种植品种等）和养殖现状（如养殖规模、养殖废弃物处理模式等）提出适合于当地养殖特色的防治对策。同时，我国地区之间经济发展悬殊，东南沿海城市普遍比西北内陆城市发达，因而废弃物处理方式不同，其建设成本和运行成本也不同，地区 GDP 的不同直接影响着畜禽养殖场废弃物治理模式的选择。很多地区盲目推行治理模式，并未考虑其合理性，造成去除效率不佳或者难以承受处理设施的高昂费用，因而不得不关闭养殖场或者选择偷排漏排的方式。

3）有机肥推广应用力度不够，导致粪便肥料化循环利用不畅

农业利用是当前畜禽养殖废弃物处理主要采用的循环利用模式，但在农业利用中存在着养殖废弃物产生的连续性与种植需肥间断性之间的矛盾，这一矛盾导致养殖废弃物利用与种植业需肥之间在时间、空间上的不平衡，制作生物有机肥是解决这一矛盾的最佳方式。相对化肥的使用来说，有机肥的使用存在肥效缓慢、施用劳动强度大等问题，因而得不到推广，市场价格低。目前，对生物有机肥的利用引导政策不够，国家基本没有有关有机肥的生产与应用鼓励政策，导致有机肥的生产积极性不高，粪便肥料化利用不畅。

从对全国有机肥生产使用状况的调查发现，海南、广东、江苏、浙江、北京、上海等部分经济发达地区在有机肥的使用上有地方补贴政策（200～300元/t），从而保障了有机肥在这些地区得到较好的推广，这些地区有机复合肥的市场价格达到约 1 400元/t，有

机肥价格达到约 800 元/t，而有机肥的生产成本为 500～600 元/t，有机复合肥的生产价格在 1 000～1 200 元/t。而其他大部分地区，由于没有有机肥补贴政策，有机肥的市场价格在 500～700 元/t，与生产价格基本一致，有机肥生产企业基本没有利润，因而积极性不高，使用和利用上均严重滞后。

4）养殖废水工程处理成本与养殖业低利润、高风险之间的矛盾突出

从调查结果分析发现，畜禽养殖废水的资源化利用仍是主要途径，全国约有 35%的规模化畜禽养殖场采用储存农用模式，约 55%的规模化养殖场废水经厌氧处理后再进行农业利用，而采用达标排放模式的仅占约 2.5%，采用深度处理回用模式的约占 4.5%，采用生物发酵床（垫草垫料）养殖模式的仅占 2%左右。现有养殖废水工程处理技术大部分采用厌氧处理、好氧处理、氧化塘或人工湿地等各种处理方式相结合的工艺，其中好氧生物处理能耗高、运行成本高。从对全国 40 家养殖废水处理工程运行成本的分析中发现，直接处理成本（除人工费用和固定投资折旧外）为 2～12 元，按干清粪方式计算，平均每头猪废水处理的直接运行成本为 3.6～21.6 元，年出栏万头的生猪养殖场年运行费用达到 3.6 万～21.6 万元。另外，养殖废水处理工程投资较大，通过对调查中的 32 家年出栏万头的生猪养殖场废水处理工程一次性投资的分析发现，固定投资费用为 100 万～500 万元。养殖业利润因市场波动及畜禽养殖防疫情况而产生较大风险，在市场价格较低或疫病严重时期，养殖场处于低利润甚至亏本状态，污染处理设施难于运行。因此，资源化利用仍是今后我国粪污处理的主要发展途径。

5）畜禽养殖污染防治配套政策不健全

我国的畜禽养殖污染防治配套政策尚不健全，如《畜禽规模养殖污染防治条例》后续配套实施细则或方案缺失，可操作性不强；全国畜禽养殖污染防治"十三五"规划尚未出台，无法指导地方开展畜禽养殖污染防治工作；畜禽养殖环评技术导则尚未出台，在环评过程中存在重污染治理达标排放、轻资源化利用的现象，导致资源化利用率不足；畜禽粪便有机肥使用补贴政策缺乏，推广使用有机肥的竞争力不足；畜禽养殖粪肥还田施用技术指南尚未出台，粪肥施用缺乏统一的指导。因而，未来一方面要进行"放、管、服"改革，另一方面也要严格规范并开展后续监督。

3．畜禽养殖业分区分类减排技术与政策

1）畜禽养殖污染防治模式分区

开展畜禽养殖污染防治模式分区研究可以按区域确定适合的污染防治模式，全面掌握区域畜禽养殖污染防治的优势与局限，引导畜禽养殖业合理布局，并为制定畜禽养殖

污染防治措施与政策提供支撑，对促进畜禽养殖污染防治具有重要意义。

（1）影响畜禽养殖污染防治模式分区的主导因子

根据影响畜禽养殖污染防治模式选择的主导因子，以市为单位收集全国 23 个省、4 个直辖市、5 个自治区（除港、澳、台外）共 360 个市（个别市数据不全未纳入）的统计年鉴中 2008—2013 年的年平均气温、年降雨量、人均 GDP、人均农作物播种面积（取 5 年平均值）等数据进行统计分析。

①年降雨量统计分析

地理上的降水量线将我国划分为湿润地区（＞800 mm）、半湿润地区（400～800 mm）、半干旱地区（200～400 mm）和干旱地区（＜200 mm）。借鉴地理划分依据和收集的数据，经整理分析后将我国 360 个市的年均降雨量划分为 7 个区间（表 3-6）。

表 3-6　全国 360 个市 2008—2013 年年降雨量分区

降雨量分区	城市数目/个	具体名称
＜200 mm	22	甘肃省（嘉峪关市、武威市、金昌市、张掖地区、酒泉市、甘南州）、内蒙古自治区（乌海市、巴彦淖尔市）、宁夏回族自治区（银川市、石嘴山市、吴忠市、中卫市）、青海省（海西州）、新疆维吾尔自治区（吐鲁番市、哈密市、巴音郭楞蒙古自治州、阿克苏地区、克孜勒苏柯尔克孜自治州、喀什地区、和田地区）、西藏自治区（那曲市、阿里地区）
200（含）～400 mm（不含）	30	甘肃省（兰州市、白银市）、河北省（张家口市）、河南省（郑州市、开封市、洛阳市、三门峡市）、内蒙古自治区（包头市、通辽市、赤峰市、锡林郭勒盟、乌兰察布市、阿拉善盟）、青海省（海东州、黄南州、海南州）、新疆维吾尔自治区（乌鲁木齐市、克拉玛依市、石河子市、伊犁哈萨克自治州、伊犁州直属县/市、塔城地区、昌吉回族自治州、博尔塔拉蒙古自治州、阿勒泰地区）、陕西省（咸阳市、渭南市、延安市）、西藏自治区（山南市、日喀则市）
400（含）～800 mm（不含）	112	山西省、甘肃省（天水市、平凉市、庆阳市、定西市、陇南市、临夏州）、河北省（除张家口市）、河南省（除郑州市、开封市、洛阳市、三门峡市、信阳市）、黑龙江省、吉林省（长春市、吉林市、四平市、松原市、白城市、延吉市）、江苏省（徐州市、淮安市、宿迁市）、北京市、天津市、辽宁省（锦州市、营口市、阜新市、辽阳市、盘锦市、铁岭市、葫芦岛市、朝阳市）、内蒙古自治区（呼和浩特市、呼伦贝尔市、兴安盟、鄂尔多斯市）、宁夏回族自治区（固原市）、青海省（西宁市、海北州、果洛州、玉树州）、云南省（除保山市、丽江市、普洱市、临沧市、红河哈尼族彝族自治州、德宏傣族景颇族自治州）、山东省（济南市、青岛市、淄博市、东营市、烟台市、潍坊市、济宁市、泰安市、莱芜市、菏泽市）、四川省（攀枝花市、阿坝藏族羌族自治州）、陕西省（西安市、铜川市、宝鸡市、榆林市、安康市、商洛市、杨凌示范区）、西藏自治区（拉萨市、昌都地区、林芝地区）

降雨量分区	城市数目/个	具体名称
800（含）～1 200 mm（不含）	81	安徽省（除六安市、池州市、宣城市、安庆市、铜陵市、黄山市）、福建省（三明市、泉州市、龙岩市）、广西壮族自治区（百色市）、贵州省（贵阳市、六盘水市、遵义市、安顺市、毕节市、铜仁市）、河南省（信阳市）、湖南省（衡阳市、邵阳市、益阳市、娄底市、岳阳市）、吉林省（辽源市、通化市、白山市）、江苏省（南京市、无锡市、常州市、苏州市、南通市、连云港市、盐城市、扬州市、镇江市、泰州市）、江西省（九江市、萍乡市）、上海市、重庆市、辽宁省（沈阳市、大连市、鞍山市、抚顺市、本溪市）、云南省（保山市、丽江市、临沧市、红河哈尼族彝族自治州）、浙江省（湖州市）、海南省（东方市）、山东省（枣庄市、威海市、日照市、德州市、聊城市、滨州市、临沂市）、四川省（泸州市、绵阳市、内江市、南充市、眉山市、广安市、巴中市、资阳市、甘孜藏族自治州、凉山彝族自治州）、湖北省（鄂州市、孝感市、随州市、恩施州、仙桃市、潜江市、天门市、神农架）、陕西省（汉中市）
1 200（含）～1 600 mm（不含）	67	安徽省（六安市、宣城市、铜陵市、安庆市）、福建省（福州市、厦门市、莆田市、漳州市、南平市）、广西壮族自治区（河池市、来宾市、崇左市、南宁市、柳州市）、贵州省（黔西南布依族苗族自治州、黔东南苗族侗族自治州、黔南布依族苗族自治州）、海南省（三亚市、临高县、乐东黎族自治县、昌江黎族自治县）、湖南省（长沙市、株洲市、湘潭市、常德市、张家界市、郴州市、永州市、怀化市、吉首市）、江西省（南昌市、景德镇市、新余市、赣州市、吉安市、宜春市、抚州市）、辽宁省（丹东市）、云南省（普洱市、德宏傣族景颇族自治州）、浙江省（杭州市、温州市、嘉兴市、金华市、舟山市、丽水市、衢州市）、四川省（成都市、自贡市、德阳市、广元市、遂宁市、乐山市、宜宾市、达州市、雅安市）、湖北省（武汉市、黄石市、十堰市、宜昌市、襄阳市、荆门市、荆州市、黄冈市、咸宁市）
1 600（含）～2 000 mm（不含）	34	安徽省（池州市、黄山市）、广西壮族自治区（桂林市、贵港市、玉林市、贺州市）、海南省（海口市、五指山市、文昌市、定安市、澄迈市、儋州市、保亭黎族苗族自治县、白沙黎族自治县）、江西省（鹰潭市、上饶市）、浙江省（宁波市、绍兴市、台州市）、广东省（除佛山市、惠州市、汕尾市、阳江市）
≥2 000 mm	14	福建省（宁德市）、广西壮族自治区（梧州市、北海市、防城港市、钦州市）、海南省（琼海市、万宁市、屯昌市、琼中黎族苗族自治县、陵水黎族自治县）、广东省（佛山市、惠州市、汕尾市、阳江市）

从表 3-6 中可以看出，部分省级行政区所管辖的市降雨量存在很大的差异，如甘肃省的年降雨量地跨≤200 mm、200～400 mm、400～800 mm 3 个区段。我国年降雨量最少的市是新疆维吾尔自治区的吐鲁番市，年平均降雨量只有 8.7 mm，最多的市为广西壮族自治区的钦州市，年平均降雨量达 2 719 mm。

②年平均气温统计分析

在一定的温度范围内（15～40℃），随着温度的增高，厌氧发酵微生物的代谢加快，分解原料的速度也相应提高，产气量和产气率都相应地增高。厌氧发酵中每千克干物质的产气量随温度不同而异，温度为 10℃时产气量为 0.45 m^3，20℃时产气量为 0.61 m^3，30℃时产气量达到 0.76 m^3，可见不同温度下原料的产气效率变化很大。陈豫等（2009）依据沼气发酵温度与其产量速率的关系，选取菌种最低发酵温度（12℃）和菌种发酵较快温度（20℃）作为中国农村沼气发酵温度适宜性分区的指标。

表 3-7 以 8℃、12℃、20℃作为气温划分界点，对我国 360 个市年平均气温进行分区。

表 3-7　全国 360 个市 2008—2013 年年平均气温分区

年均气温分区	城市数目/个	具体名称
不适宜区（≤8℃）	58	山西省（大同市、朔州市、忻州市）、甘肃省（嘉峪关市、武威市、张掖市、平凉市、酒泉市、定西市、临夏州、甘南州）、黑龙江省、吉林省、辽宁省（沈阳市、阜新市、铁岭市）、内蒙古自治区（呼和浩特市、呼伦贝尔市、兴安盟、通辽市、赤峰市、锡林郭勒盟、乌兰察布市）、青海省（除海东州）、西藏自治区（除林芝市）、新疆维吾尔自治区（石河子市、阿勒泰地区）
次适宜区[8（不含）～12℃（含）]	53	山西省（除大同市、朔州市、忻州市）、甘肃省（兰州市、金昌市、白银市、天水市、庆阳市、陇南市）、河北省（石家庄市、承德市、张家口市、秦皇岛市、廊坊市、衡水市）、辽宁省（除沈阳市、阜新市、铁岭市）、内蒙古自治区（包头市、鄂尔多斯市、巴彦淖尔市、乌海市、阿拉善盟）、宁夏回族自治区、青海省（海东州）、四川省（阿坝藏族羌族自治州、甘孜藏族自治州）、西藏自治区（林芝市）、新疆维吾尔自治区（乌鲁木齐市、克拉玛依市、哈密市、昌吉回族自治州、伊犁哈萨克自治州、伊犁州直属县/市、塔城地区、博尔塔拉蒙古自治州）
适宜区[12（不含）～20℃（含）]	187	安徽省、福建省（福州市、三明市、宁德市）、贵州省、河北省（唐山市、保定市、沧州市）、河南省、湖南省、江苏省、江西省（除赣州市）、山东省、陕西省、浙江省、四川省（除攀枝花市、阿坝藏族羌族自治州、甘孜藏族自治州）、新疆维吾尔自治区（吐鲁番市、巴音郭楞蒙古自治州、阿克苏地区、克孜勒苏柯尔克孜自治州、喀什地区、和田地区）、云南省（除德宏傣族景颇族自治州）、湖北省
最适宜区（>20℃）	62	福建省（厦门市、莆田市、泉州市、漳州市、南平市、龙岩市、宁德市）、广西壮族自治区、海南省、江西省（赣州市）、四川省（攀枝花市）、云南省（德宏傣族景颇族自治州）、广东省

③人均 GDP 统计分析

根据世界银行对经济体的划分，表 3-8 将我国 360 个市 2008—2013 年的人均 GDP 以 1 005 美元、3 975 美元和 12 275 美元为界点划分为 4 个区间。

表 3-8　全国 360 个市 2008—2013 年人均 GDP 分区

经济发展分区	分区标准/美元	城市数目/个	具体名称
低收入经济体	≤1 005	0	
中收入经济体	1 006～3 975	105	山西省（大同市、运城市、忻州市）、安徽省（亳州市、宿州市、阜阳市、滁州市、六安市、安庆市）、甘肃省（天水市、武威市、平凉市、定西市、陇南市、临夏州、甘南州）、广西壮族自治区（钦州市、贵港市、玉林市、百色市、贺州市、河池市、来宾市、崇左市）、广东省（河源市、梅州市、汕尾市、揭阳市、云浮市）、贵州省（遵义市、安顺市、毕节市、铜仁市、黔西南布依族苗族自治州、黔东南苗族侗族自治州、黔南布依族苗族自治州）、海南省（五指山市、万宁市、定安市、屯昌市、临高市、乐东黎族自治区、琼中黎族苗族自治州、保亭黎族苗族自治州、陵水黎族自治区、白沙黎族自治区）、河北省（衡水市、邢台市）、河南省（南阳市、商丘市、信阳市、周口市、驻马店市）、江西省（抚州市、上饶市）、宁夏回族自治区（固原市）、陕西省（渭南市、汉中市、安康市、商洛市）、四川省（广元市、遂宁市、南充市、眉山市、广安市、达州市、巴中市、资阳市、凉山彝族自治州）、青海省（海东州、果洛州、玉树州）、湖南省（邵阳市、永州市、怀化市、吉首市）、西藏自治区（昌都地区、山南地区、日喀则地区、那曲地区）、黑龙江省（伊春市、黑河市、绥化市）、新疆维吾尔自治区（伊犁哈萨克自治州、伊犁州直属县/市、喀什地区、和田地区、克孜勒苏柯尔克孜自治州）、云南省（保山市、昭通市、丽江市、普洱市、临沧市、楚雄彝族自治州、红河哈尼族彝族自治州、文山壮族苗族自治州、西双版纳傣族自治州、大理白族自治州、德宏傣族景颇族自治州、怒江傈僳族自治州）、湖北省（荆州市、黄冈市、恩施州）
中高收入经济体	3 976～12 275	206	除中、高收入经济体以外的县、市、自治州
高收入经济体	≥12 276	49	安徽省（铜陵市）、甘肃省（嘉峪关市）、广东省（广州市、深圳市、珠海市、佛山市、惠州市、东莞市、中山市）、河北省（唐山市）、河南省（郑州市）、江西省（宜春市）、上海市、天津市、北京市、内蒙古自治区（呼和浩特市、包头市、锡林郭勒盟、乌兰察布市、巴彦淖尔市）、辽宁省（沈阳市、大连市、本溪市、盘锦市）、山东省（青岛市、淄博市、东营市、烟台市、威海市）、四川省（成都市、攀枝花市）、青海省（海西州）、湖南省（长沙市）、黑龙江省（大庆市）、浙江省（杭州市、宁波市、嘉兴市、绍兴市、舟山市）、江苏省（南京市、无锡市、常州市、苏州市、镇江市）、新疆维吾尔自治区（乌鲁木齐市、克拉玛依市）、湖北省（武汉市）

由表 3-8 可知，我国经济总体处于中高收入经济体，各省级行政区之间以及省级行政区内各市之间的经济差异悬殊，如广东省的梅州市人均 GDP 只有 2 461 美元，而广州市达到了 29 915 美元。

④人均农作物播种面积统计分析

粪污还田资源化利用是畜禽养殖粪污处理与利用普遍采用的方式，粪污还田利用的前提是有足够的农业种植地消纳养殖产生的粪污，过量施用可能造成土壤、地下水被污染。我国各省人口数量、人均农作物播种面积有较大差别，是否有足够的种植面积成为各地是否采用粪法还田利用的决定因素，人均农作物播种面积越大，畜禽养殖承载空间也相应增大，选择粪污还田利用的条件越好。我国 360 个市人均农作物播种面积统计见表 3-9。

表 3-9　全国 360 个市 2008—2013 年人均农作物播种面积分区

分区标准/ （亩①/人）	城市数目/ 个	具体名称
0～1（不含）	59	山西省（太原市、阳泉市）、安徽省（铜陵市）、福建省（福州市、厦门市、莆田市、泉州市、漳州市）、甘肃省（兰州市、嘉峪关市）、广东省（广州市、深圳市、珠海市、汕头市、佛山市、汕尾市、东莞市、中山市、茂名市、潮州市、揭阳市）、海南省（海口市、三亚市、万宁市）、吉林省（白山市、延吉市）、江苏省（南京市、常州市、苏州市）、上海市、天津市、北京市、辽宁省（大连市、抚顺市、本溪市、营口市）、内蒙古自治区（乌海市）、青海省（西宁市、果洛市、玉树州）、山东省（淄博市、莱芜市）、陕西省（西安市、杨凌示范区）、四川省（成都市、攀枝花市、阿坝藏族羌族自治州）、西藏自治区（那曲地区）、新疆维吾尔自治区（乌鲁木齐市、克拉玛依市、石河子市）、浙江省（杭州市、宁波市、温州市、金华市、舟山市、台州市、丽水市）、湖北省（武汉市）
1（含）～ 2（不含）	180	山西省（大同市、长治市、晋城市、晋中市、临汾市、吕梁市）、安徽省（合肥市、淮北市、阜阳市、淮南市、六安市、马鞍山市、芜湖市、宣城市、池州市、安庆市、黄山市）、福建省（龙岩市、宁德市）、甘肃省（临夏州、甘南州）、广东省（韶光市、河源市、梅州市、惠州市、江门市、阳江市、湛江市、肇庆市、清远市、云浮市）、贵州省（贵阳市、六盘水市、安顺市、毕节市、黔西南布依族苗族自治州、黔东南苗族侗族自治州）、海南省（五指山市、琼海市、定安县、屯昌县、澄迈县、临高县、儋州市、东方市、乐东黎族自治县、琼中黎族苗族自治县、保亭黎族自治县、陵水黎族自治县）、河北省（石家庄市、承德市、张家口市、秦皇岛市、唐山市、廊坊市、保定市、邯郸市）、河南省（郑州市、洛阳市、平顶山市、安阳市、鹤壁市、焦作市、濮阳市、许昌市、三门峡市、济源市）、湖南省（长沙市、株洲市、湘潭市、邵阳市、郴州市、怀化市、娄底市）、江苏省（无锡市、徐州市、南通市、连云港市、扬州市、镇江市、泰州市、宿迁市）、重庆市、辽宁省（沈阳市、鞍山市、丹

————————————
① 1 亩=666.67 m²。

分区标准/ （亩①/人）	城市数目/ 个	具体名称
1（含）~ 2（不含）	180	东市、辽阳市、盘锦市、葫芦岛市）、内蒙古自治区（包头市）、宁夏回族自治区（银川市、石嘴山市）、青海省（海东市、黄南州、海西州）、山东省（济南市、青岛市、枣庄市、烟台市、潍坊市、济宁市、泰安市、威海市、日照市、临沂市）、陕西省（除西安市、榆林市、安康市、杨凌示范区）、四川省（除成都市、攀枝花市、阿坝藏族羌族自治州）、西藏自治区（除那曲市）、新疆维吾尔自治区（吐鲁番市、哈密市、克孜勒苏柯尔克孜自治州、和田地区）、云南省（昆明市、玉溪地区、西双版纳傣族自治州、大理白族自治州）、浙江省（嘉兴市、湖州市、绍兴市、衢州市）、湖北省（黄石市、十堰市、荆门市、荆州市、黄冈市、咸宁市）
2（含）~ 3（不含）	81	山西省（运城市、忻州市）、安徽省（亳州市、宿州市、蚌埠市、滁州市）、福建省（三明市、南平市）、甘肃省（金昌市、白银市、天水市、武威市、酒泉市、陇南市）、贵州省（遵义市、铜仁市、黔南布依族苗族自治州）、海南省（文昌市、白沙黎族自治县、昌江黎族自治县）、河北省（张家口市、沧州市、衡水市、邢台市、开封市、新乡市、漯河市、南阳市、商丘市、信阳市、周口市、驻马店市）、黑龙江省（鹤岗市、伊春市、七台河市）、湖南省（衡阳市、岳阳市、张家界市、益阳市、永州市、吉首市）、吉林省（长春市、吉林市、辽源市、通化市）、江苏省（淮安市、盐城市）、辽宁省（锦州市、铁岭市、朝阳市）、内蒙古自治区（呼和浩特市、鄂尔多斯市、阿拉善盟）、青海省（海北州）、山东省（东营市、德州市、聊城市、滨州市、菏泽市）、陕西省（榆林市、安康市）、新疆维吾尔自治区［伊犁州直属县省（市）］、云南省（曲靖地区、保山市、昭通市、丽江市、普洱市、楚雄彝族自治州、红河哈尼族彝族自治州、怒江傈僳族自治州、迪庆藏族自治州）、湖北省（宜昌市、襄阳市、鄂州市、孝感市、随州市、恩施州、仙桃市、潜江市、天门市、神农架）
3（含）~ 4（不含）	19	山西省（朔州市）、甘肃省（张掖市、平凉市、定西市）、黑龙江省（哈尔滨市、鸡西市、大庆市、牡丹江市）、湖南省（常德市）、辽宁省（阜新市）、内蒙古自治区（赤峰市、锡林郭勒盟）、新疆维吾尔自治区（伊犁哈萨克自治州、巴音郭楞蒙古自治州、阿克苏地区、喀什地区）、云南省（临沧市、德宏傣族景颇族自治州、文山壮族苗族自治州）
≥4	21	甘肃省（庆阳市）、黑龙江省（双鸭山市、齐齐哈尔市、佳木斯市、黑河市、绥化市、大兴安岭市）、吉林省（四平市、松原市、白城市）、内蒙古自治区（呼伦贝尔市、兴安盟、通辽市、乌兰察布市、巴彦淖尔市）、新疆维吾尔自治区（昌吉回族自治州、塔城地区、阿勒泰地区、博尔塔拉蒙古自治州）、宁夏回族自治区（固原市、中卫市）

　　根据以省级行政区为单位的分析，全国各省级行政区的畜禽养殖量均小于农业种植对粪污的消纳能力。从表 3-9 的统计结果可知，同一个省级行政区的各个市间人均农作物播种面积存在很大差别。畜禽粪污还田利用受地域限制大，不可能远距离输送，必须就近就地有足够的土地才能实现还田利用，因此以市为单位统计分析人均播种面积更符合粪污就近就地实现资源化利用的要求。

⑤地形地貌统计分析

我国地形复杂多样，山地、高原和丘陵约占陆地面积的 67%，盆地和平原约占陆地面积的 33%。地形地貌不同，畜禽养殖污染防治设施的建设和粪污资源化利用难易程度也就不同。每个县市所包含的地形并不是单一化的，没有具体定量的指标可评价，只能进行定性的概括性统计与评价。根据我国地形地貌特征，表 3-10 进行了分区统计。

表 3-10 我国主要地形区域说明

地区	说明
青藏高原	包括西藏自治区和青海省的全部、四川省西部、新疆维吾尔自治区南部，以及甘肃省、云南省的一部分
黄土高原	山西省、陕西省北部、甘肃省（除陇南市、平凉市大部分地区以及庆阳市的宁县和正宁县）、宁夏回族自治区及河南省等省（区）
四川盆地	主要城市有四川省的成都、绵阳、泸州、南充、自贡、德阳、广元、遂宁、内江、乐山、宜宾、广安、达州、雅安、巴中、眉山、资阳，贵州省的遵义、毕节，云南省的昭通等以及重庆市
长江中下游平原	包括湖北省的江汉平原、湖南省的洞庭湖平原（合称两湖平原），江西省的鄱阳湖平原，安徽省的长江沿岸平原、巢湖平原以及江苏省、浙江省、上海市间的长江三角洲
华北平原	跨越北京、天津、河北、山东、河南、安徽、江苏 7 省（市），面积 30 万 km²
东北平原	中国最大的平原，又称松辽平原，位于东北地区中部
南方丘陵区	包括湖南、湖北、广东、广西、江西、海南 6 省（区）的部分区域

我国地形地貌差异明显，由西往东呈阶梯状分布，对于高原、盆地等一些特殊地形，选取畜禽养殖废弃物的处理方式会有较大差异；同时，地形因素也会影响畜禽废弃物储存设施的建设材料、废弃物的运输方式等一系列问题。所以，在考虑各地的治理模式时，地形地貌也是一个重要因素。

（2）畜禽养殖污染防治模式分区及区域特征

本书以我国综合农业区划和畜牧业综合区划为主要参考，根据聚类分析法结果和我国地形地貌区域划分，将我国 360 个市按自然、地理、经济条件的不同分为 14 个区域 [通过综合考虑我国地形的多样化和经济发展的不平衡性，根据某些县市的特殊地理位置，相对于社会科学统计软件（Statistical Product and Service Solutions，SPSS）划分增加了 4 个区域，分别为青藏高原区、黄土高原区、四川盆地区和沿海-经济发达区]，参照相关区划的命名方式分别命名为青藏高原区、甘新蒙区、黄土高原区、西南区、长江中游区、华南区、东北区、长城沿线区、华北平原区、沿海-经济发达区、四川盆地区、淮南区、内蒙区、北蒙黑区（表 3-11）。

表 3-11　我国畜禽养殖污染防治模式区域划分

区域名称	县市个数/个	所含县市
青藏高原区	19	那曲市、山南市、日喀则市、阿里地区、拉萨市、林芝市、昌都市、甘孜藏族自治州、果洛州、玉树州、海西州、阿坝藏族羌族自治州、海东市、西宁市、黄南州、海北州、甘南州、海南州、迪庆藏族自治州
甘新蒙区	23	嘉峪关市、酒泉市、石河子市、阿勒泰地区、昌吉回族自治州、塔城地区、博尔塔拉蒙古自治州、喀什地区、乌鲁木齐市、克拉玛依市、乌海市、哈密市、伊犁哈萨克自治州、伊犁州直属县（市）、克孜勒苏柯尔克孜自治州、吐鲁番市、阿克苏地区、和田地区、巴音郭楞蒙古族自治州、阿拉善盟、张掖地区、银川市、石嘴山市
黄土高原区	21	临夏州、兰州市、固原市、平凉市、定西市、天水市、陇南市、庆阳市、白银市、中卫市、吴忠市、咸阳市、渭南市、西安市、杨凌示范区、铜川市、宝鸡市、武威市、金昌市、榆林市、延安市
西南区	23	安顺市、楚雄彝族自治州、西双版纳傣族自治州、大理白族自治州、曲靖地区、玉溪地区、昆明市、贵阳市、六盘水市、凉山彝族自治州、红河哈尼族彝族自治州、保山市、丽江市、临沧市、怒江傈僳族自治州、黔南布依族苗族自治州、普洱市、铜仁市、德宏傣族景颇族自治州、黔西南布依族苗族自治州、黔东南苗族侗族自治州、文山壮族苗族自治州、攀枝花市
长江中游区	42	荆州市、黄冈市、黄石市、十堰市、荆门市、株洲市、湘潭市、郴州市、南昌市、景德镇市、新余市、鹰潭市、萍乡市、九江市、随州市、鄂州市、孝感市、天门市、仙桃市、潜江市、张家界市、吉首市、常德市、襄阳市、衡阳市、岳阳市、娄底市、益阳市、恩施州、神农架、永州市、邵阳市、怀化市、咸宁市、上饶市、宜昌市、武汉市、长沙市、宜春市、赣州市、吉安市、抚州市
华南区	58	钦州市、汕尾市、揭阳市、百色市、河池市、来宾市、崇左市、贵港市、玉林市、贺州市、河源市、云浮市、梅州市、桂林市、梧州市、北海市、防城港市、南宁市、柳州市、台州市、温州市、金华市、福州市、漳州市、泉州市、龙岩市、宁德市、三明市、丽水市、衢州市、韶光市、阳江市、江门市、湛江市、肇庆市、清远市、茂名市、汕头市、潮州市、南平市、海口市、三亚市、五指山市、文昌市、琼海市、万宁市、定安县、屯昌县、澄迈县、临高县、儋州市、东方市、乐东黎族自治县、琼中黎族苗族自治县、保亭黎族苗族自治县、陵水黎族自治县、白沙黎族自治县、昌江黎族自治县
东北区	23	鹤岗市、七台河市、长春市、吉林市、铁岭市、哈尔滨市、鸡西市、牡丹江市、辽源市、通化市、齐齐哈尔市、佳木斯市、双鸭山市、四平市、松原市、白城市、黑河市、绥化市、伊春市、大庆市、延吉市、白山市、抚顺市
长城沿线区	25	朔州市、大同市、长治市、晋城市、晋中市、临汾市、吕梁市、石家庄市、承德市、秦皇岛市、廊坊市、葫芦岛市、太原市、阳泉市、锦州市、阜新市、运城市、衡水市、忻州市、张家口市、朝阳市、鞍山市、辽阳市、丹东市、营口市

区域名称	县市个数/个	所含县市
华北平原区	37	保定市、邯郸市、平顶山市、安阳市、鹤壁市、焦作市、濮阳市、许昌市、济源市、济南市、潍坊市、济宁市、泰安市、开封市、沧州市、漯河市、新乡市、菏泽市、邢台市、南阳市、商丘市、周口市、驻马店市、莱芜市、三门峡市、洛阳市、郑州市、枣庄市、日照市、临沂市、德州市、聊城市、滨州市、淮北市、淄博市、东营市、商洛市
沿海-经济发达区	31	厦门市、莆田市、广州市、深圳市、珠海市、佛山市、中山市、东莞市、惠州市、大连市、天津市、北京市、南京市、苏州市、常州市、上海市、铜陵市、杭州市、舟山市、宁波市、唐山市、青岛市、烟台市、无锡市、镇江市、威海市、嘉兴市、绍兴市、本溪市、沈阳市、盘锦市
四川盆地区	23	德阳市、乐山市、眉山市、绵阳市、成都市、重庆市、泸州市、南充市、自贡市、广元市、遂宁市、内江市、宜宾市、广安市、达州市、雅安市、巴中市、资阳市、遵义市、毕节市、昭通市、安康市、汉中市
淮南区	24	蚌埠市、安庆市、六安市、淮安市、芜湖市、宿州市、信阳市、亳州市、阜阳市、徐州市、宿迁市、滁州市、池州市、黄山市、合肥市、淮南市、南通市、连云港市、扬州市、泰州市、湖州市、宣城市、盐城市、马鞍山市
内蒙区	8	乌兰察布市、锡林郭勒盟、包头市、鄂尔多斯市、巴彦淖尔市、呼和浩特市、赤峰市、通辽市
北蒙黑区	3	呼伦贝尔、兴安盟、大兴安岭

2）区域规模化畜禽养殖污染防治模式优选

为科学提出各区域适合的养殖污染治理模式，根据"十二五"污染物总量减排认定的规模化畜禽养殖场处理模式，通过对各区域养殖类型、养殖规模、污染治理模式的分类统计分析，可以确定符合区域特点的经济适用型粪污处理模式，从而引导畜禽养殖业废弃物无害化处理与资源化利用的高效开展。

（1）我国畜禽粪污主要处理方式分析

通过对"十二五"期间规模化畜禽养殖污染物总量减排认定的6.1万家规模化养殖场处理模式的统计分析，掌握了我国现有畜禽粪污的主要处理模式。表 3-12、表 3-13 分析了采用不同处理模式的规模化畜禽养殖场的平均养殖量，从而可以初步掌握全国各类规模化畜禽养殖分规模治理的基本状况。

我国规模化畜禽养殖场粪便处理模式主要有农业利用（储存农业利用、厌氧堆肥后农业利用）、生产有机肥、生产沼气和垫草垫料四种。根据表 3-12，除了蛋鸡、肉鸡养殖场，我国规模化畜禽粪便处理模式以农业利用为主，占比均在 70%以上；采用生产有机肥模式的占比在 20%左右；采用垫草垫料模式与生产沼气模式的在我国占比较低。采用生产有机肥模式的养殖场平均养殖量大于采用其他模式的，其中采用生产有机肥模式的生猪、奶牛、肉牛、蛋鸡、肉鸡养殖场的平均养殖量分别达到 5 314 头、1 415 头、1 322 头、64 476 羽、427 266 羽。

表 3-12　全国减排认定的规模化养殖场粪便处理模式统计

| 种类 | 全国认定情况 | | 粪便处理模式占比/% | | | | 认定项目平均养殖量/（头、羽） | | | |
	养殖场数/家	养殖量*/（万头、万羽）	生产有机肥	农业利用	垫草垫料	生产沼气	生产有机肥	农业利用	垫草垫料	生产沼气
生猪	41 967	16 308	17.55	79.06	2.26	1.10	5 314	3 458	6 148	4 278
奶牛	4 130	397	20.77	77.49	0.45	1.29	1 415	830	1 291	2 614
肉牛	3 016	260	22.02	75.44	1.53	1.01	1 322	711	1 225	533
蛋鸡	7 100	43 533	61.34	37.24	0.77	0.65	64 476	45 138	609 590	44 830
肉鸡	4 793	183 048	69.39	26.68	3.64	0.29	427 266	243 267	561 039	876 464

*注：按照减排核算规定，生猪、肉牛、肉鸡按出栏量计，奶牛、肉牛按存栏量计，以下相同。

表 3-13　全国减排认定的规模化养殖场污水处理模式统计

| 种类 | 全国认定情况 | | 处理模式占比/% | | | | | 减排认定项目平均养殖量/头 | | | | |
	养殖场数/家	养殖量/万头	达标排放	深度处理回用	储存农用	厌氧农用	垫草垫料	达标排放	深度处理回用	储存农用	厌氧农用	垫草垫料
生猪	41 967	16 308	2.71	4.59	30.86	59.56	2.28	7 471	9 310	3 283	4 687	6 148
奶牛	4 130	397	1.98	3.07	57.41	37.02	0.44	1 854	1 299	914	1 180	1 291
肉牛	3 016	260	1.21	1.51	56.91	38.77	1.58	778	784	857	661	1 225

注：蛋鸡、肉鸡无连续污水产生，仅有少量冲洗水，因此不进行统计分析。

如表 3-13 所示，我国规模化畜禽养殖场污水处理模式主要有储存农业利用（简称储存农用）、厌氧堆肥后农业利用（简称厌氧农用）、达标排放、深度处理回用和采用垫草垫料无污水排放（简称垫草垫料）五种。其中，采用厌氧农用和储存农用模式的较多，达到 88%以上；采用达标排放、垫草垫料、深度处理回用模式的共占约 12%。从认定项目的平均养殖量分析看，深度处理回用＞达标排放＞垫草垫料＞厌氧农用＞储存农用。

（2）主要粪污处理模式限制条件分析

不同粪污处理模式都有其自身的特点，也有其适用范围和选用的限制条件，确定养殖场粪污处理模式时必须全面分析影响模式选择的限制条件，以确保选择的治理模式适合养殖场并达到效益最佳。为全面分析与对比畜禽养殖污染治理模式的限制条件，通过资料分析与现场调查经验总结，表 3-14、表 3-15 分别对不同粪便和污水处理模式的限制条件进行了归纳总结。

表 3-14　粪便处理与利用方式限制条件

处理与利用方式	限制条件	适用范围
储存农用	农作物种植面积、储存时间、施用难度	土地消纳能力大、种植施肥期间短的地区的小规模畜禽养殖场
厌氧农用	农作物种植面积、堆肥发酵温度	土地消纳能力大、气温较高的地区的中等规模畜禽养殖场
生产有机肥	养殖场规模、投资与运行成本	环境容量小、人均农作物面积小的地区的大型规模养殖场
生产沼气	温度、养殖场规模、配套沼气利用设施	应用较少、难于普遍推开，适合于沼液需求量大的大中型养殖场

表 3-15　污水处理与利用方式限制条件

处理与利用方式	限制条件	适用范围
储存农用	农作物种植面积、地形地貌、储存时间、施用难度	人均农作物面积大、集中连片农业种植地区的小规模养殖场
厌氧农用	温度、农作物种植面积、储存时间、施用难度	人均农作物面积较大、年平均温度较高、集中连片农业种植地区的中小规模养殖场
达标排放	温度、投资与运行成本、受纳污水排放条件	年平均温度较高、环境容量小、人均农作物面积小的地区的大型规模养殖场
深度处理回用	温度条件、回收利用条件、建设成本和运行成本较高	年平均温度较高、环境容量小、人均农作物面积小的地区具有回用条件的大型规模养殖场

（3）各区域畜禽养殖污染治理模式分析

我国畜禽养殖污染防治政策不完善，现有研究缺乏系统可操作性，难以运用于生产实际中。因此，提出符合地区特点的畜禽养殖污染防治技术模式，引导养殖企业高效开展污染防治设施建设已成为现阶段推进养殖污染治理的迫切需求。本书通过对各区域"十二五"减排认定的养殖场治理模式的统计分析，总结出各地区的适用型治理模式，以引导规模化养殖场因地制宜地建设合适的污染防治设施，同时也可以通过分区引导畜禽养殖业合理布局，为制定畜禽养殖污染防治措施与政策提供支撑。

①华南区：属于亚热带和热带气候，年均温度 20℃以上，高温多雨，无冰冻期，农业种植品种多样，非农业种植施肥时间短，对粪污等有机肥的需求量大，但区域丘陵地貌较多，人均耕地面积较少，粪污还田利用成本较高。该地区畜禽养殖的特点为养殖量大、中小型规模占比高，对环境影响较大的生猪养殖量大。

粪便处理模式分析：华南区"十二五"减排认定的生猪养殖场粪便处理采用农业利用模式（储存农用、厌氧农用）的达到 81.9%，采用生产有机肥模式的比例为 16.9%，基本与全国平均水平相当；采用生产沼气模式和垫草垫料养殖模式的养殖场很少。从区域内生猪养殖场各种模式的平均养殖量分析，农业利用模式为 2 845 头、生产有机肥模式为 3 060 头，均低于全国平均值，这主要是由该区域养殖场规模较小造成的。结合华南区人均耕地面积较少、降雨量大、以丘陵地形为主的特点，养殖量为 3 000 头以上的生猪养殖场的粪便处理宜采用生产有机肥模式。

华南区的奶牛、肉牛养殖量较少，粪便处理模式主要以农业利用为主，统计不具有代表性，因此华南区奶牛、肉牛养殖量大于 500 头的养殖场的粪便处理宜采用生产有机肥模式。

华南区规模化养鸡场的粪便处理采用生产有机肥模式的占比达到 66%，基本与全国平均值持平。从各模式的平均养殖量分析，该区蛋鸡、肉鸡养殖场采用农业利用模式的养殖量分别为 71 106 羽、155 277 羽，采用生产有机肥模式的分别为 94 129 羽、51.4 万羽，明显高于全国采用生产有机肥模式养殖场的平均养殖量。根据华南区的自然特点，养殖量为蛋鸡 5 万羽、肉鸡 30 万羽以上的养殖场的粪便处理宜采用生产有机肥模式。

污水处理模式分析：华南区以丘陵地形为主，没有大量集中连片土地，养殖场规模较小，养殖污水利用难度相对较大；"十二五"减排认定的生猪养殖项目中污水处理的农业利用比例达到 90%，其中储存农用为 65%、厌氧农用为 26.72%，采用其他处理模式的比例不到 10%，采用垫草垫料模式的在该区极少。从区域内规模化生猪养殖场各种模式的平均养殖量分析，厌氧农用为 3 011 头、储存农用为 2 151 头、达标排放为 5 842 头、深度处理回用为 10 081 头。结合地区特点，华南区 2 000 头以下的生猪养殖场污水处理宜采用储存农用模式，2 000～3 000 头的养殖场宜采用厌氧农用模式，3 000 头以上的养殖场宜采用深度处理回用或达标排放模式。

华南区气温较高，不适合奶牛、肉牛养殖，因此该区域内奶牛、肉牛养殖量少，且规模普遍较小，污水处理以储存农用或厌氧农用模式为主。

畜禽养殖污染防治模式：根据华南区的特点及养殖现状，规模畜禽养殖场污染防治模式如表 3-16 所示。

②长江中游区：包括湖北、江西、湖南的部分地区，属北亚热带和中亚热带，年降雨量 800～2 000 mm，大部分地区年平均温度在 20℃以上，人均农作物播种面积在 1～3 亩，人多地少，淡水水域面积约占全国的一半，农业生产水平较高。该地区畜禽养殖以大型规模养殖场为主，规模化生猪养殖量大。

表 3-16　华南区规模畜禽养殖场污染防治模式

种类及规模　　模式及要求			生猪/头			牛/头			蛋鸡/羽		肉鸡/羽	
			500～2 000	2 000～3 000	3 000以上	100～500	500～1 000	1 000以上	50 000以下	50 000以上	30万以下	30万以上
畜禽养殖污染防治模式	粪便		储存农用	厌氧农用	有机肥	农业利用	有机肥		农业利用	有机肥	农业利用	有机肥
	污水		储存农用	厌氧农用	深度处理	储存农用	厌氧农用	深度处理	—	—	—	—
粪污储存设施容积要求			3 个月以上养殖场粪污产生量									

注：表中的"农业利用"代表同时包含储存农用和厌氧农用两种模式，后表同。

粪便处理模式分析：长江中游区"十二五"减排认定的生猪养殖场粪便处理采用农业利用模式的达到 79.16%，采用生产有机肥模式的比例为 16.46%，基本与全国平均水平相当；采用生产沼气模式和垫草垫料养殖模式的养殖场在全国占比较高。从区域内生猪养殖场各种模式平均养殖量分析，农业利用为 4 372 头、生产有机肥为 5 848 头，均高于采用该种模式的全国平均养殖量，这主要是由该区域养殖场规模较大造成的。结合长江中游区以种植水稻为主、人均耕地面积较少、水域面积大的特点，养殖量为 5 000 头以上的生猪养殖场的粪便处理宜采用生产有机肥模式。

长江中游区奶牛、肉牛养殖场的粪便处理采用生产有机肥的比例合计为 56%，采用农业利用模式的分别为43.33%、35.48%，均高于全国采用该种模式的平均水平。该区域内奶牛、肉牛养殖场的粪便处理采用农业利用模式的平均养殖量分别为 1 323 头、933 头，远高于全国采用该种模式的平均养殖量。根据区域特点，长江中游区养殖量为 1 000 头以上的奶牛、肉牛养殖场的粪便处理宜采用生产有机肥模式。

长江中游区蛋鸡、肉鸡养殖场的粪便处理采用生产有机肥模式的分别占 87.50%、57.25%，采用农业利用模式的分别占 11.54%、21.74%，采用垫草垫料模式的肉鸡养殖场占 21.01%。从平均养殖量看，蛋鸡、肉鸡养殖场采用生产有机肥模式的分别为 7.8 万羽、53 万羽，均高于全国采用该模式的平均养殖量。根据区域特点，长江中游区养殖量为 7 万羽以上的蛋鸡养殖场、50 万羽以上的肉鸡养殖场的粪便处理宜采用生产有机肥模式。

污水处理模式分析：长江中游区"十二五"减排认定的生猪养殖项目中污水的农业利用比例达到 83%，其中储存农用为 27.64%、厌氧农用为 55.57%，采用深度处理回用的比例较高，达到 10.19%，采用达标排放模式的比例达到 4.69%。从区域内生猪养殖场各种模式的平均养殖量分析，厌氧农用为 4 175 头、储存农用为 3 484 头、达标排放为

8 841 头、深度处理回用为 8 849 头。结合区域特点，长江中游区养殖量为 3 000 头以下的生猪养殖场的污水处理宜采用储存农用模式，3 000～5 000 头的养殖场宜采用厌氧农用模式，5 000 头以上的养殖场宜采用深度处理模式，是否回用根据养殖场条件确定。

长江中游区因气温较高、湿度较大，不适合奶牛、肉牛养殖，因此区域内规模化奶牛养殖较少，污水处理以储存农用或厌氧农用为主。

畜禽养殖污染防治模式：根据长江中游区的区域特点及养殖现状，不同规模畜禽养殖污染防治模式如表 3-17 所示。

表 3-17　长江中游区规模畜禽养殖场污染防治模式

种类及规模 模式及要求		生猪/头			牛/头			蛋鸡/羽		肉鸡/羽	
		500～ 3 000	3 000～ 5 000	5 000 以 上	500 以 下	500～ 1 000	1 000 以上	70 000 以下	70 000 以上	50 万 以下	50 万 以上
畜禽养殖 污染防治 模式	粪便	储存 农用	厌氧 农用	有机肥	储存 农用	厌氧 农用	有机肥	农业 利用	有机肥	农业 利用	有机肥
	污水	储存 农用	厌氧 农用	达标 排放	储存 农用	厌氧 农用	回用/ 达标	—	—	—	—
粪污储存设施容 积要求		3 个月以上养殖场粪污产生量									

③华北平原区：位于淮河以北，属于北方农区，大部分地区为平原地形，耕地面积为各农区之首，主要种植玉米、小麦，是全国最大的小麦、棉花、花生、芝麻、烤烟的生产基地。该区域年平均气温集中在 12～20℃，降雨量平均为 400～800 mm，春旱、夏涝常在年内交替出现。华北平原区是我国生猪、奶牛、肉牛、蛋鸡、肉鸡规模化养殖场最多的地区，养殖特点为畜禽养殖量大、耕地面积多、地势平坦，是采用粪污资源利用、实现种养平衡条件最好的地区之一。

粪便处理模式分析：华北平原区"十二五"减排认定的生猪养殖场粪便处理采用农业利用模式的占 62.04%，采用生产有机肥模式的比例明显高于全国平均水平，达到33.01%，采用生产沼气模式和垫草垫料养殖模式的养殖场很少。从区域内生猪养殖场各种模式的平均养殖量分析，农业利用模式为 4 196 头、生产有机肥模式为 6 394 头，均高于全国采用同类模式的平均养殖量，这主要是因为该区域的养殖场规模较大，地区地势平坦，集中连片农业种植用地面积大，非种植施肥间隔时间较短，农业消纳粪污能力强，种养平衡实现的难度小。结合区域特点，华北平原区养殖量为 3 000 头以下的生猪养殖场的粪便处理宜采用储存农用模式，3 000～6 000 头的养殖场宜采用厌氧农用模式，

6 000 头以上的养殖场宜采用生产有机肥模式。

华北平原区奶牛、肉牛养殖场的粪便采用农业利用模式的分别占 63.43%、47.40%，采用生产有机肥模式的比例分别为 34.34%、47.58%，利用生产有机肥的比例高于全国平均水平。区域内各种模式的平均养殖量为农业利用 900 头左右、生产有机肥 1 200 头左右。结合区域特点，华北平原区奶牛、肉牛养殖量小于 500 头的养殖场的粪便处理宜采用储存农用模式，500～1 000 头的养殖场宜采用厌氧农用模式，1 000 头以上的养殖场宜采用生产有机肥模式。

华北平原区蛋鸡养殖场的粪便处理采用生产有机肥的比例为 75.34%，肉鸡养殖场为 86.65%，采用生产有机肥略高于全国平均水平。蛋鸡养殖场各利用模式的平均养殖量为农业利用 3.6 万羽、生产有机肥 5 万羽；肉鸡养殖场各利用模式的平均养殖量为农业利用 28 万羽、生产有机肥 49 万羽。结合区域特点，华北平原区养殖量为 2 万羽以下的蛋鸡养殖场的粪便处理宜采用储存农用模式，2 万～5 万羽的养殖场宜采用厌氧农用模式，5 万羽以上的养殖场宜采用生产有机肥模式；肉鸡养殖场 10 万羽以下的养殖场宜采用储存农用模式，10 万～30 万羽的养殖场宜采用厌氧农用模式，30 万羽以上的养殖场宜采用生产有机肥模式。

污水处理模式分析：华北平原区"十二五"减排认定的生猪养殖项目中污水的农业利用比例达到 92%，其中储存农用为 35.19%、厌氧农用达到 57.49%，采用其他处理模式的比例不到 8%，深度处理回用模式极少。从区域内规模化生猪养殖场各种模式的平均养殖量分析，厌氧农用为 7 742 头、储存农用为 5 160 头、达标排放为 4 828 头。结合地区特点，华北平原区 3 000 头以下的生猪养殖场的污水处理宜采用储存农用模式，3 000～10 000 头的养殖场宜采用厌氧农用模式，10 000 头以上的养殖场宜采用深度处理回用或达标排放模式。

华北平原区奶牛、肉牛养殖场的污水处理以农业利用为主，其中储存农用为 40%、厌氧农用为 55% 以上。结合地区特点，500 头以下的奶牛、肉牛养殖场的污水处理宜采用储存农用模式，500～1 000 头的养殖场宜采用厌氧农用模式，1 000 头以上的养殖场宜采用深度处理回用或达标排放模式。

畜禽养殖污染防治模式：根据华北平原区的区域特点及养殖现状，不同规模畜禽养殖场的污染防治模式如表 3-18 所示。

表 3-18　华北平原区规模畜禽养殖场污染防治模式

种类及规模 模式及要求		生猪/头				牛/头			蛋鸡/羽		肉鸡/羽	
		500～ 3 000	3 000～ 6 000	6 000～ 10 000	10 000 以上	100～ 500	500～ 1 000	1 000 以上	1 万～ 5 万	5 万 以上	5 万～ 30 万	30 万 以上
畜禽养殖 污染防治 模式	粪便	储存 农用	厌氧 农用	有机肥		农业 利用	有机肥	有机肥	农业 利用	有机 肥	农业 利用	有机 肥
	污水	储存 农用	厌氧 农用	厌氧 农用	达标 排放	储存 农用	农业 利用	达标 排放	—	—	—	—
粪污储存设施 容积要求		5～6 个月以上养殖场粪污产生量										

④四川盆地区：冰封期 2～3 个月，冬季阴冷潮湿、夏季闷热，地区降雨量多，为我国突出的多雨区，有"华西雨屏"之称，区域内人均耕地面积少，地形地貌复杂，大面积连片种植土地少，粪污资源化利用难度较大。该区域养殖特点为生猪养殖量位居全国第四，蛋鸡、肉鸡养殖量处于中等水平，肉牛、奶牛养殖量较少。

粪便处理模式分析：四川盆地区"十二五"减排认定的生猪养殖场粪便处理采用农业利用模式的高达 84.94%，采用生产有机肥模式的占 12.60%，采用生产沼气模式和垫草垫料养殖模式的仅占 3%。从区域内生猪养殖场各种模式的平均养殖量分析，农业利用模式为3 309 头、生产有机肥模式为 5 444 头，基本与全国持平。结合区域内种植业面积小、多为山丘盆地地形、交通不便的特点，四川盆地区养殖量为 3 000 头以下的生猪养殖场的粪便处理宜采用储存农用模式，3 000 头以上的养殖场宜采用生产有机肥模式。

四川盆地区规模化奶牛与肉牛养殖量较少且规模普遍较小，粪便处理采用农业利用模式的高达 80%，平均养殖量为 400 头左右。结合区域情况，该区域养殖量为 500 头以上的奶牛、肉牛养殖场的粪便处理宜采用生产有机肥模式。

四川盆地区蛋鸡养殖场的粪便处理采用生产有机肥的占 60.91%，平均养殖量为89 119 羽；肉鸡养殖场采用生产有机肥的占 46.99%，平均养殖量为 56 万羽，均高于全国采用该种模式的平均养殖量。结合区域情况，四川盆地区养殖量为蛋鸡 10 万羽、肉鸡 50 万羽以下的养殖场的粪便处理宜采用农业利用模式，蛋鸡 10 万羽、肉鸡 50 万羽以上的养殖场宜采用生产有机肥模式。

污水处理模式分析：四川盆地区"十二五"减排认定的生猪养殖项目中污水的农业利用比例为 91%，其中储存农用为 78.41%、厌氧农用为 12.92%，采用其他处理模式的比例不到 9%，达标排放模式在该区域极少。从区域内规模化生猪养殖场各种模式的平均养殖量分析，厌氧农用模式为 5 315 头、储存农用模式为 3 079 头、达标排放模式为 8 829

头。结合地区人均耕地面积较少、降雨量较大的特点，该区域 3 000 头以下生猪养殖场的污水处理宜采用储存农用模式，3 000~5 000 头的养殖场宜采用厌氧农用模式，5 000 头以上的养殖场宜采用深度处理模式，是否回用根据养殖场条件确定。

四川盆地区因气候原因，不适合奶牛、肉牛养殖，区域内规模化奶牛与肉牛养殖量较少且规模普遍较小，污水以农业利用为主。

畜禽养殖污染防治模式：根据四川盆地区的区域特点及养殖现状，不同规模畜禽养殖场的污染防治模式如表 3-19 所示。

表 3-19 四川盆地区规模畜禽养殖场污染防治模式

种类及规模 模式及要求		生猪/头			牛/头		蛋鸡/羽		肉鸡/羽	
		500~ 3 000	3 000~ 5 000	5 000 以上	100~ 500	500 以上	10 万以 下	10 万以 上	50 万以 下	50 万以 上
畜禽养殖 污染防治 模式	粪便	农业 利用	有机肥		农业 利用	有机肥	农业 利用	有机肥	农业 利用	有机肥
	污水	储存/ 厌氧	厌氧 农用	深度 处理	储存/ 厌氧	深度 处理	—	—	—	—
粪污储存设施 容积要求		3~4 个月以上养殖场粪污产生量								

⑤东北区：位于我国东北部，冰封期 6 个月，降雨量集中在 400~800 mm，除白山、辽源、抚顺、通化稍高，其他地区年平均气温均低于 8℃，除白山、抚顺、延吉人均农作物面积较少外，其他市县人均农作物面积都高于 2 亩。该区域的养殖特点为规模化生猪、奶牛、肉牛养殖场分布较多，污水处理多以农业利用为主。

粪便处理模式分析：东北区"十二五"减排认定的生猪养殖场粪便处理采用农业利用模式的占 76.16%，采用生产有机肥模式的占 20.49%，采用垫草垫料养殖模式的占 3%，采用生产沼气模式的很少。从区域内生猪养殖场各种模式的平均养殖量分析，农业利用模式为 3 243 头、生产有机肥模式为 4 366 头。结合区域内冰封期时间较长、污水处理难度大、粪便储存利用相对较容易的特点，东北区养殖量为 3 000 头以下的生猪养殖场的粪便处理宜采用储存农用模式，3 000 头以上的养殖场宜采用生产有机肥模式。

东北区奶牛、肉牛养殖场的粪便处理采用农业利用模式的高达 80%，平均养殖量为 800 头左右。结合地区情况，该区域养殖量为 1 200 头以下的奶牛、肉牛养殖场的粪便处理宜采用储存农用模式，1 200 头以上的养殖场宜采用生产有机肥模式。

东北区蛋鸡养殖场的粪便处理采用生产有机肥的占 71.13%，平均养殖量为 52 685

羽；肉鸡养殖场采用生产有机肥的占 65.12%、采用农业利用的占 34.67%。从区域内肉鸡养殖场各种模式的平均养殖量分析，生产有机肥模式为 25.7 万羽、农业利用模式为 32 万羽。结合当地情况，东北区养殖量为蛋鸡 5 万羽、肉鸡 25 万羽以下的养殖场的粪便处理宜采用储存农用模式，蛋鸡 5 万羽、肉鸡 25 万羽以上的养殖场宜采用生产有机肥模式。

污水处理模式分析： 东北区"十二五"减排认定的生猪养殖项目中污水的农业利用比例为 96%，其中储存农用为 71.30%、厌氧农用为 24.73%，采用其他处理模式的比例不到 4%，深度处理回用模式在该区域极少。从该区域规模化生猪养殖场各种模式的平均养殖量分析，厌氧农用模式为 4 440 头、储存农用模式为 3 071 头。结合地区人均耕地面积较大、冰封期时间较长的特点，东北区养殖量为 5 000 头以下的生猪养殖场的污水处理宜采用储存农用模式，5 000 头以上的生猪养殖场宜采用厌氧农用模式。

东北区奶牛、肉牛养殖场污水处理采用农业利用模式的比例高达 96%，采用储存农用的为 71%，厌氧农用的为 25%，其他模式占比较低。从该区域规模化奶牛、肉牛养殖场各种模式的平均养殖量分析，厌氧农用模式分别为 1 296 头、1 479 头，略高于全国平均养殖量，储存农用模式分别为 634 头、841 头。结合区域特点，东北区养殖量为 1 200 头以下的奶牛、肉牛养殖场的污水处理宜采用储存农用模式，1 200 头以上的养殖场宜采用厌氧农用和储存农用模式。

畜禽养殖污染防治模式： 根据东北区的区域特点及养殖现状，不同规模畜禽养殖场的污染防治模式如表 3-20 所示。

表 3-20　东北区规模畜禽养殖污染防治模式

种类及规模 模式及要求		生猪/头			牛/头			蛋鸡/羽		肉鸡/羽	
		3 000 以下	3 000～ 5 000	5 000 以上	100～ 500	500～ 1 200	1 200 以上	50 000 以下	50 000 以上	25 万 以下	25 万 以上
畜禽养殖 污染防治 模式	粪便	农业 利用	有机肥/厌氧农用		农业 利用	有机肥		农业 利用	有机肥	农业 利用	有机 肥
	污水	储存农用		厌氧 农用	储存农用		厌氧 农用	—	—	—	—
粪污储存设施 容积要求		9 个月以上养殖场粪污产生量									

⑥长城沿线区：冰封期 5 个月，人均农作物播种面积集中在 1～3 亩，复种指数低，人均 GDP 处于中高水平，雨量少而变率大，草原面积大。该区域北部为牧区，中部为

半农半牧区，南部为农区，养殖特点为规模化奶牛、肉牛养殖场分布较多，养殖量大。

粪便处理模式分析：长城沿线区"十二五"减排认定的生猪养殖场粪便处理采用农业利用模式的为 80.56%，采用生产有机肥模式的为 14.08%，采用垫草垫料养殖模式的较多，占 5%左右，采用生产沼气模式的少。从区域内生猪养殖场各种模式的平均养殖量分析，农业利用模式为 3 232 头、生产有机肥模式为 3 600 头。结合区域内冰封期时间较长、污水处理难度大、粪便处理相对较容易、人均 GDP 处于中高水平的特点，长城沿线区养殖量为 3 000 头以下的生猪养殖场的粪便处理宜采用储存农用模式，3 000 头以上的养殖场宜采用生产有机肥模式。

长城沿线区主要以养殖奶牛、肉牛为主，规模化奶牛、肉牛养殖场粪便处理采用农业利用模式的分别为 80.43%、84.43%，采用生产有机肥模式的分别为 19.43%、14.77%，从区域内奶牛、肉牛养殖场各种模式的平均养殖量分析，采用农业利用模式的分别为 693 头、779 头，采用生产有机肥模式的分别为 1 683 头、1 449 头。长城沿线区冰封期时间长，结合地区情况，建议养殖量为 1 500 头以上的养殖场的粪便处理采用生产有机肥模式，100～1 500 头的养殖场采用储存农用模式。

长城沿线区蛋鸡、肉鸡养殖场的粪便处理采用农业利用模式的高于采用生产有机肥模式的，采用生产有机肥的仅分别占 36.83%、44.29%，低于全国平均值，采用农业利用模式的分别为 63.07%、55.48%。采用农业利用模式的平均养殖量分别为 7.1 万羽、28 万羽，采用生产有机肥模式的平均养殖量分别为 4.5 万羽、24 万羽。结合当地情况，长城沿线区养殖量为蛋鸡 5 万羽、肉鸡 25 万羽以下的养殖场的粪便处理宜采用储存农用或堆肥农用模式，蛋鸡 5 万羽、肉鸡 25 万羽以上的养殖场宜采用生产有机肥模式。

污水处理模式分析：长城沿线区规模化生猪养殖场的污水处理采用储存农用模式的为 72.76%，采用厌氧农用模式的为 21.04%，深度处理回用所占比例不到 2%。从平均养殖量看，规模化生猪养殖场采用储存农用模式的平均养殖量为 2 948 头，采用厌氧农用模式的为 4 127 头。考虑该区域人均耕地面积 1～3 亩，且冰封期较长，建议养殖量为 6 000 头以上规模化生猪养殖场的污水处理实施厌氧农用模式，厌氧设备应加强保温措施，6 000 头以下的养殖场以储存农用为主。

长城沿线区为我国的主要牧区，规模化奶牛、肉牛养殖场较多，污水处理主要以储存农用为主，分别占 66.80%、79.64%，采用厌氧和储存农用模式的分别为 31.31%、18.56%，其他模式的占比不到 2%。从平均养殖量看，采用厌氧农用模式的平均养殖量分别为 1 324 头、1 441 头。该区域养殖量为 100～700 头的奶牛、肉牛养殖场的污水处理宜采用储存农用模式，700 头以上的养殖场宜采用厌氧农用模式。

畜禽养殖污染防治模式：根据长城沿线区的区域特点及养殖现状，不同规模畜禽养殖场的污染防治模式如表 3-21 所示。

表 3-21 长城沿线区规模畜禽养殖污染防治模式

种类及规模 / 模式及要求		生猪/头			牛/头			蛋鸡/羽		肉鸡/羽	
		500～3 000	3 000～6 000	6 000以上	100～700	700～1 500	1 500以上	50 000以下	50 000以上	25万以下	25万以上
畜禽养殖污染防治模式	粪便	农业利用	有机肥		储存农用		有机肥	农业利用	有机肥	农业利用	有机肥
	污水	储存农用		厌氧农用	储存农用	厌氧农用		—	—	—	—
粪污储存设施容积要求		8 个月以上养殖场粪污产生量									

⑦淮南区：位于淮河以南，气候温和，降雨量丰富，地势平坦，人均 GDP 处于中高水平。该区域的养殖特点为生猪养殖量大，粪污农业利用率高。

粪便处理模式分析：淮南区"十二五"减排认定的生猪养殖场粪便处理采用农业利用模式的为 86.83%，采用生产有机肥模式的为 8.32%，采用垫草垫料养殖模式的为 3.59%，采用生产沼气模式的为1.26%。从区域内生猪养殖场各种模式的平均养殖量分析，农业利用模式为 3 592 头、生产有机肥模式为 9 631 头。淮南区种植业种类较少、人均耕地面积低，但地势平坦、休耕时间短，结合区域情况，养殖量为 3 000 头以下的生猪养殖场的粪便处理宜采用储存农用模式，3 000～5 000 头的生猪养殖场宜采用堆肥农业利用模式，5 000 头以上的生猪养殖场宜采用生产有机肥模式。

淮南区规模化奶牛、肉牛养殖场粪便处理采用农业利用模式的比例分别为78.29%、93.10%，采用生产有机肥模式的分别为 17.83%、4.60%。从区域内奶牛、肉牛养殖场各种模式的平均养殖量分析，采用农业利用模式的分别为 1 034 头、622 头，采用生产有机肥模式的分别为 3 466 头、1 033 头。淮南区采用生产有机肥模式的奶牛养殖场的平均养殖量远远高于全国平均值。结合区域情况，养殖量为100～1 000 头的养殖场的粪便处理宜采用储存农用模式，1 000 头以上的养殖场宜采用生产有机肥模式。

淮南区蛋鸡、肉鸡养殖场的粪便处理多采用农业利用模式，分别达76.86%、58.50%，而采用生产有机肥的仅分别占19.72%、34.00%，低于全国平均值。采用农业利用模式的蛋鸡、肉鸡养殖场的平均养殖量分别为 3.2 万羽、22.5 万羽，采用生产有机肥模式的平均养殖量分别为 10 万羽、50.8 万羽。淮南区主要以中小型规模化鸡场为主，结合区域情况，养殖量为蛋鸡 5 万羽、肉鸡 30 万羽以下的养殖场的粪便处理宜采用储存农用或厌氧农用模式，蛋鸡 5 万羽、肉鸡 30 万羽以上的养殖场宜采用生产有机肥模式。

污水处理模式分析：淮南区"十二五"减排认定的生猪养殖项目中污水处理采用农业利用的比例达到 88%，其中储存农用为 47.29%、厌氧农用为 41.11%，采用达标排放和深度处理回用模式的为 8.02%，采用垫草垫料模式的为 3.59%。从区域内规模化生猪养殖场各种模式的平均养殖量分析，厌氧农用为 5 266 头、储存农用为 2 532 头、达标排放为 5 294 头、深度处理回用为 9 458 头。淮南区人均 GDP 较高、气候温和、人均耕地面积少，结合区域特点，养殖量为 3 000 头以下的生猪养殖场的污水处理宜采用储存农用模式，3 000～5 000 头的养殖场宜采用厌氧农用模式，大于 5 000 头的养殖场宜采用深度处理模式，是否回用根据养殖场条件确定。

淮南区肉牛养殖场以小规模化为主，养殖量不高。规模化奶牛养殖场的污水处理采用厌氧农用模式的为 41.09%，采用储存农用模式的为 39.53%，采用深度处理回用模式的为 11.63%。从淮南区规模化奶牛养殖场各种模式的平均养殖量分析，厌氧农用为 1 952 头、储存农用为 969 头、达标排放为 3 385 头、深度处理回用为 1 986 头，农业利用模式高于全国平均值，主要因为该区域以大规模奶牛养殖场为主。结合区域特点，建议淮南区养殖量为 1 000 头以下的规模化奶牛、肉牛养殖场的污水处理宜采用储存农业与厌氧农用模式，1 000 头以上的养殖场宜采用深度处理模式，是否回用根据养殖场条件确定。

畜禽养殖污染防治模式：根据淮南区的区域特点及养殖现状，不同规模畜禽养殖场的污染防治模式如表 3-22 所示。

表 3-22　淮南区规模畜禽养殖污染防治模式

种类及规模 模式及要求		生猪/头			牛/头		蛋鸡/羽		肉鸡/羽	
		3 000 以下	3 000～ 5 000	5 000 以上	100～ 1 000	1 000 以上	50 000 以下	50 000 以上	30 万 以下	30 万 以上
畜禽养殖 污染防治 模式	粪便	储存 农用	厌氧 农用	有机肥	农业 利用	有机肥	农业 利用	有机肥	农业 利用	有机肥
	污水	储存 农用	厌氧 农用	深度 处理	农业 利用	深度 处理	—	—	—	—
粪污储存设施 容积要求		3 个月以上养殖场粪污产生量								

⑧沿海-经济发达区：包括沈阳重工业区域，长三角、珠三角工业区，福建、浙江、山东等部分沿海经济发达城市，区域经济主要以工业为主，人均 GDP 高，人均土地面积少。该区域的养殖特点为畜牧业发展空间较小，现有蛋鸡、肉鸡养殖量大。

粪便处理模式分析： 沿海-经济发达区"十二五"减排认定的生猪养殖场粪便处理采用农业利用模式的占 74.39%，采用生产有机肥模式的占 18.67%，基本与全国平均水平相当；采用垫草垫料养殖模式的占 4.35%，采用生产沼气模式的占 2.59%，均高于全国平均水平。从区域内生猪养殖场各种模式的平均养殖量分析，农业利用模式为 4 352 头、生产有机肥模式为 8 825 头，均高于全国平均值，这主要是由该区域养殖场规模较大造成的。结合区域内人均耕地面积较少、人均 GDP 高等特点，养殖量为 3 000 头以上的生猪养殖场的粪便处理宜采用生产有机肥模式。

沿海-经济发达区规模化奶牛、肉牛养殖场粪便处理模式采用农业利用的为75%，采用生产有机肥的为 20%。采用生产有机肥模式的奶牛、肉牛养殖场的平均养殖量分别为 1 150 头、1 559 头，采用农业利用模式的平均养殖量分别为 998 头、670 头。根据区域特点，沿海-经济发达区养殖量为 500 头以下奶牛、肉牛养殖场的粪便处理宜采用厌氧农用模式，500 头以上的养殖场宜采用生产有机肥模式。

沿海-经济发达区规模化蛋鸡、肉鸡养殖场的粪便采用生产有机肥模式的分别为 63.36%、73.41%。结合区域特点，由于沿海发达地区的特殊定位功能，主要以工业以及沿海经济城市为主，人均 GDP 高、人均土地面积小，因此该区域畜禽养殖业发展空间小，规模化鸡场粪便宜全面采用生产有机肥模式。

污水处理模式分析： 沿海-经济发达区"十二五"减排认定的生猪养殖项目中污水处理采用储存农用的为 42.72%、厌氧农用的为 39.21%，深度处理模式的为 13.72%，是全国采用深度处理模式比例最高的地区。从区域内规模化生猪养殖场各种模式的平均养殖量分析，厌氧农用模式为 4 763 头、储存农用模式为 3 688 头、达标排放为 11 454 头、深度处理回用为 11 424 头，采用各种模式的平均养殖量普遍高于全国平均水平。根据现有划分的沿海发达地区的功能定位，养殖量为 3 000 头以下的生猪养殖场的污水处理宜采用厌氧农用模式，3 000 头以上的生猪养殖场宜采用深度处理，是否回收利用根据养殖场条件确定，优先回收利用。

沿海-经济发达区规模化奶牛、肉牛养殖场污水处理以农业利用为主，深度处理模式达到 12%以上。结合区域情况，养殖量为 500 头以下的养殖场宜采用厌氧农用模式，500 头以上的养殖场宜采用深度处理模式，是否回收利用根据养殖场条件确定,优先回收利用。

畜禽养殖污染防治模式：根据沿海-经济发达区的区域特点及养殖现状，不同规模畜禽养殖场的污染防治模式如表 3-23 所示。

表 3-23　沿海-经济发达区规模畜禽养殖场污染防治模式

种类及规模 模式及要求		生猪/头		牛/头		鸡/羽
		3 000 以下	3 000 以上	500 以下	500 以上	—
畜禽养殖污染 防治模式	粪便	厌氧农用	有机肥	厌氧农用	有机肥	有机肥
	污水	厌氧农用	深度处理	厌氧农用	达标排放	—
粪污储存设施 容积要求		据当地情况定				

⑨西南区：地处亚热带，水、热条件较好，但光照条件较差，以山地丘陵居多，农业生产类型复杂多样，人均 GDP 处于中等水平。该区域的养殖特点为规模化生猪养殖场以中小型为主，大规模养殖场较少，养殖粪污农业利用率较高。

粪便处理模式分析：西南区"十二五"减排认定的生猪养殖场粪便处理采用农业利用模式的达到 96.13%，其他模式仅占不到 4%。农业利用模式的平均养殖量为 2 618 头，这主要是由区域养殖场规模较小造成的。结合区域内人均 GDP 低、生产地域类型复杂多样、以丘陵地形为主的特点，西南区养殖量为 2 000 头以下的生猪养殖场的粪便处理宜采用储存农用模式，2 000～5 000 头的生猪养殖场宜采用厌氧农用模式，5 000 头以上的生猪养殖场宜采用生产有机肥模式。

西南区奶牛、肉牛养殖量较少，粪便处理模式主要以农业利用为主，达到 95%。区域内奶牛、肉牛养殖场粪便处理采用农业利用模式的平均养殖量分别为 691 头、351 头。根据区域特点，西南区养殖量为 1 000 头以下的奶牛、肉牛养殖场的粪便处理宜采用农业利用模式，1 000 头以上的养殖场宜采用生产有机肥模式。

西南区规模化养鸡场粪便处理采用农业利用模式的占比达到 76%以上，超过全国平均值。从各种模式的平均养殖量分析，采用农业利用模式的蛋鸡、肉鸡养殖场的平均养殖量分别为 4.2 万羽、18.5 万羽。根据区域自然特点，西南区养殖量为蛋鸡 4 万羽、肉鸡 20 万羽以下的养殖场粪便处理宜采用储存农用或厌氧农用模式，蛋鸡 4 万羽、肉鸡 20 万羽以上的养殖场宜采用生产有机肥模式。

污水处理模式分析：西南区"十二五"减排认定的生猪养殖项目中污水处理的农业利用比例达到 94%，其中储存农用为 63.81%、厌氧农用为 30.75%，采用其他处理模式的比例不到 6%。从区域内规模化生猪养殖场各种模式的平均养殖量分析，厌氧农用模式为 3 047 头、储存农用模式为 2 363 头、深度处理回用模式为 3 128 头。西南区规模化养殖场主要为中小型，结合区域特点，养殖量为 2 000 头以下的生猪养殖场的污水处理宜采用储存农用模式，2 000~5 000 头的养殖场宜采用厌氧农用模式，5 000 头以上的养殖场宜采用达标排放及深度处理回用模式。

西南区因气温较高，不适合奶牛、肉牛养殖，区域内规模化奶牛与肉牛养殖量较少且规模普遍较小，污水处理以储存农用或厌氧农用为主。

畜禽养殖污染防治模式：根据西南区的区域特点及养殖现状，不同规模畜禽养殖场的污染防治模式如表 3-24 所示。

表 3-24　西南区规模畜禽养殖场污染防治模式

种类及规模 模式及要求		生猪/头			牛/头		蛋鸡/羽		肉鸡/羽	
		2 000 以下	2 000~ 5 000	5 000 以上	1 000 以下	1 000 以上	4 万 以下	4 万 以上	20 万 以下	20 万 以上
畜禽养殖 污染防治 模式	粪便	储存农用	厌氧农用	有机肥	农业利用	有机肥	农业 利用	有机 肥	农业 利用	有机 肥
	污水	储存农用	厌氧农用	深度处理	农业利用	深度 处理	—	—	—	—
粪污储存设施 容积要求		3 个月以上养殖场粪污产生量								

⑩黄土高原区：主要播种作物为小麦、玉米（小麦11月播种，5月收割；玉米6月播种，9月收割），冰封期 4 个月，气候较干旱，降水集中，植被稀疏，水土流失严重，年蒸发量远远高于降雨量，变率大，春旱严重、夏雨集中，年平均气温在12℃以下。该区域的养殖特点为养殖规模以中小型为主，规模化养殖场粪污的农业利用率较高。

粪便处理模式分析：黄土高原区"十二五"减排认定的生猪养殖场粪便处理采用农业利用模式的为 91.44%，采用生产有机肥模式的为 6.68%，采用生产沼气模式和垫草垫料养殖模式的占 1.87%。从区域内生猪养殖场各种模式的平均养殖量分析，农业利用为 2 253 头、生产有机肥为 4 270 头。结合区域气候干旱、水土流失严重的特点，黄土高原区养殖量为 3 000 头以下的生猪养殖场的粪便处理宜采用储存农用模式，3 000~10 000 头的生猪养殖场宜采用厌氧农用模式，10 000 头以上的生猪养殖场宜采用粪便生产有机肥模式。

黄土高原区奶牛、肉牛养殖量较多，粪便处理模式主要以农业利用为主，达到90%。

区域内采用农业利用模式的奶牛、肉牛养殖场的平均养殖量分别为 699 头、425 头。根据黄土高原区的特点,养殖量为 500 头以下的养殖场的粪便处理宜采用储存农用模式,500～3 000 头的养殖场宜采用厌氧农用模式,3 000 头以上的养殖场宜采用生产有机肥模式。

黄土高原区蛋鸡、肉鸡规模化养殖场粪便处理采用生产有机肥的比例仅为 50%。该区域养殖规模较小,多数以储存农用为主,可在养殖较集中地区建设有机肥厂,将周边规模化蛋鸡、肉鸡粪便送往该有机肥厂加工有机肥。

污水处理模式分析:黄土高原区"十二五"减排认定的生猪养殖项目中污水处理的农业利用比例达到 98%,其中储存农用为 65.66%、厌氧农用为 32.36%,采用其他处理模式的比例不到 2%。从区域内规模化生猪养殖场各种模式的平均养殖量分析,厌氧农用模式为 1 056 头、储存农用模式为 3 043 头。考虑该区域夏季降水集中、水土流失严重的特点,黄土高原区养殖量为 3 000 头以下的生猪养殖场的污水处理宜采用储存农用模式,3 000 头以上的生猪养殖场宜采用厌氧农用或深度处理模式。

黄土高原区规模化奶牛、肉牛养殖场的污水处理模式主要以农业利用为主,区域内采用储存农用模式的奶牛、肉牛养殖场的平均养殖量分别为 568 头、448 头,采用厌氧农用模式的平均养殖量分别为 813 头、560 头。根据区域特点,黄土高原区奶牛、肉牛养殖量为 800 头以下的养殖场污水处理宜采用农业利用模式,养殖量为 800 头以上的养殖场宜采用厌氧农用或深度处理回用模式。

畜禽养殖污染防治模式:根据黄土高原区的区域特点及养殖现状,不同规模畜禽养殖场的污染防治模式如表 3-25 所示。

表 3-25 黄土高原区规模畜禽养殖场污染防治模式

种类及规模 / 模式及要求		生猪/头			牛/头			蛋鸡/羽		肉鸡/羽	
		3 000 以下	3 000～10 000	10 000 以上	800 以下	800～3 000	3 000 以上	3 万 以下	3 万 以上	15 万 以下	15 万 以上
畜禽养殖污染防治模式	粪便	储存农用	厌氧农用	有机肥	储存农用	厌氧农用	有机肥	农业利用	有机肥	农业利用	有机肥
	污水	储存农用	厌氧农用	深度处理	储存农用	厌氧农用	深度处理	—	—		
粪污储存设施容积要求		6 个月以上养殖场粪污产生量									

⑪甘新蒙区:包括新疆全部、甘肃和内蒙古的部分地区,冰封期 6 个月,年降雨量较少,气候干旱,地广人稀。该区域的养殖特点是以依靠灌溉的沃州农业和荒漠放

牧业为主。

粪便处理模式分析：甘新蒙区"十二五"减排认定的生猪养殖场的粪便处理采用农业利用模式的为 86.30%，采用生产有机肥模式的为 10.96%，采用生产沼气和垫草垫料养殖模式的仅占 2.73%。从区域内生猪养殖场各类模式的平均养殖量分析，农业利用模式为 3 296 头、生产有机肥模式为 17 774 头。结合区域内地广人稀、降雨量少等特点，甘新蒙区养殖量为 6 000 头以下的生猪养殖的粪便处理宜采用储存农用模式，6 000 头以上的生猪养殖场宜采用厌氧农用模式。

甘新蒙区奶牛、肉牛养殖量较少，粪便处理模式主要以农业利用为主，达到 80%，平均养殖量分别为 939 头、845 头。根据区域特点，甘新蒙区养殖场为 1 000 头以下的养殖场的粪便处理宜采用储存农用模式，1 000 头以上的养殖场宜采用厌氧农用模式。

甘新蒙区蛋鸡、肉鸡规模化养殖场粪便处理以农业利用模式为主，其中肉鸡粪便采取农业利用模式的达到 96.00%。从平均养殖量看，蛋鸡、肉鸡采用农业利用模式的平均养殖量分别为 9.7 万羽、37.5 万羽。结合区域情况，甘新蒙区养殖量为蛋鸡 10 万羽、肉鸡 40 万羽以下的养殖场的粪便处理宜采用储存农用或厌氧农用模式，蛋鸡 10 万羽、肉鸡 40 万羽以上的养殖场宜采用生产有机肥模式。

污水处理模式分析：甘新蒙区规模化养殖场的污水处理以储存农用为主，高达 80% 左右，主要因为该地区冰封期时间较长、降雨少、地广人稀，相比于其他处理模式，污水储存农用模式更适于该地区。大型规模化养殖场的污水处理宜采用厌氧农用模式，以减少有机质含量。

畜禽养殖污染防治模式：根据甘新蒙区的区域特点及养殖现状，不同规模畜禽养殖场的污染防治模式如表 3-26 所示。

表 3-26　甘新蒙区规模畜禽养殖场污染防治模式

种类及规模 模式及要求		生猪/头		牛/头		蛋鸡/羽		肉鸡/羽	
		6 000 以下	6 000 以上	1 000 以下	1 000 以上	10 万以下	10 万以上	40 万以下	40 万以上
畜禽养殖污染防治模式	粪便	储存农用	厌氧农用	储存农用	厌氧农用	农业利用	有机肥	农业利用	有机肥
	污水	储存农用	厌氧农用	储存农用	厌氧农用	—	—	—	—
粪污储存设施容积要求		9 个月以上养殖场粪污产生量							

⑫内蒙区：冰封期 6 个月，主要播种作物为小麦、玉米、水稻等，人均农作物面积多，气候冷凉湿润，地广人稀，农产品资源以用材林、经济林和野生动植物资源为主。该区域的养殖特点为粪污主要以农业利用为主，牧业发达，规模化奶牛、肉牛养殖量大。

粪便处理模式分析：内蒙区"十二五"减排认定的生猪养殖场粪便处理采用农业利用模式的为 89.70%，采用生产有机肥模式的为 7.88%，其他模式较少。从生猪养殖场各种模式的平均养殖量分析，采用农业利用模式的为 4 952 头，采用生产有机肥模式的为 9 995 头。结合区域内地广人稀、人均耕地面积多、降雨量少的特点，内蒙区养殖量为 6 000 头以下的生猪养殖场的粪便处理宜采用储存农用模式，6 000～20 000 头生猪养殖场宜采用厌氧农用模式，2 万头以上的生猪养殖场宜采用生产有机肥模式。

内蒙区规模化奶牛、肉牛养殖场的粪便处理模式以农业利用为主。区域内采用农业利用模式的奶牛、肉牛养殖场的平均养殖量分别为 966 头、1 151 头，采用生产有机肥的养殖场平均养殖量分别为 2 565 头、1 895 头。根据区域特点，内蒙区养殖量为 1 500 头以下的养殖场的粪便处理宜采用储存农用模式，1 500～4 000 头的养殖场宜采用厌氧农用模式，4 000 头以上的养殖场宜采用生产有机肥模式。

内蒙区蛋鸡、肉鸡规模化养殖场粪便处理采用农业利用模式的分别为 40.74%、70.00%，采用生产有机肥模式的分别为 59.26%、30.00%。从平均养殖量分析，区域内蛋鸡、肉鸡养殖场采用农业利用模式的分别为 51 091 羽、92 714 羽，采用生产有机肥模式的分别为 14 万羽、13 万羽。结合区域情况，内蒙区养殖量为蛋鸡 10 万羽、肉鸡 40 万羽以下的养殖场的粪便处理宜采用储存农用或厌氧农用模式，蛋鸡 10 万羽、肉鸡 40 万羽以上养殖场宜采用生产有机肥模式。

污水处理模式分析：内蒙区"十二五"减排认定的生猪养殖项目中污水处理的农业利用比例达到 89%，其中储存农用为 63.64%、厌氧农用为 24.45%，深度处理回用为 8.48%，垫草垫料模式占 2.42%。从区域内规模化生猪养殖场各种模式的平均养殖量分析，厌氧农用模式为 4 949 头、储存农用模式为 5 324 头、深度处理回用模式为 6 853 头。结合区域内冰封期时间长、降雨量少、人均作物面积多的特点，内蒙区养殖量为 6 000 头以下的生猪养殖场的污水处理宜采用储存农用模式，6 000 头以上的生猪养殖场宜采用厌氧农用或深度处理回用模式。

内蒙区规模化奶牛、肉牛养殖场的污水处理模式以农业利用为主，其他模式仅占 4%。采用储存农用的奶牛、肉牛养殖场的平均养殖量分别为 965 头、1 132 头，采用厌氧农用模式的平均养殖量分别为 2 422 头、1 895 头。根据区域特点，内蒙区奶牛、肉牛养殖量为 1 500 头以下的养殖场的污水处理宜采取储存农用模式，1 500 头以上的养殖场宜采用厌氧农用或深度处理回用模式。

畜禽养殖污染防治模式：根据内蒙区的区域特点及养殖现状，不同规模畜禽养殖场的污染防治模式如表 3-27 所示。

表 3-27　内蒙区规模畜禽养殖污染防治模式

种类及规模 模式及要求		生猪/头			牛/头			蛋鸡/羽		肉鸡/羽	
		6 000 以下	6 000～ 20 000	20 000 以上	1 500 以下	1 500～ 4 000	4 000 以上	10 万 以下	10 万 以上	40 万 以下	40 万 以上
畜禽养殖 污染防治 模式	粪便	储存 农用	厌氧 农用	有机肥	储存 农用	厌氧 农用	有机肥	农业 利用	有机 肥	农业 利用	有机肥
	污水	储存 农用	厌氧农用		储存 农用	厌氧农用		—	—	—	—
粪污储存设施 容积要求		9 个月以上养殖场粪污产生量									

⑬青藏高原区：平均海拔 4 000～5 000 m，高寒是该区域的主要自然特点，大部分地区热量不足，只宜放牧。

⑭北蒙黑区：温度较低，不适宜发展规模化圈养畜禽。

4. 畜禽养殖污染防治政策建议

1）完善国家和地方畜禽养殖发展和污染防治规划

制定畜禽养殖发展规划和污染防治规划，促进畜禽养殖业合理布局。根据地区农业种植对畜禽废弃物的消纳能力，科学合理地确定地区畜禽养殖量和养殖规模，实现畜禽养殖废弃物产生与农业种植需肥在时间与空间上的匹配，最大限度地减少废弃物处理压力；在制定畜禽养殖业发展规划时，将畜禽养殖业污染防治作为一项重要内容，使规模化养殖场基本实现污染物有效利用和总量控制；各级政府部门必须尽快编制地区畜禽养殖污染防治规划。各市（县、区）按相关要求及建议并结合自身特点完成地区畜禽污染防治规划编制，确保省（区、市）畜禽养殖污染防治规划落到实处。

2）加强政策引导，优化以资源化利用为主体的粪污治理模式

我国畜禽养殖每年产生粪污 38 亿 t，但目前综合利用率不足 60%，导致了严重的农业面源污染。畜禽废弃物的"污"与"废"危害性巨大且资源潜力巨大，是放错地方的"资源宝库"，已经成为社会的普遍共识。做好畜禽粪污处理与利用工作，既可以实现零污染、零排放，促进农业全产业链清洁生产，也可以实现废弃物的资源化，促进有机肥

对化肥的有效替代，真正做到"变废为宝"和绿色生产。通过明晰财政投入领域，如科学研究、推广应用、市场运行等主体或畜禽标准化生产、粪污处理设施标准化改造、种养一体化实施等具体任务，引导畜禽粪污处理与资源化方向；通过加大财政投入力度，如贷款贴息、增加补贴、减免税收、实施奖励、参股投入、地方配套等模式，发挥财政资本的乘数效应，吸引社会资本投入，探索政府和社会资本合作（PPP）等机制模式，达到"四两拨千斤"的效果。

为提高畜禽养殖资源化利用水平，规范治理技术，通过在东北地区开展广泛研究，形成了适合东北地区特点的以资源化利用为主的养殖粪污处理模式，在区域范围内得到推广应用，降低了养殖企业污染治理资金的投入，减少了运行费用。

3）按养殖品种与规模进行分类、分区污染减排管理

从国外经验看，发达国家和地区对畜禽养殖业污染的控制大都关注养殖业的规模。美国将一定规模以上的养殖场作为点源管理，实现连续达标排放；非点源污染按国家养殖业非点源污染防治规划建立各级政府的非点源污染管理计划，完善非点源污染的监测、普查和评估体系。建议实施流域综合管理计划，并结合我国以小规模养殖为主的特点，借鉴发达国家分类管理的思想，以及在非点源污染控制方面的政策和实践经验。

4）实施"以奖促治"的分段式养殖污染控制经济补偿政策

对资源化利用和污染达标排放的养殖场实行"以奖促治"的经济补偿政策，从根本上解决养殖企业因低利润、高风险而给污染治理带来的局限。各级人民政府要根据农业源污染物控制工作实际，加大资金投入力度，强化环境保护专项资金使用管理，着力推进重点治理污染项目和区域水环境质量监测、监控能力建设。加大资金投入，加快畜禽养殖污染物控制的基础设施和污染治理工程建设。

（1）加大对以畜禽粪便为原料的有机肥厂建设的资金扶植，有计划、分阶段建设一批畜禽粪便有机肥厂。

（2）加大对有机肥使用的补贴，对以畜禽粪便为原料的有机肥厂按生产量进行补贴，从政策和资金上多方位扶持和推广有机肥的使用。

（3）对进行全过程污染治理的养殖企业按"以奖促治"的方式给予资金补贴，提高养殖企业进行污染治理的积极性。

（4）对污染物达标排放的企业给予污染治理设施运行费用上的补贴和其他奖励措施；实施差别电价政策；严格涉及畜禽养殖业的上市公司环保核查；积极推进排污权交易工作。

　　5）创新畜禽养殖污染环境监测与监管体制

　　中国目前畜禽养殖业的发展已经对某些地区的地表水和地下水产生了严重污染，应加强对畜禽养殖业污染的环境监测，开展畜禽污染现状调查，了解关系人需求，为畜禽污染防治提供生态保护信息，为建立科学化的管理程序提供依据。分析目前国内畜禽养殖管理制度安排对污染减排的作用及其影响因素与制约条件，针对我国现行畜禽环境管理中政府部门分工、职能设置和职责履行等现状，研究畜禽养殖业相关行政管理职业部门之间的责、权、利、效关系，提出畜禽养殖污染减排监管机构设置建议及绩效考评方案，以及国家和地方层面统筹协调的责任权限与协作机制。

　　6）加强畜禽养殖污染防治宣传教育和技术培训

　　为保证畜牧产业的良性发展，国家已不断加强污染防治方面的宣传教育，力求逐步扭转治污与经营观念。只是我国对畜牧业的污染防治宣传教育工作大多停留在有详细统计数据的规模化养殖企业上，而对规模以下的养殖场则涉及较少。

　　为进一步落实环境保护工作，保障畜牧业健康良性发展，应广泛开展养殖污染防治技术培训。一方面，提高各环保管理与技术人员从事畜禽养殖污染治理的技术水平，从而有效指导或监督养殖企业正确运行或使用环保设施；另一方面，加强养殖场管理人员和操作技术人员的培训，保证养殖企业自身技术人员能稳定操作污染治理设施。

3.1.2　种植业污染物减排

1．种植业污染防治现状与管理政策

　　种植业中施用的化肥能有效提高农作物产量，对解决我国的温饱问题及农民奔小康做出了贡献。近年来，我国化肥用量占世界化肥总施用量的30.8%，已成为世界上施用化肥最多的国家。研究表明，化肥过量的不合理施用严重破坏了土壤的理化性质。我国目前作物当季氮肥利用率仅为35%～50%，磷肥为10%～20%，钾肥利用率仅为30%～50%。未被利用的养分是农业面源污染的主要来源，其通过淋溶、径流、吸附、反硝化和侵蚀等方式进入环境，污染土壤、水体和大气，因此如何处理好种植业带来的污染至关重要。

　　1）我国种植业肥料施用现状

　　（1）我国农田施用化肥的种类

　　目前，我国农田施用化肥的种类以氮、磷、钾肥为主，并且每种肥料也有许多品种，三大类化学肥料种类又以氮肥为主，磷肥和高浓度磷复肥次之，钾肥最少。主要的氮肥

品种有尿素、硫酸铵、碳酸氢铵（碳铵）、氯化铵、硝酸铵、硝酸钙，其中尿素施用量最大；还有氨水、石灰氮等也属于氮肥，但目前已较少使用。硝酸钙既是氮肥，也可作钙肥用。主要的磷肥品种有磷酸二铵（二铵）、过磷酸钙（普钙）、重过磷酸钙（重钙，也称双料、三料过磷酸钙）、磷酸一铵（一铵）、钙镁磷肥，其中磷酸二铵（二铵）、过磷酸钙（普钙）施用量较多。此外，磷矿粉、钢渣磷肥、脱氟磷肥、骨粉也是磷肥，但目前用量很少，市场也少见。主要的钾肥品种有硫酸钾、氯化钾、盐湖钾肥、窑灰钾肥和草木灰。其中，硫酸钾和氯化钾成分较纯，在我国市场上流通的大多为进口肥料；盐湖钾肥产自我国青海省，主要成分是氯化钾；窑灰钾肥和草木灰成分很复杂，在市场上的流通量较前三种钾肥少。

（2）我国农田化肥施用量的变化

1978 年以来，随着农业生产与工业发展水平的不断提高，我国农田化肥施用量显著地快速增长。全国农田化肥施用总量由 1978 年的 884.0 万 t 逐步增长到 2013 年的 5 911.9 万 t，提高了 6.7 倍，化肥中氮、磷、钾所占百分比分别由 1978 年的 74.5%、22.2%、3.4% 变为 2013 年的 54.4%、24.5%、21.1%；单位面积化肥平均施用量由 86.72 kg/hm^2 增加到 359.11 kg/hm^2，粮食总产量由 1978 年的 32 055.5 万 t 增加到 2013 年的 60 193.8 万 t，提高了 0.9 倍；单位面积化肥平均施用量由 32.39 kg/hm^2 增加到 36.20 kg/hm^2，增长了 11.76%，单位作物产量化肥平均施用量由 37.5 kg/t 减少到 34.7 kg/t，减少了 7.47%。由于我国耕地土壤基础肥力偏低，化肥施用对粮食增产的贡献较大（大体在 40% 以上），因此化肥施用量的不断增加有力地促进了我国粮食产量的稳步提升，成为粮食生产"高产稳产"的必要保障。

目前我国主要作物化肥施用量较大的分别是玉米 1 318.36 万 t（折纯）、果树 1 165.38 万 t（折纯）、稻谷 1 000.29 万 t（折纯）、小麦 684.93 万 t（折纯）、蔬菜 610.26 万 t（折纯）（表 3-28），其中粮食作物的化肥施用量占化肥总施用量的 51.2%、果树占 19.9%、蔬菜占 10.4%。以全国主要作物平均单位面积化肥施用量来评价，主要农作物单位面积化肥施用量普遍偏高，经济、园艺作物大于粮食作物。其中，果树单位面积施肥量最高，可达到 942 kg/hm^2（折纯），粮食作物单位面积施肥量在 284～363 kg/hm^2，蔬菜类作物单位面积施肥量在 232～330 kg/hm^2。之所以蔬菜单位面积化肥施用量低于粮食作物，主要是因为我国农民在蔬菜种植上还保留着大量施用有机肥的习惯。

表 3-28　我国主要作物化肥施用量（2013 年）

作物类别	氮肥/(kg/hm²)	磷肥/(kg/hm²)	钾肥/(kg/hm²)	合计/(kg/hm²)	氮肥总量/万 t	磷肥总量/万 t	钾肥总量/万 t	合计/万 t
稻谷	203	50	76	330	615.33	151.56	230.37	1 000.29
小麦	211	55	18	284	508.87	132.64	43.41	684.93
玉米	236	82	45	363	857.11	297.81	163.43	1 318.36
蔬菜	120	94	79	292	250.10	195.76	164.41	610.26
果树	442	251	249	942	546.81	310.52	308.05	1 165.38
豆类	109	44	21	174	100.54	40.58	19.37	160.49
薯类	176	76	79	332	157.75	68.12	70.81	297.58
花生	123	84	84	291	56.99	38.92	38.92	134.82
油菜籽	134	37	32	203	100.92	27.86	24.10	152.88
棉花	215	124	56	396	93.43	53.89	24.34	172.09
糖料	295	76	149	521	58.95	15.19	29.78	104.11
烟叶	112	70	218	399	18.18	11.36	35.38	64.75

数据来源：全国农业技术推广服务中心。

　　我国主要农作物单位面积施用量均处于世界较高水平，究其原因，一方面，在于受耕地面积的制约，需努力提高单位土地面积的作物产量；另一方面，受高投入高产出观念的影响及当前劳动力成本偏高的制约，农户普遍采用大水大肥、"一炮轰"、表面撒施等简单粗放的施肥方式，从而造成单位面积作物施肥量居高不下。

　　2）我国种植业污染防治状况调研

　　通过实地走访北京、天津、河北、河南、山东、浙江、江苏、安徽、湖南等地，开展了针对种植业污染防治工作的调研。

　　我国种植业长期依赖施用化肥实现高产，在调研中，北京、湖南、江苏、山东的单位面积化肥施用量呈减少趋势，其余各地还在增长，但增长态势趋缓。各地均建立了现代生态循环农业发展试点园区及试点县市，以尝试解决种植业污染问题，其模式多种多样，可以归纳为两大类：一是测土配方，根据土壤肥力和种植作物的需求施肥，减少化肥施用量；二是循环农业，将种植与畜禽养殖相结合，利用沼液、沼渣替代化肥用量，让畜禽与农作物共生，如浙江湖州的"鳖稻共生"模式（图 3-1）。

图 3-1　鳖稻共生

3）我国种植业污染防治管理政策

表 3-29 总结了我国种植业污染防治管理政策的基本体系。

表 3-29　我国种植业污染防治管理政策体系

	农药	化肥	作物秸秆
法律	《环境保护法》《水法》《水污染防治法》《固体废物污染环境防治法》《农业技术推广法》		
法规	《农产品产地安全管理办法》《农药环境安全管理办法》《农药安全使用规定》	《肥料登记管理办法》	《秸秆能源化利用补助资金管理暂行办法》《秸秆焚烧和综合利用管理办法》
政策	《关于严禁在蔬菜生产上使用高毒高残留农药,确保人民食菜安全的通知》《到 2020 年农药使用量零增长行动方案》	《关于重视和加强有机肥料工作的指示》《关于进一步加强有机肥料工作的通知》《关于有机肥产品免征增值税的通知》《到 2020 年化肥使用量零增长行动方案》《关于加快推进畜禽养殖废弃物资源化利用的意见》	《国务院关于落实科学发展观加强环境保护的决定》《关于加快推进农作物秸秆综合利用的意见》《关于严禁焚烧秸秆保护生态环境的通知》《"十二五"农作物秸秆综合利用实施方案的通知》
	《关于创新体制机制推进农业绿色发展的意见》《种粮直补政策》《农资综合补贴政策》《良种补贴政策》《农机购置补贴政策》		
标准	《农药安全使用标准》《化学农药环境安全评价试验准则》	《化肥使用环境安全技术导则》	

（1）种植业污染防治相关法律法规

我国在农业面源污染防治方面制定的相关法律主要由《中华人民共和国环境保护法》《中华人民共和国水法》《中华人民共和国水污染防治法》《中华人民共和国固体废物污染环境防治法》以及相关规定构成。

此外，在我国涉及种植业污染防治的行政法规及指导文件方面，发布了《中华人民共和国农业技术推广法》等。该法是为了加强农业技术推广工作，促使农业科研成果和实用技术尽快应用于农业生产，增强科技支撑保障能力，促进农业和农村经济可持续发展，实现农业现代化而制定的。

（2）种植业污染防治相关标准

《化肥使用环境安全技术导则》适用于指导种植业化肥环境安全使用的监督与管理，也可作为农业技术部门指导作物生产科学施肥的依据。《农药安全使用标准》《化学农药环境安全评价试验准则》提高了我国农药环境风险评估技术手段的规范性和可靠性，拓展了农药环境安全性评价的技术指标，提升了相关试验技术体系的国际化水平，为促进环境友好型农药产品的研发与应用、保护生态环境提供了有力支撑。

（3）种植业污染防治管理政策

①坚持"预防为主、综合防治"的方针，树立了"科学植保、公共植保、绿色植保"理念，依靠科技进步，依托新型农业经营主体、病虫防治专业化服务组织，集中连片整体推进，大力推广新型农药，提升装备水平，加快转变病虫害防控方式，大力推进绿色防控、统防统治，构建资源节约型、环境友好型病虫害可持续治理技术体系，实现农药减量控害，保障农业生产安全、农产品质量安全和生态环境安全。

②以保障国家粮食安全和重要农产品有效供给为目标，牢固树立"增产施肥、经济施肥、环保施肥"理念，依靠科技进步，依托新型经营主体和专业化农化服务组织，集中连片整体实施，加快转变施肥方式，深入推进科学施肥，大力开展耕地质量保护与提升，增加有机肥资源利用，减少不合理化肥投入，加强宣传培训和肥料使用管理，走高产高效、优质环保、可持续发展之路，促进粮食增产、农民增收和生态环境安全。

③我国畜牧业持续稳定发展，规模化养殖水平显著提高，保障了肉蛋奶供给，但大量养殖废弃物没有得到有效处理和利用，成为农村环境治理的一大难题。抓好畜禽养殖废弃物资源化利用，关系畜产品有效供给，关系农村居民生产生活环境改善，是重大的民生工程。为加快推进畜禽养殖废弃物资源化利用，促进农业可持续发展，以畜牧大县和规模养殖场为重点，以沼气和生物天然气为主要处理方向，以农用有机肥和农村能源

为主要利用方向，健全制度体系，强化责任落实，完善扶持政策，严格执法监管，加强科技支撑，强化装备保障，全面推进畜禽养殖废弃物资源化利用，加快构建种养结合、农牧循环的可持续发展新格局，为全面建成小康社会提供有力支撑。

④农业绿色发展摆在生态文明建设全局的突出位置，全面建立以绿色生态为导向的制度体系，基本形成与资源环境承载力相匹配、与生产生活生态相协调的农业发展格局，努力实现耕地数量不减少、耕地质量不降低、地下水不超采，化肥、农药使用量零增长，秸秆、畜禽粪污、农膜全利用，实现农业可持续发展、农民生活更加富裕、乡村更加美丽宜居。

⑤实施一系列补贴政策。

种粮直补政策： 中央财政实行种粮农民直接补贴，资金原则上要求发放给从事粮食生产的农民，具体由各省级人民政府根据实际情况确定。

农资综合补贴政策： 中央财政实行种粮农民农资综合补贴，补贴资金按照动态调整制度，根据化肥、柴油等农资价格变动，遵循"价补统筹、动态调整、只增不减"的原则，及时安排和增加补贴资金，合理弥补种粮农民增加的农业生产资料成本。

良种补贴政策： 中央财政安排农作物良种补贴资金，对水稻，小麦，玉米，棉花，东北和内蒙古的大豆，长江流域 10 个省（市）和河南信阳、陕西汉中和安康地区的冬油菜，藏区青稞实行全覆盖，并对马铃薯和花生在主产区开展补贴试点。小麦、玉米、大豆、油菜、青稞每亩补贴 10 元，新疆地区的小麦良种补贴 15 元，水稻、棉花每亩补贴 15 元，马铃薯一、二级种薯每亩补贴 100 元，花生良种繁育每亩补贴 50 元，大田生产每亩补贴 10 元。水稻、玉米、油菜补贴采取现金直接补贴方式，小麦、大豆、棉花可采取现金直接补贴或差价购种补贴方式，具体由各省（区、市）按照简单便民的原则自行确定。

农机购置补贴政策： 在全国所有农牧业县（场）范围内实施，补贴对象为直接从事农业生产的个人和农业生产经营组织，补贴机具种类为 11 大类 43 个小类 137 个品目。中央财政农机购置补贴资金实行定额补贴，即同一种类、同一档次农业机械原则上在省域内实行统一的补贴标准，不允许对省内外企业生产的同类产品实行差别对待。一般机具的中央财政资金单机补贴额不超过 5 万元，挤奶机械、烘干机单机补贴额不超过 12 万元，100 马力以上大型拖拉机、高性能青饲料收获机、大型免耕播种机、大型联合收割机、水稻大型浸种催芽程控设备单机补贴额不超过 15 万元，200 马力以上拖拉机单机补贴额不超过 25 万元，大型甘蔗收获机单机补贴额不超过 40 万元，大型棉花采摘机单机补贴额不超过 60 万元。纳入《全国农机深松整地作业实施规划》的省份可结合实际，在农机购置补贴资金中安排补助资金（不超过补贴资金总量的 15%）用于在适宜地区实行农机深松整地作业补助。

⑥实施相关改革政策。从 2015 年开始，调整完善农作物良种补贴、种粮农民直接补贴和农资综合补贴 3 项补贴政策（以下简称农业"三项补贴"）（《财政部 农业部关于调整完善农业三项补贴政策的指导意见》）。在安徽、山东、湖南、四川和浙江 5 个省，由省里选择一部分县市开展农业"三项补贴"改革试点，将农业"三项补贴"合并为"农业支持保护补贴"，政策目标调整为支持耕地地力保护和粮食适度规模经营（实施标准见表 3-30）。一是将 80%的农资综合补贴存量资金加上种粮农民直接补贴和农作物良种补贴资金，用于耕地地力保护。补贴对象为所有拥有耕地承包权的种地农民，享受补贴的农民要做到耕地不撂荒、地力不降低。补贴资金要与耕地面积或播种面积挂钩，并严格掌握补贴政策界限。用于耕地地力保护的补贴资金直接现金补贴到户。二是 20%的农资综合补贴存量资金，加上种粮大户补贴试点资金和农业"三项补贴"增量资金，按照全国统一调整完善政策的要求支持粮食适度规模经营。

表 3-30　典型省份农业"三项补贴"标准

省份	粮食直补	农资综合补贴	良种补贴
安徽	≥10 元/亩；此外，上一年种植小麦、稻谷面积达到 100 亩以上（包含 100 亩）且承包耕地合同期不少于 1 年的种粮大户，每亩再增加 10 元粮食直接补贴	70 元/亩	水稻、棉花 15 元/亩；小麦、玉米、油菜 10 元/亩；小麦高产攻关和水稻产业提升行动核心示范区农户，每亩增加 10 元良种良法配套补贴；玉米振兴计划核心示范区农户，每亩增加 8 元良种良法配套补贴
湖南	13.5 元/亩	80.6 元/亩	水稻、棉花 15 元/亩；玉米、小麦、油菜 10 元/亩
江苏	20 元/亩	82.8 元/亩	水稻、棉花 15 元/亩；玉米、小麦、油菜 10 元/亩
江西	11.8 元/亩	67.2 元/亩	水稻、棉花 15 元/亩；玉米、小麦、油菜 10 元/亩
山东	"三项补贴"合为农业支持保护补贴（≥125 元/亩）；此外，对种粮大户和种植粮食家庭农场进行补贴。 补贴依据：种植小麦，且压茬种植玉米、水稻或其他作物的，以小麦种植面积为补贴依据；种植单季水稻的，以水稻种植面积为补贴依据。 补贴标准：经营土地面积 50 亩以上、200 亩以下的，每亩按照 60 元标准进行补贴；200 亩及以上的，每户限额补贴 1.2 万元，防止"垒大户"。 补贴发放：通过齐鲁惠民"一本通"直接补贴到户		
黑龙江	"种粮农民直接补贴"和"农资综合补贴"2 个补贴项目统一合并为"农业支持保护补贴—粮食补贴"（57.58 元/亩）		水稻 15 元/亩；玉米、大豆、小麦 10 元/亩

2．种植业污染防治存在的主要问题

1）化肥施用效率低、各地水平相差大

施用化肥为我国粮食连续丰收奠定了基础，但是我国化肥施用上存在过量使用、盲目使用的问题，不但损耗基础地力、增加种粮成本，而且危及农产品质量安全，也由此引发了一系列的生态环境问题，总量控制、科学施肥势在必行。

（1）单位面积化肥施用量偏高，作物肥料利用率较低。当前我国农作物平均单位面积化肥用量 21.9 kg/亩，远高于世界平均水平（8 kg/亩），是美国的 2.6 倍、欧盟的 2.5 倍。不断的化肥投入超过了作物生产需要，造成我国作物肥料利用率不高的问题。1998 年时我国主要粮食作物氮肥利用率为 30%～35%，磷肥利用率为 15%～20%，钾肥利用率为 35%～50%。2000—2005 年，不同作物和不同区域试验结果分析显示，主要粮食作物的氮肥利用率在不同地区间的差异也很大，变幅在 10.2%～40.2%，平均为 27.2%；磷肥利用率在不同地区的变幅在 7.1%～20.1%，平均为 11.2%；钾肥利用率在不同地区的变幅在 11.2%～35.2%，平均为 31.1%。可见，无论是氮肥、磷肥，还是钾肥，从历史变化来看，随着单位面积化肥施用量越来越高，我国主要粮食作物的肥料利用率均呈逐渐下降趋势。

（2）化肥与有机肥配合施用效率不高，有机肥资源利用率低。目前，我国有机肥资源总养分约 7 000 万 t，仅畜禽粪便（粪+尿）排放量就为 32.64 亿 t（鲜重），其中粪便中 NH_3-N 含量为 702.54 万 t，全氮含量为 1 928.22 万 t，全磷含量为 583.31 万 t。我国 90%以上的规模化养殖场未进行环境影响评估，全国畜禽粪便无害化与资源化及商品化处置率不到 29%，实际利用部分不足总量的 40%，规模化养殖业对畜禽粪便的综合治理和开发利用工作相对滞后，畜禽粪便成为造成我国农业面源污染的主要原因之一。

（3）施肥不均衡现象突出。东部经济发达地区、长江下游地区和城市郊区施肥量偏高，蔬菜、果树等附加值较高的经济园艺作物过量施肥比较普遍。如山东省是我国蔬菜的主要产区，常年蔬菜种植面积占全国的 10%以上，设施蔬菜面积占全国的近 50%。1994—1997 年，山东设施蔬菜年平均施肥量高达到 N 1 351 kg/hm² （折纯）、P_2O_5 1 701 kg/hm²（折纯）和 K_2O 539.6 kg/hm²（折纯），在这段时期施肥量逐年增加，截至 2004 年的施肥量与 1997 年相比氮肥和磷肥的用量有所减少，钾肥的用量有所增加，且有机养分占总养分的比例明显增加。

（4）地区之间不同作物的施肥技术水平不平衡，人工施肥的传统方式仍然占主导地位。当前我国农业生产的主要生产方式以家庭联产承包经营为基础，土地经营分散，规

模化与集约化程度总体上不高，农户在农田作物施肥期撒施、表施化肥的现象比较普遍，而采用农业机具施肥的仅占主要农作物种植面积的 30% 左右。

2）现有经济激励政策对清洁农业导向有偏差

中央财政支持实行种粮农民农资综合补贴，补贴资金按照动态调整制度，根据化肥、柴油等农资价格变动，遵循"价补统筹、动态调整、只增不减"的原则及时安排和增加补贴资金，以合理弥补种粮农民增加的农业生产资料成本。

农资综合补贴政策是根据化肥、柴油等农资价格的变动，对种粮农民增加的农业生产资料成本进行合理弥补的，2016 年我国农资综合补贴额达到 1 071 亿元。另外，我国为维持化肥价格稳定，多年来一直实施对化肥生产企业的税收优惠政策和对化肥生产供电、供气和运输的优惠政策，同时也对化肥价格进行了限制。这种"优惠+补贴+限价"的政策从客观上抑制了化肥价格，降低了农民的生产成本，保护了农民的种粮积极性，但另一方面，也在一定程度上造成了化肥的过量施用。有学者认为农业补贴政策的实施并没有加重由化肥引起的农业面源污染，因为化肥投入仅占农业生产资料投入的一小部分，真正影响化肥消费的主要因素是农业和环境政策。尽管如此，这种通过"优惠+补贴+限价"的政策来扭曲化肥市场价格的行为是不利于农业面源污染治理的，毕竟化肥在未过量使用的情况下是一个纯粹的私人物品，而在过量使用的情况下则有明显的负外部性。通过非市场的手段来抵制其价格只能起到相反的作用。

此外，现有涉及农业面源污染防治的经济激励政策多由农业部门参与制定并实施，其政策目标的方向与环境保护不完全一致，无法从根本上引导农户产生环境保护意识和行为方式，政策执行的直接效果与农业面源污染防治的最终目标还存在一定差距。由于农业环境污染自身的特点，环保部门对农业生产所产生的环境污染问题也难以从源头起到直接的管控作用。由环保部门参与管理的中央农村环境保护专项资金，仅提到支持分散养殖户建设养殖小区，并未提到种植业所产生的面源污染问题。

现有的农业环保政策并未充分考虑农户的意愿以及政策可能对农户的利益带来的影响，并未对可能造成农户收入减少或劳力增加的活动进行补偿，对农户环境友好的生产行为形成正向激励的政策尚显不足。我国目前对化肥产业的支持政策以及在生产环节对农民进行直接补贴的新农业补贴政策对清洁农业生产的导向性不强，甚至可能产生负面影响。

3）种植业污染监测难度大

与通过排污口排放的点源污染不同，农业面源污染是由分散的污染源造成的，其污染物质来自大面积或大范围，缺乏明确固定的污染源，排放具有间歇性，这导致农业面源污染物的来源、污染负荷等均存在很大的不确定性。同时，由于降水的随机性和土壤结构、农作物类型、气候、地质地貌等其他影响因子复杂多样，农业面源污染的发生又具有随机性和广泛性，不能用常规处理方法改善污染排放源。污染物缓慢不断地进入水体、土壤和空气，只有积累到一定程度才会显现，使其具有不易察觉性。以上特点增加了对种植业污染监测的难度。

此外，在农业面源污染监测方面我国才刚刚起步，主要存在监测点位较少、监测对象不完整、监测统计分类比较粗的问题。在农业面源污染监测结果评估方面，主要存在以下问题：一是评估所用数据较分散；二是方法集成不足，我国学者使用国外先进的模型在省、市等不同尺度进行过探索，然而由于选择的评估模型不同等原因，即使在同一区域，其研究结果也相差较大；三是适合我国国情的大型物理模型较少，目前我国在模拟模型的使用方面主要是借用国外开发的较为成熟的模型，然而这些模型所依托的地理环境、气象背景等与我国可能有很大差别，使用不当会造成结果出现较大偏差。

4）种植业污染主体——农户的生产行为及意识落后

农户是农业生产行为的主体，其不断增加化肥投入是造成种植业污染恶化的直接原因。农户迫于生活压力，需要从种植业中获得较高的收益，因而不断增加化肥投入，给环境带来污染。有专家认为农户的生态意识较为理性，收入减少是导致生态保护政策失败的根本原因（樊胜岳，2005）。还有专家认为生产经营私人利润最大化和社会福利最大化背离是产生农业面源污染的首要原因（冯孝杰，2005）。

农户不管农业和环境是否可持续，只保证当年的收益水平，从而导致化肥的过量投入。这一问题产生的原因主要有两个：一是因为土地产权制度，农民在自留地和口粮田上更愿意比责任田和转包地多施用对保持地力有长期功效的有机肥，而施用化肥比较少，土地使用权越稳定，对土地投入的长期性行为越显著，而使用权越不稳定，短期性行为就越突出（何凌云，2001）；二是小规模经营制约了农业科技的应用与推广（张欣，2005），农业面源污染负荷总体上随农户经营粮食、蔬菜规模的扩大而变小（冯孝杰，2008），适度经营规模可以通过提高农户精心经营程度促进化肥相对合理施用及农户对农田的管理效应，进而减少农业面源污染负荷。

农户对面源污染的认识非常淡薄，没有意识到过量施用化肥会给环境带来污染，也没有意识到要控制和减少化肥的投入，更没有认识到环境污染的后果。

3．种植业分区减排技术与政策

1）种植业污染减排分区目标

（1）种植业污染减排分区

种植业污染减排分区依据我国地形和气候特征可以划分为六大区域：①东北半湿润平原区；②西北干旱半干旱平原区；③黄淮海半湿润平原区；④南方湿润平原区；⑤北方高原山地区；⑥南方山地丘陵区。根据我国种植业分布情况，除北方高原山地区外，本书选取了其余5个分区的典型省份作为研究对象，制定了典型省份种植业的减排目标。

东北半湿润平原区：黑龙江、吉林、辽宁。

西北干旱半干旱平原区：甘肃、新疆。

黄淮海半湿润平原区：河北、河南、山东。

南方湿润平原区：江苏、浙江。

南方山地丘陵区：湖南、湖北、江西、四川、贵州。

（2）典型地区主要作物减排目标的制定

种植业污染减排的关键是改变传统的施肥习惯，采用环境友好型施肥技术，减少肥料施用量，科学施用肥料，提高肥料利用率，从而减少肥料的流失。以下主要围绕大宗粮食作物水稻、小麦、玉米进行肥料减排核算。计算公式如下：

$$单位面积氮肥削减量=单位面积氮肥常规施用量-单位面积氮肥建议施用量$$

$$(3-1)$$

$$单位面积磷肥削减量=单位面积磷肥常规施用量-单位面积磷肥建议施用量$$

$$(3-2)$$

$$总氮减排量=氮肥流失率×单位面积氮肥削减量×种植面积 \quad (3-3)$$

$$总磷减排量=磷肥流失率×单位面积磷肥削减量×种植面积 \quad (3-4)$$

其中，氮肥、磷肥建议施用量参考《中国农化服务肥料与施肥手册》；氮肥、磷肥的常规施用量以及流失率参考《第一次全国污染源普查——农业污染源肥料流失系数手册》；种植面积来源于国家统计局网站 http://www.stats.gov.cn/tjsj/ndsj/。

由式（3-1）和式（3-2）计算可得到不同种植业分区的单位面积肥料削减量，结果见表3-31。除南方湿润平原区种植小麦时磷肥常规施肥量低于建议施肥量以外，其余常规施肥量均高于建议施肥量。

表 3-31　不同种植业分区单位面积肥料削减量

种植业分区	氮肥削减量/（kg/亩）			磷肥削减量/（kg/亩）		
	水稻	小麦	玉米	水稻	小麦	玉米
东北半湿润平原区	3.95	\	0.44	0.85	\	0.20
西北干旱半干旱平原区	3.80	7.35	3.35	7.10	0.40	1.65
黄淮海半湿润平原区	7.85	4.06	2.51	3.79	1.76	2.24
南方湿润平原区	8.63	6.63	3.40	1.66	−0.08	0.32
南方山地丘陵区	5.19	0.30	0.51	2.28	1.72	0.30

注：表中"\"是由于东北半湿润平原区小麦种植量极少，因此忽略不计。
1 亩=666.67 m²。

对比 3 种粮食作物，氮肥削减量排序为水稻＞小麦＞玉米；磷肥削减量排序为水稻＞（玉米，小麦）。对比不同区域的水稻，氮肥削减量排序为南方湿润平原区＞黄淮海半湿润平原区＞南方山地丘陵区＞东北半湿润平原区＞西北干旱半干旱平原区；磷肥削减量排序为西北干旱半干旱平原区＞黄淮海半湿润平原区＞南方山地丘陵区＞南方湿润平原区＞东北半湿润平原区。对比不同区域的小麦，氮肥削减量排序为西北干旱半干旱平原区＞南方湿润平原区＞黄淮海半湿润平原区＞南方山地丘陵区；磷肥削减量排序为黄淮海半湿润平原区＞南方山地丘陵区＞西北干旱半干旱平原区＞南方湿润平原区。对比不同区域的玉米，氮肥削减量排序为南方湿润平原区＞西北干旱半干旱平原区＞黄淮海半湿润平原区＞南方山地丘陵区＞东北半湿润平原区；磷肥削减量排序为黄淮海半湿润平原区＞西北干旱半干旱平原区＞南方湿润平原区＞南方山地丘陵区＞东北半湿润平原区。

根据式（3-3）和式（3-4）计算得到各种植业分区典型地区的减排目标，结果见表 3-32。

表 3-32　典型地区减排目标

种植业分区	典型省级行政区	减排目标（TN）/t				减排目标（TP）/t			
		水稻	小麦	玉米	合计	水稻	小麦	玉米	合计
东北半湿润平原区	辽宁	153	—	103	256	\	\	\	\
	吉林	171	—	161	332	\	\	\	\
	黑龙江	95	—	33	128	\	\	\	\
西北干旱半干旱平原区	新疆	—	936	350	1 286	2	9	29	39
	甘肃	—	696	343	1 039	—	6	28	35
黄淮海半湿润平原区	河北	159	1 926	1 557	3 642	17	173	287	477
	河南	1 174	4 347	1 604	7 125	128	390	296	813
	山东	225	2 975	1 533	4 733	24	267	283	574

种植业 分区	典型省级 行政区	减排目标（TN）/t				减排目标（TP）/t			
		水稻	小麦	玉米	合计	水稻	小麦	玉米	合计
南方湿润 平原区	江苏	3 071	3 248	331	6 649	—	\	18	18
	浙江	1 123	114	49	1 287	—	\	3	3
南方山地 丘陵区	江西	2 923	—	1	2 925	732	2	1	734
	湖北	1 840	25	22	1 887	461	171	16	647
	湖南	3 578	1	13	3 592	896	5	9	910
	四川	174	3	5	182	44	19	4	66
	贵州	599	6	30	635	150	39	21	210

注：表中"\"是由于污普调查中 TP 流失率没有，"—"是减排目标小于 0.5 t，忽略不计。

2）种植业污染减排技术

（1）环境友好型化肥施用方案

①冬小麦、夏玉米轮作下环境友好型化肥施用技术方案

适用范围：冬小麦、夏玉米轮作条件下化肥合理施用，实现作物安全生产和环境友好。

化肥种类：化学氮肥主要品种有尿素、硫酸铵、硝酸铵、氯化铵和氨水等；化学磷肥主要品种有过磷酸钙、钙镁磷肥、磷矿粉、钢渣磷肥等；钾肥主要有硫酸钾、氯化钾等；复合肥料主要有硝酸磷肥、磷酸一铵、磷酸二铵、钙镁磷钾肥、氮磷钾复合肥等。

环境友好型化肥施用技术：

化肥品种选择方面，冬小麦、夏玉米基施化肥宜选择含氮、磷、钾中高浓度的复合肥、尿素、磷酸一铵、磷酸二铵、硫酸钾、氯化钾等，追肥可选择尿素、硫酸铵、硝酸铵、氯化铵、磷酸一铵、磷酸二铵、硫酸钾、氯化钾等。若农田土壤渗漏风险较大，不宜使用硝态氮肥而适宜使用铵态氮肥。若土壤温暖湿润，则适宜使用缓效肥；若使用铵态氮肥，需加施硝化抑制剂，抑制铵态氮硝化为硝态氮。气温较高的地区或时期，不宜使用铵态氮肥，施用尿素时应加施脲酶抑制剂，以延缓尿素的水解，减少氨挥发。适当增加有机肥使用比例，提倡施用复合肥、缓释或控释肥料。

化肥用量控制方面，综合考虑冬小麦、夏玉米品种特性、产量目标、土壤养分供应状况、其他养分输入情况、环境敏感程度，确定施肥种类和施肥量，推广配方施肥（表 3-33、表 3-34）。

表 3-33 冬小麦施肥建议

产量水平/（kg/亩）	化肥施用量/（kg/亩）			备注
	N	P_2O_5	K_2O	
300 以下	8～10	3～4	2～3	基肥施用有机肥时酌情减少化肥用量；氮肥总量的 1/3 作基肥，2/3 作追肥在拔节期施用
300～500	10～12	4～6	3～4	
500～600	12～14	6～8	4～5	
600 以上	14～16	8～10	5～6	

表 3-34 夏玉米施肥建议

产量水平/（kg/亩）	化肥施用量/（kg/亩）			备注
	N	P_2O_5	K_2O	
450 以下	9～11	2～3	2～3	氮肥总量的 1/3 作基肥或苗期追肥，2/3 作在大喇叭口期追肥施用
450～600	10～12	3～4	3～5	
600～700	12～15	4～5	4～6	
700 以上	14～16	5～6	6～7	

②南方水稻、玉米环境友好型化肥施用技术方案

施肥管理原则如下：

水稻：氮、磷、钾、锌平衡施肥；适当降低氮肥总用量，增加穗肥比例；稳施基蘖肥，基肥深施，追肥"以水带氮"；磷肥优先选择普钙或钙镁磷肥；增施有机肥料，提倡秸秆还田（表 3-35）。

表 3-35 不同产量水稻施用肥料用量

产量水平/（kg/亩）	氮肥（N）用量/（kg/亩）	磷肥（P_2O_5）用量/（kg/亩）	钾肥（K_2O）用量/（kg/亩）
350 以下	6～7		
350～450	7～8	4～7	4～8
450～550	8～10		
550 以上	10～12		

小麦：增施有机肥，实施秸秆还田，有机无机相结合；适当减少氮肥用量，调整基、追比例，减少前期氮肥用量；缺磷土壤应适当增施磷肥或稳施磷肥；有效磷丰富的土壤，适当降低磷肥用量；肥料施用与高产优质栽培技术相结合（表 3-36、表 3-37）。

施肥比例：氮肥 50%～60% 作为基肥，20%～25% 作为蘖肥，10%～15% 作为穗肥；磷肥全部作基肥；钾肥 50%～60% 作为基肥，40%～50% 作为穗肥；在缺锌地区，适量

施用锌肥；适当基施含硅肥料。

表 3-36　不同产量小麦施用中低浓度配方肥料用量

产量水平/ （kg/亩）	配方肥用量/ （kg/亩）	起身期到拔节期追施尿素/ （kg/亩）
300 以下	23～34	6～9
300～400	34～45	9～12
400～550	45～62	12～17
550 以上	62～74	17～20

推荐配方：12-10-8（$N-P_2O_5-K_2O$）或相近配方。

表 3-37　不同产量小麦施用高浓度配方肥料用量

产量水平/ （kg/亩）	配方肥用量/ （kg/亩）	起身期到拔节期追施尿素/ （kg/亩）
300 以下	15～23	6～9
300～400	23～30	9～12
400～550	30～42	12～17
550 以上	42～49	17～20

推荐配方：18-15-12（$N-P_2O_5-K_2O$）或相近配方。

（2）种植业污染减排技术介绍

种植业污染减排技术主要包括源头控制技术、过程阻断技术和末端强化技术等。

①源头控制技术

土地利用规划：应符合《土地开发整理项目规划设计规范》（TD/T 1012—2000）的要求。在土壤质地、植被类型及降雨量相似条件下，径流量、泥沙流失量与坡度成正比。禁止在 25°以上陡坡地开垦种植农作物，在 25°以上陡坡地种植经济林的，应当科学选择植物种，合理确定规模，采取水土保持措施，防止水土流失；在 5～25°荒坡地开垦种植农作物的，应当采取水土保持措施和等高种植方式。在水域周边，建议划分为核心区、缓冲区、扩展区 3 个区域。不同类型区域采取不同的农业生产技术标准。在离水域最近的核心区内，禁止开发，禁止种植业；在离水域较近的缓冲区内，限制开发，禁止传统农业，可发展有机农业；在离水域较远的扩展区内，优化开发，发展绿色种植业。水源保护区和重要水源敏感区，禁止发展集约化农业，不提倡发展传统种植业。在水源保护区，一时难以完成居民区迁移的，在不影响水源保护的前提下，可适度发展有机农业，兼顾当地经济发展和水环境保护。

化肥减量技术：

一是有机无机配施技术。有机肥施入土壤，经微生物分解，可源源不断、缓慢地释放出各种养分供植物吸收，避免氮、磷肥因快速释放带来的流失。有机肥是改良土壤的主要物质，微生物在分解过程中产生分泌酶和腐殖质，促进土壤团粒结构的形成，增强了土壤保水保肥能力，减少了氮、磷流失风险。有机肥可提高土壤难溶性磷的有效性，减少化学磷肥施用量。因此，以农业废弃物，如处理过的秸秆和畜禽粪便、沼液沼渣、菌渣、绿肥等富含一定氮、磷养分的有机物料来替代部分化肥，从而减少化肥施用量，降低农田面源污染风险。太湖流域稻麦轮作系统采用有机肥与无机肥配施技术，与传统农户施肥处理相比可减少氮用量 25%左右，产量略有增加，稻季径流氮损失减少 6%～28%，麦季径流和淋溶氮损失减少 25%～46%。

二是测土配方施肥技术。在作物需肥规律、土壤供肥特性与肥料效应的基础上，统筹考虑了氮、磷、钾 3 种大量元素及微量元素的供应，从而使土壤养分的供应能够全面满足作物生产的需要，提高肥料利用率，减少氮、磷养分损失。平衡施肥技术氮、磷污染减排效果主要依赖于土壤养分丰缺及平衡状态。

三是施用缓释肥。鉴于传统速效化肥释放速度快、需多次施肥等缺点，研发并生产缓释肥料。缓释肥料中养分的释放与作物养分需求比较吻合，养分的释放供应量前期不过多，后期不缺乏，具有"削峰填谷"的效果，可降低养分向环境排放的风险。新型缓释氮肥通过对传统肥料外层包膜处理来控制养分释放速度和释放量，使其与作物需求相一致，可显著提高肥料利用率。包膜材料阻隔膜内尿素与土壤脲酶的直接接触及阻碍膜内尿素溶出过程所必需的水分运移，减少了参与氨挥发的底物尿素态氮，还抑制了土壤脲酶活性，降低了氨挥发损失。

科学施肥方式：采取多种施肥方式（如叶面施肥、分次施肥、基肥与追施结合、化肥深施和定点施肥等）相结合；对较容易产生渗漏的土壤，尽量减少使用易产生径流、易挥发、环境风险大的肥料，不宜使用硝态氮肥，适宜使用铵态氮肥；不宜选择雨前表施化肥；为减少氨挥发损失，不宜在中午施氮肥；采用分次施肥，忌一次大量施肥；尽量在春季施用化肥，夏秋季（雨季）追加少量化肥，以减少化肥随径流的流失；氮肥应重点施在作物生长吸收的高峰期，夏季施用尿素时，如有条件可加施脲酶抑制剂，以减缓尿素的水解，减少氨挥发；若施用铵态氮肥，应以少量分次施用为原则，如有条件可加施硝化抑制剂，抑制铵态氮转化为硝态氮；应在一个轮作周期统筹施肥，把磷肥重点施在对磷敏感的作物上，其他作物利用其后效，如在水旱轮作中把磷肥重点施在旱作上。

种植制度优化：种植制度不同，化肥的投入量及水分管理方式也会不同，从而造成污染产生的情况也不尽相同。根据《水土保持综合治理技术规范　坡耕地治理技术》（GB/T 16453.1—2008），采用间作、套种、轮作、休闲地上种绿肥等技术可提高植被覆盖度、土壤抗蚀性能，降低污染发生风险。间作即两种不同作物同时播种，间作的两种作物应具备生态群落相互协调、生长环境互补的特点，主要有高秆作物与低秆作物、深根作物与浅根作物、早熟作物与晚熟作物、密生作物与疏生作物、喜光作物与喜阴作物、禾本科作物与豆科作物等不同作物的合理配置。根据作物的生理特性可分别采取行间间作和株间间作。套种即在同一地块内，前季作物生长的后期，在其行间或株间播种或移栽后季作物，两种作物收获的时间不同，其作物配置的协调互补与间作相同。稻麦轮作制中引入豆科绿肥，既可降低旱季的施氮量，又可补充稻季的氮素。

土壤耕作优化：针对旱地尤其是坡耕地，应采用保护性耕作的土壤养分流失控制技术，如免耕技术、等高耕作技术、沟垄耕作技术等，减少地表产流次数和径流量，降低氮、磷养分流失。

节水灌溉技术：节水灌溉是解决农作物缺水用水、缓解旱情和防止污染物迁移的有效措施，常见的节水灌溉技术包括喷灌技术、微灌技术和低压管道灌溉技术。根据《节水灌溉工程技术规范》（GB/T 50363—2006），灌溉水源应优化配置、合理利用、节约保护水资源，发挥灌溉水资源的最大效益；节水灌溉应充分利用当地降水；用工业或生活污废水作为灌溉水源时，必须经过净化处理，达到《农田灌溉水质标准》（GB 5084—2005）的要求。

②过程阻断技术

种植业的污染物质大部分随降雨径流进入水体，在其进入水体前，通过建立生态拦截系统有效阻断径流水中的氮、磷等污染物进入水环境，是控制种植业污染的重要技术手段。目前种植业污染过程阻断常用的技术有两大类：一类是农田内部的拦截，如稻田生态田埂技术、生态拦截缓冲带技术、生物篱技术、设施菜地增设填闲作物种植技术、果园生草技术（果树下种植三叶草等以减少地表径流量）；另一类是污染物离开农田后的拦截阻断技术，包括生态拦截沟渠技术、生态护岸边坡技术等。过程阻断技术多通过对现有沟渠的生态改造和功能强化，或额外建设生态工程，利用物理、化学和生物的联合作用对污染物（主要是氮、磷）进行强化净化和深度处理，不仅能有效拦截、净化农田氮、磷污染物，而且通过滞留土壤氮、磷于田内和（或）沟渠中，可以实现污染物中氮、磷的减量化排放或最大化去除以及氮、磷的资源化利用。

生态田埂技术：农田地表径流是氮、磷养分损失的重要途径之一，也是残留农药等向水体迁移的重要途径。现有农田的田埂一般只有 20 cm 左右，遇到较大的降雨时很容易产生地表径流。将现有田埂加高可有效防止降雨时产生地表径流，或在稻田施肥初期减少灌水以降低表层水深度，从而可减少大部分的农田地表径流。在田埂两侧可栽种植物，形成隔离带，在发生地表径流时可有效阻截氮、磷养分损失和控制残留农药向水体的迁移。

生物篱技术：指在坡地的坡面上沿等高线或果园梯地的坡边（中上部）按一定间距种植耐旱、耐瘠、矮秆、根系较发达的多年生植物，使之形成梯状的拦护带，利用其根基固土保水。通过种植生物篱和生物覆盖等相关技术的配套应用，能有效减少水土流失并减少土壤水分蒸发，是目前提高坡地果园天然降水利用效率的一种农艺节水新技术。生物篱品种最好选用有一定经济收入的植物品种，如桑树、黄花菜、茶树、蓑草等。这些植物品种既有经济利用价值，可增加农民收入，又能利用其发达的根系固土护坡，防治水土流失。种植规格可根据生物篱品种特性，每行种 1～3 株，株距 20～25 cm。

生态护岸边坡技术：生态护岸边坡是污染物离开农田后进入河道的最后一道防线。该技术是利用植物或植物与土木工程相结合，对河道坡面进行防护，既能防止河岸塌方，还能使河水与土壤之间相互渗透，增强河道自身净化能力。生态护岸上种植柳树、芦苇等水生植物，能从水中吸取无机盐营养物，其庞大的根系是广大微生物吸附的介质，有利于水质净化，可减少岸坡上的营养物质流入河流。

③末端强化技术

种植业的污染物离开农田、沟渠后的汇流被收集，再进行末端强化净化与资源化处理，如前置库技术、生态塘技术、人工湿地技术等。这类技术多通过对现有塘池的生态改造和功能强化，或者额外建设生态工程，利用物理、化学和生物的联合作用对污染物主要是氮、磷进行强化净化和深度处理，不仅能有效拦截、净化种植区污染物，还能滞留种植区氮、磷污染，回田再利用，实现种植区氮、磷污染物减量化排放或最大化去除。

前置库技术：前置库是利用水库的蓄水功能，将因表层土地中的污染物淋溶而产生的径流污水截留在水库中，经物理、生物作用强化净化后，排入所要保护的水体中。其功能主要包括蓄浑放清、净化水质。

生态塘技术：生态塘能充分利用荒废的河道、沼泽地、废弃的水库等地段建设，结构简单，处理能耗低，运行维护方便，成本低。前端带有厌氧塘，通过其底部的污泥发酵坑使沉积污泥发生酸化、水解，促使有机固体颗粒转化为液体或气体，减少污泥的排放。

人工湿地技术：人工湿地属于终端处理，收集前端处理的排水，对其进行深度处理，有利于将污染降到最低程度。人工湿地由于建造和运行费便宜，易于维护，技术含量低，可缓冲对水力和污染负荷的冲击，所以在农村的应用很多。

4．种植业污染控制与减排的政策建议

1）制定种植业污染减排激励及生态补偿政策

（1）明确责任主体权利与义务

涉农相关利益主体包括地方政府、非政府组织（企业、专业协会或合作组织、农业、环保协会）、农户，其相互关系应是政府引导，企业或专业合作组织牵头，农户参与，农业、环保协会组织监测和评估减排效果，政府依据标准提供减排补偿。

地方政府是项目设计者，农业、环保等部门应当共同承担整个项目运转的主要责任，协调组织负责农业专业合作社、农户资格审核、减排目标考核、补偿金发放等执行层面的问题，加强对农业专业合作社、农户的技术指导和经济激励等。

农民专业合作组织需要引导农民横向联合进行合作化，一方面，把农民有效组织起来，构建农合组织+农户的产业化经营模式，提高产业化经营水平；另一方面，引导农户积极选择优良品种，推广精准农业，根据不同条件采用不同措施开展农业种植，提高肥料利用率，减少污染物排放。

（2）实施限定性农业生产技术标准

地方政府委托当地农业类院校、科研机构、服务中心以及推广站等相关农业机构，制定农田管理制度，对农业生产过程中的行为等运用法律和规章制度进行规定和管理，强调农业面源污染控制的重要性，制定环境安全的限定性农业生产技术标准，规范允许种植的作物类型（轮作体系）、农田施肥数量、时间、种类和方法等。对执行农业生产技术标准的农户给予奖励，对不执行并造成污染物流失的农户予以惩罚。

（3）地方政府激励机制

健全政府环保绩效评价制度。把种植业污染物减排各项目标和任务分解到县政府和各有关部门，将污染减排任务是否完成、环境保护与经济是否协调发展、影响群众环境权益的突出环境问题是否得到解决作为主要内容，纳入县政府绩效考评体系和部门（单位）绩效考评指标体系之中，对未完成的实行"一票否决"。

完善责任考核与奖惩机制。建立健全体现环境保护与科学发展要求的党政领导班子和领导干部考核评价制度，组织部门把环境指标纳入领导班子和领导干部考核体系，实行年度考核和任期考核，并在一定范围内予以通报，作为干部选拔任用和奖惩的重要依据之一。实行严格的环境保护问责制和奖惩制。

（4）推广农民专业合作组织、农户种植污染减排激励机制

地方政府应实行"以奖促治、以奖代补"的财政政策，将污染减排专项资金纳入同级财政预算并逐年增加。采取财政补助、"以奖代补"等方式，建立污染减排政府激励机制。由地方财政局、环保局会同县直相关部门制定污染减排资金使用管理办法。进一步落实工程减排、结构减排、管理减排政策措施，建立政府引导、农民专业合作组织为主、农户参与的污染减排投入机制。

政府通过基层农业技术推广补贴，制定农民专业合作组织、农户的职责和考核办法，对农民专业合作组织、农户实行动态管理。对考核优秀的予以奖励，对工作配合不力、带动效果不好的农民专业合作组织、农户应以惩治，增强示范农民专业合作组织、农户的荣誉感，调动广大农民群众依靠科技发展生产、增收致富的积极性。

（5）建立广泛的种植业污染减排生态补偿政策

建立生态补偿政策，实施生态效益补偿。按照"谁污染、谁治理，谁受益、谁支付"等原则，明确规定农地生态环境破坏补偿标准并制定相关管理办法，在加大污染治理力度的同时，各级政府专门设立种植业污染物减排专项资金，用于生态效益补偿，以鼓励农民主动采用限定性农业生产技术。

作为补偿的主体提供生态补偿资金和利息补贴，地方政府是项目设计者，农业、环保等部门应当共同承担整个项目运转的主要责任，协调组织负责农户资格审核、减排目标考核、补偿金发放等执行层面的问题，加强对农户的技术指导和经济激励等工作。当政府部门通过农户的审核后，农村金融机构是贷款发放执行者，即可向农户发放贷款。农户是生态补偿项目的参与者。

地方政府除向农户支付一定的直接费用以外，还可以同时向农户提供小额贷款，为农户获得更高经济效益的项目提供资金支持，既缓解了农户融资难的问题，又用较小的直接经济补偿获得了同样的减排目标，不超出政府的承担意愿，达到政府农户"双赢"的局面。就政府而言，只需较少的直接经济补偿，同时承担少量的贷款利息补贴，就能获得需要的生态服务。

考察期为3年。在考察期初，农户参与种植业污染物减排项目可获得一笔贷款用于进行投资。在考察期内，农户同意改变原有种植模式与施肥方式，但未达到购买者要求的土壤养分残留标准，因此必须在每期内投入一定的污染物减排成本，同时放弃土地原有的收益。在考察期末，地方政府对农户进行减排目标考核，对达到目标的农户发放直

接的经济补贴，同时农户归还贷款及利息，地方政府对农户的利息给予一定补贴，减轻农户负担。

2）建立鼓励农业面源污染减排合作协会模式

传统的小农经济使农民收入提高缓慢，农村专业合作社的成立能够最大限度地整合有限资源，提高资源的利用效率，同时有利于增强农村经济抗击风险的能力，有助于快速、稳定地提高农民收入，是加快社会主义新农村建设和推进城乡一体化进程的重要手段，也是推进种植业污染减排工作的最佳切入点。

农村专业合作社是新形势下农村土地经营制度的又一重大创新，但是在区域经济发展不平衡、配套制度不完善等因素的制约下，还存在一定的局限性。政府在农村专业合作社的发展过程中发挥着重要的作用，应在政策、资金方面对合作社的发展予以支持，以促进合作社的发展；同时，政府也应加强对合作社的监督，保证合作社的运作能够真正达到提高农民收入的目的。

鼓励建立农业面源污染减排合作协会模式——"政府-农业合作协会互惠模式"，即当地政府为农业合作协会提供政策、资金方面的支持，农业合作协会按照当地农业源污染减排技术标准进行生产，达到污染减排目标，将生态效益回馈给当地政府。

在合作社成立初期，政府提供资金支持时应与合作社签订面源污染减排协议，要求合作社按照当地限定性农业生产技术标准进行生产，在农作物收获后，若土壤养分残留在限定范围内，未对附近水源造成污染，则可以继续对合作社提供资金、信贷支持，并给予一定的资金或政策奖励。如合作社未按签订协议达到要求，则应归还 50%以上的政府资金，并且政府不再给予资金、信贷支持。

3.1.3　水产养殖业污染物减排

1. 水产养殖业污染防治现状与管理政策

近年来，我国水产养殖业发展迅速，养殖产业规模不断扩大，产量日益增长，水产养殖朝着高密度、集约化、规模化和名优化的方向发展，形成了高生物负载量和高投入量的养殖模式。然而在水产养殖业发展的同时，也带来了新的问题——水环境污染。在高投入、高产出的模式下，养殖密度超过了水体容量，大量的残剩饵料、肥料和生物代谢产物累积，使水体自净能力下降，水体富营养化显著，既带来了养殖污染，又通过排放大量的养殖废水污染了环境，还加剧了对水域生态环境的破坏，因此如何处理好水产养殖带来的水环境污染问题至关重要。水产养殖生产对环境的影响主要是指因养殖生产导致的环境变化对养殖生产本身的副作用及对其他养殖品种或自然资源的影响，其造成的环境污染虽不能和工业"三废"相提并论，但却可能给养殖业本身造成较大的经济损失，对其可持续发展也将埋下不可预估的隐患。

1）我国水产养殖的水环境概况

对于水产养殖而言，使用的环境资源就是水资源，养殖水域的水质直接关系到水产养殖业的产量、质量、经济效益和生态环境效益。水产养殖对水环境的影响主要是会导致水体各种理化因子的改变和底泥环境的变化，原因在于残饵和某些化学药物的累积；放养密度不合理，排泄物超过环境的承受力；养殖废水未经净化直接外排，使水体中的氮、磷等元素增加，导致或加重水体富营养化等。

目前，随着水产品市场需求的扩大，我国水产养殖业已趋于向高密度、高产出等养殖模式发展，不仅造成了自身的环境污染，而且使含有残饵、残骸、排泄物、化学药剂的废水大量排入水体从而造成污染。同时，由于养殖布局和养殖模式等缺乏养殖生态学理论及相关的生态调控等技术的指导，因而严重破坏了水域生态平衡。虽然与人类其他活动向水体的排污量相比，水产养殖的排污量所占比重还不算大，但由于水产养殖区大部分水体交换条件差，易产生累积污染，因而我国水产养殖的水环境治理问题亟待解决。

随着我国水产养殖业的迅猛发展，水产养殖依赖的载体——水资源的环境状况已经成为国家和业界十分关注的问题。从国家相关资源环境测评部门了解得知，我国目前的水环境污染和生态破坏十分严重，并呈发展趋势。总体上看，我国水生态系统与渔业资源破坏严重。

目前，我国水环境污染严重，72%的河段受到污染，其中以有机污染最为严重。在全国 532 条河流中，有 438 条受到污染，占比 82.3%，其中局部水域污染十分严重。水生态系统与渔业资源的严重破坏，导致鱼虾死亡率增加，或种类与种群数量下降。生态恶化、渔业资源衰退加剧的原因主要是不合理的填河围湖、拦河筑坝、围海造田、以牺牲环境为代价的盲目养殖、传统养殖。而近 20 年来中国大量的池塘集约化养殖过程中，投入了上千万吨的饵料、肥料和大量药物，每年排放近 3 亿 m^3 养殖废水，加剧了江河湖库的富营养化和污染程度。

2013 年，全国渔业生态环境监测网对渤海、黄海、东海、南海、黑龙江流域、黄河流域、长江流域和珠江流域及其他重点区域的 166 个重要渔业水域的水质、沉积物、生物等 18 项指标进行了监测，总面积 1 592 万 hm^2。结果表明：中国渔业水域生态环境状况总体保持稳定，局部渔业水域污染仍较重。江河这类重要渔业水域主要污染指标为总氮

（TN）、总磷（TP）、非离子氨、高锰酸盐指数和铜（Cu）。TN、TP 污染以黄河、长江及黑龙江流域部分渔业水域相对较重，非离子氨污染以黄河、黑龙江流域部分渔业水域相对较重，高锰酸盐指数污染以黑龙江和黄河流域部分渔业水域相对较重，铜污染以黄河渔业水域相对较重。湖泊、水库这类重要渔业水域 TN、TP 和高锰酸盐指数的超标都比较严重。

全国七大水系中，50%的河段不符合渔业水质标准。相关资料显示，珠江、长江、黄河、松花江干流基本良好，城镇河段污染严重；淮河、海河、松花江与辽河水系污染严重。七大水系淡水鱼类捕捞量占全国捕捞量的 90%，超渔业水质指标水域占 26%（5 000 km）。城市地面水域中有机物污染严重，内陆河水质尚可。有渔业价值的中小河流 50%（2 800 km）的河段不符合渔业水质标准，且鱼虾类基本绝迹，很多名贵鱼类已呈现濒危状态。

2）我国水产养殖的水环境污染状况调研

通过实地走访江苏（南京江宁溧水高淳、无锡、常州、盐城、兴化等）、贵州（遵义、黔东南）、黑龙江（延寿）、辽宁（本溪、抚顺）、浙江（淳安、建德、湖州等）、江西（赣州多地）、广东（惠州）、安徽（黄山、六安、铜陵）、湖北（十堰、丹江口）、上海等地的近 40 多个淡水养殖场，调研发现：养殖池塘和养殖场以混养和精养的模式为主，养殖种类较多，主要为国内较为普遍的各种水产养殖品种，包括鲫鱼、花鲢、白鲢、草鱼、鲤鱼、青鱼、虾蟹等。根据各地的气候和地理位置，养殖周期从三个月到一年不等。在渔药方面，根据统计，主要有二氧化氯、聚维酮碘、敌百虫、阿维菌素、恩诺沙星、强效底改、净水剂、硫酸铜、氯苯胍、氟苯尼考等。池塘养殖中，COD、TN 和 TP 均出现了一定程度的超标（地表水水质Ⅲ类标准），另外南美白对虾、鲤鱼、黑鱼和鲈鱼在养殖过程中出现了铜（Cu）、锌（Zn）等重金属的富集（图 3-2）。淡水工厂化养殖中，甲鱼的 COD 超标（地表水水质Ⅲ类标准）严重，对周围的水体影响较大，需进行一定的处理后才能排放（图 3-3）。淡水围栏养殖主要的污染因子是 TN。

图 3-2　尾水处理设施

图 3-3　温室甲鱼养殖与尾水集中处理设施

3）我国水产养殖的水环境管理体系

（1）我国水产养殖管理机构设置

我国淡水水产养殖最高的管理机构为农业农村部渔业渔政管理局，下辖北京、福建、广东、江苏、青岛、山东、宁波、厦门、江西、浙江、吉林、辽宁、西藏、内蒙古、河北、湖北、安徽、河南和四川等地方厅局，其他省份的水产养殖管理机构主要是省农业厅或省农委下辖的渔业局等相关单位。2018 年以前，我国海洋水产养殖的最高管理机构为国土资源部国家海洋局，下辖辽宁、大连、河北、天津、山东、青岛、江苏、上海、浙江、宁波、福建、厦门、广东、深圳、广西和海南等沿海地方厅局。福建、广东、江苏、山东、辽宁、浙江和海南 7 个省设立了省海洋与渔业厅（局），为省政府直属机构，其余省市渔业（水产）局、处一般隶属省市农委（农业厅、农牧厅）。2018 年国务院大部制改革后，原国土资源部国家海洋局裁撤，我国水产养殖最高管理机构为农业农村部渔业渔政管理局，各省市为农业农村厅水产（渔业）处等相应机构管理。

（2）我国水产养殖管理法律体系

从 1986 年《中华人民共和国渔业法》颁布实施以来，我国渔业法律体系结构从法律、行政法规规章、地方性法规规章、政策、法律解释、涉外法等多个层面逐步建立起来。目前，我国在淡水养殖业方面的法律法规主要有《中华人民共和国渔业法》《水产养殖质量安全管理规定》《完善水域滩涂养殖证制度试行方案》《水产苗种管理办法》《水产原、良种审定办法》《兽药管理条例》《饲料和饲料添加剂管理条例》《渔业水域污染事故调查处理程序规定》《水生野生动物保护实施条例》《水产苗种管理办法》《中华人民共和国环境影响评价法》《中华人民共和国环境保护法》《中华人民共和国水污染防治法》及其实施细则等。

《中华人民共和国水污染防治法》中第九条规定，县级以上人民政府环境保护主管部门对水污染防治实施统一监督管理；县级以上人民政府水行政、国土资源、卫生、建设、农业、渔业等部门以及重要江河、湖泊的流域水资源保护机构，在各自的职责范围内，对有关水污染防治实施监督管理。

（3）我国水产养殖水环境排放标准与环境政策

在现行淡水养殖业水体污染物排放标准体系中，《淡水池塘养殖水排放要求》（SC/T 9101—2007）、《海水养殖水排放要求》（SC/T 9103—2007）相对完整，地方仅江苏省修订了《太湖流域池塘养殖水排放标准》（DB32/T 1705—2018）并发布实施。

在环境政策方面，《国务院关于加强环境保护重点工作的意见》（国发〔2011〕35号）中明确要求，加快推进农村环境保护，切实减少面源污染，防止污染向农村转移。《国家环境保护"十二五"规划》（国发〔2011〕42号）中明确提出，要开展水产养殖污染调查，减少太湖、巢湖、洪泽湖等湖泊的水产养殖面积和投饵数量。国务院印发的《水污染防治行动计划》（国发〔2015〕17号）中明确指出，推进生态健康养殖，在重点河湖及近岸海域划定限制养殖区，积极推广人工配合饲料，逐步减少冰鲜杂鱼饲料使用；加强养殖投入品管理，依法规范、限制使用抗生素等化学药品，实施环境激素类化学品淘汰、限制、替代等措施。农业部《关于打好农业面源污染防治攻坚战的实施意见》（农科教发〔2015〕1号）中明确提出，实施水产养殖污染减排，大力发展现代生态循环农业。农业部《关于加快推进渔业转方式调结构的指导意见》（农渔发〔2016〕1号）中明确提出，"十三五"期间持续推进"两减两提三转"，减少养殖排放、减轻捕捞强度；提高渔民收入、提升质量安全水平；由注重产量增长转到更加注重质量效益，由注重资源利用转到更加注重生态环境保护，由注重物质投入转到更加注重科技进步。

2. 水产养殖业污染防治存在的主要问题

1）法律法规和环境管理、监督机制不健全

在法律法规方面，从1986年《中华人民共和国渔业法》颁布实施以来，我国渔业法律体系结构从法律、行政法规规章、地方性法规规章、政策、法律解释、涉外法等多个层面逐步建立起来。但是我国现行的渔业法律体系中，与水产养殖业水环境管理相关的法律法规主要为中央级别的，如《渔业法》《环境保护法》《水污染防治法》《海洋环境保护法》《水产资源繁殖保护条例》《渔业船舶登记章程》《水产苗种管理办法》《兽药管理条例》《水产原、良种审定办法》《水产苗种管理办法》《水产养殖质量安全管理规定》《远洋渔业管理规定》《渔业水质标准》（GB 11607—89）等。这些法律中多是关于渔业的一般性规定，单行法规尚不完善，因而造成了相关法律的实际操作性差。在现行水产养殖水体污染物排放标准体系中，《淡水池塘养殖水排放要求》（SC/T 9101—2007）、《海水养殖水排放要求》（SC/T 9103—2007）相对完整，但由于我国养殖区域分布广、管理上难度极大，因此实际上执行效果不佳。而地方标准明显滞后，亟须健全和完善。2006 年，浙江省出台了地方标准《水产养殖废水排放要求》（DB 33/453—2006），但没有得到强制性执行，且于 2007 年废止。2018 年，江苏省修订了《太湖流域池塘养殖水排放标准》（DB32/T 1705—2018）并发布实施。

在行政管理机构设置与管理方面，我国水环境行政管理实施的是统一监督管理和部门分工监督管理相结合的体制。原环境保护部对全国环境保护工作实施统一监督管理，县级以上地方政府环境保护行政主管部门对其辖区的环境保护工作实施统一监督管理。原农业部渔政渔港监督部门、国家海洋行政主管部门等部门则根据各自职责和分工对管辖范围内的环境要素进行监督管理。具体到水产养殖业水环境的行政管理，主要是由各级环保部门、水利部门、农业部门和流域管理机构共同管理的，呈现出责权交叉、分工不明确的"多龙治水"局面。而实际上，对于短期内没有引起明显环境问题和民众纠纷的渔业水环境问题，地方环保部门很少介入，水产养殖环境管理整体上尚未得到足够的重视。国务院大部制改革后，原农业部的监督指导农业面源污染治理职责和原国家海洋局的海洋环境保护职责均划归到新组建的生态环境部，将有助于解决我国水产养殖污染防治行政管理层面上职责交叉重复、"多龙治水"、多头治理、出了事情责任不清的问题。

2）水产养殖集约化程度较高，科学化养殖水平较低

我国的淡水养殖普遍追求高投入、高产出，采取盲目提高单产的养殖方式，因而造成养殖密度高、污染排放重、质量风险大等突出问题。当前，我国淡水养殖以池塘养殖为主要生产方式，池塘养殖产量占全国淡水养殖总产量的 70%以上。但淡水养殖普遍存在设施化程度不高、养殖水体资源的综合利用不够、水体和底泥产生的富营养化易对养殖及外界环境造成污染等问题。

现代化水产养殖特别是高密度水产养殖中，为了预防和控制病虫害、清除敌害生物等，大量使用抗生素等多种化学性药品，使养殖环境中产生了大量的药物残留，并存在水产品药物残留超标现象，严重影响了生态环境。

工厂化养殖等集约化与设施化程度较高的模式因其投资、生产成本、运行管理等因素，现阶段还处于相对弱小的地位，大规模推广仍需时日。在实地走访的江苏、湖北、

浙江、安徽、江西、湖南等地的水产养殖场中，普遍缺乏净化设施和净化区，水资源循环利用较少，部分省市如浙江、江苏等地虽在推进养殖场净化设施建设，但进度缓慢。

由于集约化水产养殖采取高密度的放养模式，大量投喂外源性饲料（人工配合饲料或天然饵料），这些饲料只有 25%～35%用于增加鱼类体重，65%～75%留存于养殖水域环境中。残饵、残骸、排泄物和施用的肥料、药物会在水体中分解产生氨氮并消耗溶解氧，从而造成水中溶解氧降低、氨氮升高，使水质恶化，危害水生态环境。同时，由于水质恶化会使水中滋生大量的致病微生物，因而养殖动物极易发生各种病害。

在养殖技术上还没有全面推广健康养殖模式，未能有效运用微生物技术控制池塘生态系统，使池塘少排水或不排水。养殖户不能因地制宜，而是片面追求新品种养殖，从而失去生态效益和社会效益。

3）多数养殖场主生态环境保护意识淡薄

为了保证水产品质量和保护水环境，中央和地方政府都针对水产养殖户的水产过程出台了相关管理规范。北京、上海等地先后颁发实施了标准化水产养殖场管理规范，对标准化水产养殖场的水源水、池塘水、养殖排放水、生活污水等做了明确规定。养殖标准化和工厂化为养殖户提高了管理效率，不仅改善了养殖设施设备，提高了生产能力和水产效率，而且改善了养殖水体的生态环境，增加了水质调控能力，促进了水产养殖与生态环境的可持续发展。但是目前我国水产养殖以散户为主，大多数散户养殖场主的生态环境保护意识淡薄，在水产养殖过程中对生产行为的水环境后果不重视，不经无害化处理直接排放养殖废水、滥用渔药等现象还是非常普遍的。此外，消费者和质量安全监督员主要是从水产品质量的角度理解和对待水产养殖水环境的，周边居民碍于与养殖户相熟而对环境后果选择隐忍姑息，因而一般都是到了废水、有毒物质排放长期积累，环境后果比较严重的阶段，才会对水产养殖废水排放问题行使监督权利并维权。

3. 水产养殖业污染减排分区分级方案

近年来，我国水产养殖业迅速发展，养殖产品大量供应，不仅为消费者提供了优质蛋白，而且为养殖者提供了增收渠道。2015 年，我国淡水水产品养殖产量为 3 062.27 万 t。为了提高养殖产量、增加经济效益，养殖者不断加大放养密度，饲料、肥料和渔药在养殖过程中被大量投入，含有残饵、排泄物等污染物的养殖尾水随意排放。近 20 年来，我国池塘集约化养殖投入了上千万吨的饲料、肥料和药物，导致每年近 3 亿 m^3 的养殖废水排放，加剧了江河湖库的富营养化和污染程度。氮、磷是水产养殖区水体污染的主要污染物。资料表明,投喂饲料中 70% 的氮、磷养分通过各种形式进入水体。根据《第一次全国污染源普查公报》,水产养殖业每年 COD、TN 和 TP 的排放量为 55.80 万 t、8.20 万 t 和 1.56 万 t,分别占农业源污染物排放量的 4.20%、3.00% 和 5.50%。以江苏溧阳为例,渔业养殖是溧阳市主要的水污染源,其排放的 COD、TN 和 TP 分别占溧阳市排放总量的 26.01%、14.92% 和 40.83%,且每年的排放贡献率有增加的趋势。

水产养殖尾水中污染物的排放量受养殖模式、养殖种类、产量和密度的影响。中国淡水水产养殖模式主要有池塘养殖、网箱养殖、围网养殖和工厂化养殖。由于养殖模式、水产品种类和数量的差异,不同区域水产养殖业污染物排放强度有所不同。不同水产品种类的排污系数差异使其排污量也存在一定的波动。目前,我国缺乏淡水水产污染减排的分区分类指导政策框架。本书通过对水产养殖主要污染物排放强度空间的特征分析,划分出不同的污染排放等级区域,明确了水产养殖减排的区域性差异,确定出重点关注的减排区域和水产品种类,为中国水产养殖排污分区管理、制订污染减排分区分类方案提供了参考。

1) 全国淡水水产养殖概况

根据《中国渔业统计年鉴 2014》的统计数据,2013 年,全国淡水产品总产量为 3 033 万 t,淡水养殖总量为 2 802 万 t,占淡水产品总产量的 92.4%;淡水捕捞总量为 231 万 t,占淡水产品总产量的 7.6%。湖北、广东、江苏、江西、湖南、安徽、山东、广西、四川和浙江 10 个省(区)是我国淡水养殖的主要地区,淡水产品均产量超过百万吨,淡水养殖量和淡水产品产量均占全国总量的 78%(表 3-38)。

表 3-38 全国淡水产品产量前 10 名地区

地区	淡水养殖量/t	淡水捕捞量/t	淡水产品产量/t
湖北	3 890 697	213 035	4 103 732
广东	3 607 402	129 844	3 737 246
江苏	3 253 242	328 524	3 581 766
江西	2 165 840	260 620	2 426 460
湖南	2 235 989	104 606	2 340 595
安徽	1 830 292	325 049	2 155 341
山东	1 494 756	142 253	1 637 009
广西	1 351 744	131 851	1 483 595
四川	1 200 578	60 000	1 260 578
浙江	980 518	95 782	1 076 300
合计	22 011 058	1 791 564	23 802 622

按水域划分，全国淡水养殖主要分为池塘、湖泊、水库、河沟、稻田养成鱼等。2013年，全国淡水养殖总面积 6 006 130 hm²，其中池塘养殖面积 2 623 176 hm²（占淡水养殖面积的 43.7%），湖泊养殖面积 1 022 692 hm²，水库养殖面积 1 957 966 hm²；全国淡水养殖总量为 2 802 万 t，其中池塘养殖量为 1 989 万 t，占淡水养殖总量的 70.1%（表 3-39）。

表 3-39　全国淡水养殖水域面积和产量

养殖区域	水产养殖产量/t	水产养殖面积/hm²
池塘	19 887 462	2 623 176
湖泊	1 634 253	1 022 692
水库	3 536 581	1 957 966
河沟	856 309	275 809
其他	659 285	126 487
稻田养成鱼	1 450 459	1 520 685
合计	28 024 349	6 006 130（不含稻田养成鱼面积）

全国淡水养殖主要以鱼类为主，其他为虾、蟹、贝壳和鳖等（表 3-40）。淡水鱼的主要养殖品种为草鱼、鲢鱼、鲤鱼、鳙鱼、鲫鱼、罗非鱼、鳊鱼、青鱼、乌鳢、鲢鱼、黄鳝等，其中产量超过百万吨的有草鱼、鲢鱼、鲤鱼、鳙鱼、鲫鱼和罗非鱼（表 3-41）。

表 3-40　全国淡水养殖产量

类别	鱼类	甲壳类	贝类	藻类	其他
产量/t	24 817 311	2 429 437	255 756	8 189	513 656

表 3-41　全国淡水养殖主要鱼类产量

类别	草鱼	鲢鱼	鲤鱼	鳙鱼	鲫鱼	罗非鱼	鳊鱼	青鱼	乌鳢
产量/t	5 069 948	3 850 873	3 022 494	3 015 380	2 594 438	1 657 717	730 962	525 498	509 865

类别	鲇鱼	黄鳝	鲈鱼	泥鳅	黄颡鱼	鳜鱼	鮰鱼	鳗鲡	短盖巨脂鲤
产量/t	433 948	346 077	339 836	321 499	295 669	284 780	247 399	206 026	101 151

2）淡水水产养殖污染减排分区分级

从《中国渔业统计年鉴 2016》中可以收集到各地不同品种的水产品、不同养殖方式下的养殖产量及各地区淡水养殖面积，从《水产养殖业污染源产排污系数手册》中可以收集到各地不同养殖方式下不同品种水产品的 TN、TP 和 COD 排污系数，但无法收集到各地不同养殖方式下不同品种水产品的养殖产量，因此根据现有数据无法得到不同地区水产养殖业的排污强度。

通过分析发现,我国池塘养殖水产品产量为 2 195.69 万 t,占淡水养殖总产量的71.70%,其中各地区池塘养殖产量占该区淡水养殖量的 42%～100%。由于池塘的高密度集约化养殖,以及水体自身的稳定和自净能力相对较弱,池塘养殖的排污量较高,水体富营养化现象严重。研究结果表明,太湖流域境内池塘养殖氮、磷养分年均输入量分别为 337.00～800.37 kg/hm^2 和 43.14～106.95 kg/hm^2;长湖水产养殖所产生的污染负荷中 65.58%的 COD、68.98%的 TN 和 84.18%的 TP 来自周边的池塘养殖,投肥投饵对水体氮、磷污染负荷的增加有很大影响。因此,可将池塘养殖作为中国淡水水产养殖的重点关注模式。假设各地区不同品种水产品的养殖产量为池塘养殖方式下的产量,其与 TN、TP 和 COD 排污系数的乘积即为不同品种水产品的排污量,乘积之和即为该地区水产养殖业排污总量(表 3-42)。

表 3-42 各地水产品养殖产量、面积、密度和排污总量

地区	产量/t	面积/hm^2	密度/(t/hm^2)	排污总量/t
湖北	4 367 861	688 667	6.34	132 026
广东	3 865 638	370 817	10.42	160 064
江苏	3 403 218	571 608	5.95	131 239
湖南	3 484 837	467 749	7.45	103 486
江西	2 378 446	437 528	5.44	105 537
安徽	1 987 873	580 197	3.43	73 020
山东	1 463 072	282 953	5.17	59 142
广西	1 523 681	184 135	8.27	40 371
四川	1 327 202	211 476	6.28	37 610
浙江	1 019 515	213 065	4.78	50 075
辽宁	936 990	219 085	4.28	23 667
河南	972 600	276 575	3.52	21 992
福建	888 147	101 872	8.72	57 612
河北	433 425	76 421	5.67	22 314
云南	638 960	142 226	4.49	15 172
海南	405 869	37 590	10.80	25 988
黑龙江	485 199	388 783	1.25	8 889
重庆	460 505	96 675	4.76	11 470
天津	313 012	36 685	8.53	12 870
吉林	175 546	316 855	0.55	2 755
上海	151 289	19 392	7.80	6 498
贵州	235 860	59 893	3.94	3 463
宁夏	169 335	46 809	3.62	8 626
陕西	147 960	50 633	2.92	3 953
新疆	140 567	72 690	1.93	5 345

地区	产量/t	面积/hm²	密度/（t/hm²）	排污总量/t
内蒙古	124 161	119 575	1.04	3 511
北京	45 043	3 633	12.40	2 555
山西	51 353	15 715	3.27	502
甘肃	14 932	15 477	0.96	523

进一步相关分析的结果显示，水产品排污总量与养殖产量、面积和密度呈显著正相关关系（表 3-43）。

表 3-43　相关性分析结果

	产量/t	面积/hm²	密度/（t/hm²）	排污总量/t
产量	1.00			
面积	0.85**	1.00		
密度	0.32	−0.05	1.00	
排污总量	0.97**	0.79**	0.38*	1.00

注：**相关性达到极显著水平（$P < 0.01$）。

由于各地区水产品的养殖产量数据是明确的，而排污总量是通过假设得出的，因此本书选择养殖产量和排污总量作为排污分区的指标，分析依据这两个指标分区的差异。

根据水产养殖业排污强度的区域性差异，在排污分区内部进一步明确不同亚区的控制级别，选择重点关注的水产品种类，突出污染减排分区分级的层次性和可控性，以提高污染减排分区管理政策的成效。由于不同种类水产品的排污量和产量与 TN、TP 和 COD 排污系数密切相关，因此可以结合各地区水产品养殖产量和排污系数选择重点关注的水产品种类。

（1）排污强度区域划分

以水产品养殖产量为依据分区（表 3-38）：湖北、广东、江苏、湖南、江西、安徽、山东、广西、四川、浙江 10 省（区）为高强度排放区域；辽宁、河南、福建、河北、云南、海南、黑龙江、重庆和天津 9 省（市）为中强度排放区域；吉林、上海、贵州等 11 省（区、市）为低强度排放区域。据统计，高强度排放区的水产品总产量占全国水产品总量的 79%，中强度排放区水产品产量占总产量的 18%。

以水产品排污量为依据分区（表 3-42）：湖北、广东、江苏、湖南、江西、安徽、山东、广西、四川、浙江、福建 11 省（区）为高强度排放区域；辽宁、河南、河北、云南、海南、重庆和天津 7 省（市）为中强度排放区域；吉林、上海、贵州、黑龙江等 12 省（区、市）为低强度排放区域。据统计，高强度排放区的水产品排污量占全国水产品排污总量的 84%，中强度排放区水产品排污量占排污总量的 12%。

据分析可知，依据两种方法所得到的高、中、低强度排放区略有差异，福建水产品养殖产量未超过全国养殖量的平均值，但其排污量（57 612 t）明显高于全国水产品排污总量的平均值（37 600 t），因此将福建纳入高强度排放区域。黑龙江的养殖产量（437 055 t）显著高于二次平均值（300 661 t），而其排污量（8 889 t）略低于二次平均值（9 480 t），因此应将黑龙江纳入中强度排放区域。

综上所述，高强度排放区域包括长江中下游地区的四川、湖北、湖南、江苏、江西、安徽，珠三角地区的广东和广西，以及沿海地区的山东、浙江、福建 11 省（区）；中强度排放区域包括辽宁、河南、河北、云南、海南、黑龙江、重庆和天津 8 省（市）；低强度排放区域包括吉林、上海、贵州等 10 省（区、市）。

（2）不同排污区域重点关注的淡水水产品种类

通过分析发现，全国水产品养殖量较大的种类有草鱼、鲢鱼、鳙鱼、鲤鱼、鲫鱼、罗非鱼和河蟹，其养殖量均超过全国各种类水产品养殖量的平均值，养殖量之和占全国总养殖量的 74.86%。排污系数较高的前 5 种水产品为鳗鲡、黄鳝、加州鲈、乌鳢、鳜鱼，有超过 55%的省份 TN、TP 和 COD 排污系数之和大于 100 g/kg，从图 3-4 可以看出，其主要分布在长江流域、浙江等高强度排污区域，广东鲈鱼、乌鳢和鳜鱼的养殖量显著高于其他省份，而排污系数仅为平均值的 9.65%～13.22%。

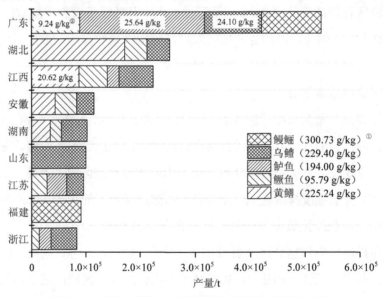

图 3-4　高排污系数水产品种类的主要养殖地区和产量

注：①为主养区该种水产品 TN、TP 和 COD 排污系数之和的平均值；

　　②为低于平均值的排污系数。

①高强度排污区域

在高强度排污区域，长江流域是我国淡水水产养殖的重要区域，重点关注的水产品不仅要养殖量高，而且排污系数也要相对较高。四川、湖南、湖北、江西、安徽和江苏等地水产品养殖量较大，大于 65%的水产品种类产量高于全国总产量的平均值，主要有草鱼、鲢鱼、鳙鱼、鲤鱼、鲫鱼、黄颡、黄鳝、鳜鱼、乌鳢等。由于水产品产量大、种类繁多，因此将各省养殖量高于全国总产量的平均值，且 TN、TP 和 COD 排污系数之和大于 50 g/kg 的水产品种类列为重点关注种类。从图 3-5 可以看出，泥鳅、鲇鱼、草鱼和黄颡鱼是长江流域各省普遍养殖的种类，养殖量大，分别占全国养殖总量的 73.23%、52.60%、34.16%和 68.36%，且排污系数较高（64.77～80.26 g/kg）。除此之外，安徽需关注黄鳝、鳜鱼和乌鳢；湖北需关注鮰鱼、黄鳝、鳜鱼、乌鳢、河蟹、河蚌；江苏需关注鳜鱼、乌鳢、鲈鱼、河蟹；湖南需关注黄鳝、鳜鱼、乌鳢；江西需关注鮰鱼、黄鳝、鳜鱼、乌鳢、鲈鱼。四川排污系数较高的水产品养殖量虽然低于全国总产量的平均值，但是在其集中养殖区域要采取减排措施降低周边水体污染风险，需重点关注的种类有泥鳅、黄颡鱼、鲇鱼、鮰鱼和长吻鮠，其中长吻鮠产量占全国总产量的 57%，TN、TP 和 COD 排污系数之和为 81.48 g/kg。江苏和江西两地螺的养殖量占全国总量的 48.68%，但其在养殖过程中基本不投饵料，还能将水体中的氮、磷养分转化，可以净化水体。

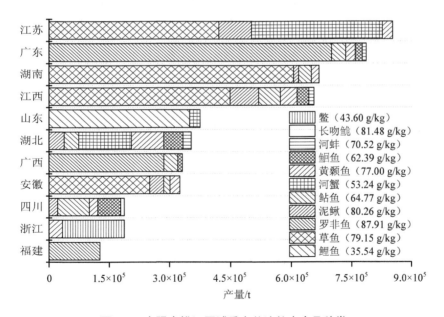

图 3-5　高强度排污区域重点关注的水产品种类

珠三角地区的广东、广西两省（区）的罗非鱼产量较高，分别占全国总产量的 42.24% 和 17.25%，排污系数分别为 99.03 g/kg 和 76.79 g/kg。另外，广西需要关注鲇鱼和鲻鱼。广东鳗鲡养殖量占全国总产量的 47.77%，且排污系数高达 300.73 g/kg，应高度关注其排污情况。另外，广东也是我国鲈鱼、鳜鱼的主要养殖省份，其养殖量分别占全国总产量的 68.22%和 33.05%，乌鳢养殖量占全国的 22.02%，三者的排污系数分别为 25.64 g/kg、9.24 g/kg 和 24.10 g/kg，显著低于主养区的平均值（图 3-4），这可能与饲料种类、投喂量、养殖技术等有关。鲈鱼以冰鲜杂鱼为食，若使用配合饲料替代冰鲜杂鱼，同时控制养殖密度、采用多元混合养殖模式可降低排污系数，改善水质。

沿海地区的浙江乌鳢、鲈鱼、黄颡鱼养殖量大、排污系数高（图 3-4、图 3-5）；鳖的养殖量位居全国第一，2014 年为 154 512 t，占 44.95%。浙江年产半数的甲鱼出自温室，养殖污水 COD 指数高达 1 000 mg/L，严重超出国家标准（30 mg/L），温室大棚焚烧木渣、建筑废料甚至垃圾废气排放的平均烟尘浓度超过 700 mg/m^3，环境问题已成产业顽疾。随着整治工作的推进，虽然 2015 年浙江甲鱼养殖量（133 281 t）较 2014 年下降了 13.74%，仍占全国甲鱼量的 39.02%，位居第一。由图 3-4、图 3-5 可见，山东乌鳢的排污系数为 266.83 g/kg，养殖量占全国的 27.09%，虽然鲤鱼排污系数为 35.54 g/kg，但是养殖量最高（357 065 t），占全国的 10.63%。福建鳗鲡排污系数为 285.88 g/kg，养殖量仅次于广东，占全国养殖总量的 39.34%；其次是罗非鱼，排污系数为 66.33 g/kg；蚬的养殖量占全国总量的44.55%，但由于其是滤食性动物，以浮游植物和有机悬浮颗粒物为食，可降低水体 TN、TP 的浓度，提高水体透明度，改善富营养水质环境，被称为"生态系统工程师"，因而 TN、TP 排污系数为负数。

②中强度排污区域

在中强度排污区域，鲤鱼、鲢鱼、草鱼、罗非鱼、鲫鱼的养殖量较高，分别为 112.32 万 t、65.66 万 t、52.66 万 t、50.00 万 t、42.17 万 t，其中鲤鱼和罗非鱼产量占全国养殖量的 37.16%和 30.16%；池沼公鱼和鳟鱼养殖量分别占全国总量的 50.26%和 43.80%，但从养殖量来看仍较低，仅为 0.90 万 t 和 1.27 万 t，且排污系数小于 10 g/kg。

从图 3-6 可见，东北地区的辽宁鲤鱼养殖量为 32.13 万 t，仅次于山东（35.71 万 t），黑龙江为 20.03 万 t，排污系数分别为 26.75 g/kg 和 22.63 g/kg；辽宁泥鳅、鲇鱼、河蟹和蛙的养殖量均高于全国均值，排污系数分别为 96.65 g/kg、80.60 g/kg、30.61 g/kg 和 30.02 g/kg。华北地区的河北应重点关注鲤鱼，排污系数为 119.69 g/kg；天津应重点关注鲤鱼和南美白对虾，排污系数分别为 86.35 g/kg 和 22.36 g/kg。华北地区鲤鱼的排污系数明显高于高强度排污区域，这可能与该区饲喂鲤鱼的饲料有关。鲤鱼是无胃鱼，很难利用不溶性磷，当饲料中有效磷含量大于0.7%时，可减少氮、磷的排泄量，促进鱼类生长，提高饲料利用率。河南鲤鱼、鳙鱼养殖量高于全国均值，且排污系数分别为 19.18 g/kg 和20.28 g/kg。海南罗非鱼养殖量（35.26 万 t）仅次于广东（74.19 万 t），云南位居第四（17.19 万 t），海南和云南罗非鱼的排污系数分别为 71.17 g/kg 和 52.61 g/kg。重庆鲢鱼、鲫鱼和草鱼养殖量较大，排污系数分别为 15.81 g/kg、15.70 g/kg 和 57.09 g/kg。

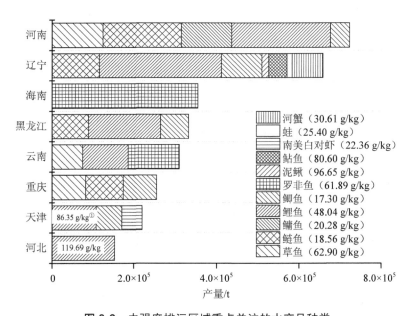

图 3-6　中强度排污区域重点关注的水产品种类

注：①为显著高于平均值的排污系数。

　　尽管中强度排污区域的黄鳝、鳜鱼、乌鳢、鲈鱼、鳗鲡等水产品种类的养殖量较低，仅占全国总养殖量的 0.64%～2.31%，但是黑龙江和辽宁的鳜鱼和乌鳢、海南的鳗鲡等水产品的排污系数均高于 100 g/kg（图 3-7），因此应将这些品种列为重点关注水产品。研究表明，乌鳢养殖水的 TN 含量可高达 36.53 mg/L，TP 为 1.34 mg/L，均未达到《淡水池塘养殖水排放要求》（SC/T 9101—2007）规定的二级排放标准，若排放必将污染周边水体。因此，在高排污水产品集中养殖区域应高度关注其排污情况，采取措施降低其污染风险。

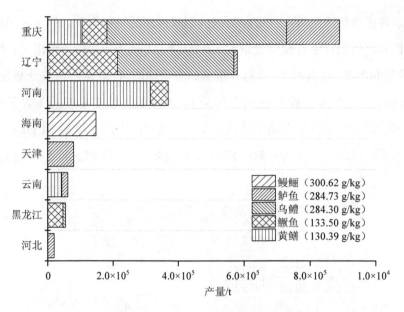

图 3-7　中强度排污区域重点关注的高排污水产品种类

③低强度排污区域

低强度排污区域主要分布在我国内陆水资源较为紧缺的省（区、市），如新疆、内蒙古、山西、陕西、甘肃、宁夏等，养殖种类少、养殖量低（1.29 万～16.92 万 t），主要水产品种类为鲤鱼、草鱼和鲢鱼（图 3-8），占各省总养殖量的 68.32%～83.31%。就排污系数而言，除山西外，其他省（区、市）鲤鱼的排污系数（62.90～111.80 g/kg）均大于 50 g/kg；草鱼的排污系数较低，为 9.19～12.08 g/kg；鲢鱼的排污系数为 7.49～33.90 g/kg。吉林的主要水产品种类为鲤鱼、鲢鱼和鳙鱼，占全省养殖量的 69.73%，排污系数分别为 16.41 g/kg、11.69 g/kg 和 17.32 g/kg。上海的主要水产品种类为鲫鱼、草鱼和南美白对虾，排污系数分别为 24.09 g/kg、94.01 g/kg 和 33.80 g/kg。贵州的主要水产品种类为鲤鱼、鳙鱼和草鱼，其中草鱼的排污系数为 50.68 g/kg，鳙鱼为 25.63 g/kg。北京的主要水产品种类为鲤鱼和草鱼，其中鲤鱼的排污系数高达 119.72 g/kg，草鱼为12.60 g/kg。

在低强度排污区域，尽管鲈鱼、青鱼、鳜鱼、乌鳢和鳗鲡的养殖量较低，但是新疆的鳜鱼和鲈鱼，内蒙古的乌鳢，陕西的青鱼，北京的青鱼和鳜鱼，上海的鳜鱼、鲈鱼和鳗鲡的排污系数均大于 100 g/kg，其中鳗鲡、鲈鱼和乌鳢的排污系数分别高达303.76 g/kg、239.19 g/kg 和 284.73 g/kg（图 3-9），应高度关注其养殖区的排污情况。

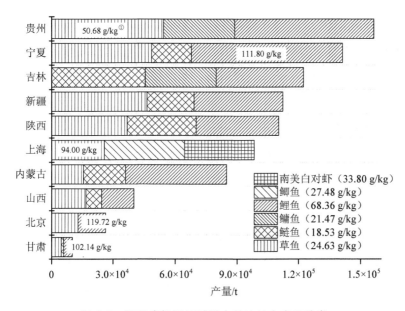

图 3-8 低强度排污区域重点关注的水产品种类

注：① 为显著高于平均值的排污系数。

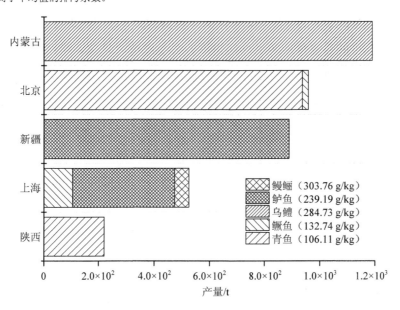

图 3-9 低强度排污区域重点关注的高排污水产品种类

综上可知，水域生态环境是中国淡水水产养殖业发展的基础，高密度集约化养殖模式导致尾水排污量增加、水体环境恶化。长江流域（四川、湖南、湖北、江西、安徽和江苏）、珠三角地区（广东、广西）和沿海地区（浙江、福建和山东）是中国淡水水产养殖排污强度较高的区域，不仅水产品养殖种类繁多，而且高排污水产品养殖量较大。

黄鳝、鳜鱼、乌鳢、鲈鱼、鳗鲡等是高排污系数的水产品，养殖生产等量的水产品所产生的污染物量及排放到湖泊、河流等外部水体环境中的污染物量明显高于其他水产品。长江流域黄鳝、鳜鱼、乌鳢和鲈鱼的养殖量占其全国总养殖量的55.79%；鳗鲡的主要养殖省份为广东和福建，此外，广东鳜鱼、鲈鱼和乌鳢的养殖量位居我国第一；沿海地区浙江乌鳢、鲈鱼的养殖量较高；山东乌鳢的养殖量仅次于广东。在中、低强度排污区，高排污水产品种类减少，养殖量较低，然而其污染水体的程度不容小觑。因此，高排污系数水产品养殖区的尾水排放情况要引起高度重视，应积极采取减排措施，避免周边水体污染。

除了关注高排污系数水产品种类，各地区不同种类水产品养殖量也存在一定的差异，通过进一步结合养殖量和排污系数可以明确不同地区重点关注的水产品种类。在高强度排污区域，长江流域还需重点关注的水产品种类为泥鳅、黄颡鱼、草鱼、鲇鱼、鲴鱼、河蟹等；珠江流域为鲇鱼、鲴鱼和罗非鱼等；沿海地区的浙江为黄颡鱼和鳖，山东为河蟹和鲤鱼，福建为罗非鱼。在中强度排污区域，还需重点关注鲤鱼、鲫鱼、鲢鱼和草鱼等，以及云南和海南的罗非鱼，天津的南美白对虾，辽宁的泥鳅、鲇鱼、河蟹和蛙，河南的鳙鱼等。在低强度排污区域，还需重点关注鲤鱼、草鱼、鲢鱼等。

高强度排污区域要重点管控，首先要降低重点关注水产品的养殖产量，其次要减少高密度、高投入、高污染养殖模式的规模，坚持生态优先、绿色发展的理念，发展健康养殖方式，实现种养结合的生态养殖模式，减少污染物的排放量，保护和修复生态环境。中、低强度排污区域要严格控制高排污系数水产品的养殖量，由于中、低强度排污区域主要为内陆省份，因此要积极发展节水养殖。另外，青海和西藏等地区主要为青藏高原区域，生态脆弱，重点是保护水生生物资源和水域生态环境，不具备开发水产养殖条件。对中国淡水水产养殖业进行排污分区分级研究，在不同强度排污区域实施有针对性的减排污/控污方案，有利于水产排污分区分级管理，为污染减排政策的制定提供参考。

4. 水产养殖业污染控制与减排的政策建议

1）加强水产养殖业管理的法律法规体系和管理机构建设

目前，我国的渔业法规是以渔业整体为出发点，把养殖业、捕捞业以及渔业资源的增殖和保护作为重点，进行了一般性的规定，而全国性的单项法规相对较少。同时，我国现行的法律体系主要为中央级别的法律法规，地方法律法规不完善，而美国、挪威等国家都已制定了水产养殖业管理的专门法律，且中央级别和地方级别的法律法规均较为完善。我国应该借鉴其经验，在现有《环境保护法》《渔业法》和《水污染防治法》的基础上完善我国水产养殖的法律法规体系，尤其是地方法律法规、地方标准和实施细则的制定和出台，制定符合我国水产养殖业现状的特定法律法规，解决养殖证制度、养殖环境保护、渔药与渔用饲料等问题。在我国现行渔业法律体系中，关于水产养殖水环境的专门法律法规还是空白，需积极推动《渔业法》等修订工作，抓紧梳理现行规章和规范性文件，及时解决法律法规规章不适应、不协调的问题。同时，还应加快水产健康养殖、药物安全使用、渔业水质标准等方面的标准和技术规范的制定和修订；开展养殖水质监测，推动制定养殖废水排放强制性标准，要求养殖场对废水排放进行控制，对未达标的排放者进行处罚；引入许可证制度，对养殖场规模、生产总量和养殖许可证发放数量加以限制。在派发许可证时，应对养殖场进行全面的评估，包括养殖是否会影响环境质量、养殖场的选址是否会干扰人们的其他社会经济生活等。

明确划分水产养殖业的环境管理机构，明确划分我国同级政府机构之间和上、下级政府之间的职责，以确保政府干预不缺位、不错位和不越位。由生态环境部成立专门负责管理养殖业水环境的主体机构，以防止地方保护主义，加大环保执法监管力度。水产养殖污染应由各级环保行政部门执行相应的政策，通过相应的技术支持实现污染物达标排放。针对水产养殖污染的特点制订相应的政策，科学制定减排发展规划，统筹各地水产养殖减排的相关政策，通过政策引导和专项支持促进生态循环养殖模式的发展，节水减排。充分发挥渔业协同组合管理机能，进行水产养殖业的自我管理。明确目标任务，加强督促检查，强化绩效考核。

加快推进水面经营权改革，完善水产养殖证制度，稳定水面承包经营关系，延长承包期，建立水产养殖许可证制度，促使经营者加强对环保设施的投入和管理。

强化政策和金融保险支持，强化渔民社会保障，推动渔民上岸，促进渔民脱贫。参照种植业和畜牧业发展的相关政策，加大财政资金投入，在池塘标准化改造、环保设施、装备设备、净化设施运行管理等方面给予资金和政策支持。

水生生态系统的保护是一项公益性事业，保护水生生态系统难免会影响到一些地区的发展。为了鼓励这一举措，适当弥补因生态保护造成的经济损失也是必要的。研究建立补偿政策，研究提出敏感水体区域内的网箱养殖等高污染水产养殖模式退出补偿政策，建立水产清洁养殖的补偿机制。可采取以下几种方法，如通过统筹规划水产养殖的生态容量和承载能力，形成合理的水资源使用机制；评估水产养殖生态环境的旅游功能和经济功能价值，将估算值作为生态补偿量；核算用于环境保护的各项投入及由于生产发展所造成的损失，以此作为生态补偿量，并通过排污费用和污水处理费用制度的完善，提高经济手段的约束作用等，制定一套合理有效的水产养殖生态环境补偿制度。通过政府政策的扶持和引导、法律法规规范，建立起一套可操作性强的高效奖惩机制，对水产养殖户的不正当养殖用水进行约束，淘汰落后的养殖模式，弃除污染严重的养殖方式。

加快实施"互联网+渔业"行动，推广应用"可视、可测、可控"的渔业物联网，建立水产养殖业信息系统的网络管理平台，满足不同类型池塘养殖模式在管理上的多样化、多层化需要，及时调控水环境，提升水环境管理水平，实现对池塘养殖水环境的动态管理与综合管理，提升管理的科学化、规范化、信息化水平。

2）合理规划，调优区域布局，建立养殖水域环境容量评估制度

根据水产养殖的区域性差异，并结合水污染防治重点流域、区域的布局特征，坚持水产养殖业发展规模与资源生态环境承载力相匹配的原则，合理规划，优化调整水产养殖业布局，因地制宜、分区施策，控制适度规模，提质增效，提高规模化、集约化水平，不断加强水生态环境保护与建设，提升与资源承载能力和环境容量的匹配度，推动构建水产养殖业可持续发展的长效机制。科学划定养殖区域，明确限养区和禁养区。严格控制限养区养殖规模，科学确定养殖容量和品种。将法律法规规定的禁止养殖以及水域环境受到污染不适宜养殖的区域划入禁养区，尽快撤出和转移禁养区内的养殖。如长江流域是我国淡水渔业主产区之一，要重点发展标准化健康养殖、综合种养，坚决压减高投入、高污染的水产养殖模式，该退出的退出，该减少的减少，减少养殖污染，保护和修复水域生态环境。"三北"地区冷水资源丰富，低洼盐碱、荒滩荒水具有较大的开发潜力，要积极开展湖库等大水面增殖，发展冷水渔业和节水养殖。青藏高原生态脆弱，重点是保护水生生物资源和生态环境，不具备开发条件。同时，推动养殖结构优化，鼓励渔民生态养鱼，增加优质、高端、安全的水产品生产，调减结构性过剩的"大路货"，减少无效供给。

综合各地区水产品产量、养殖面积及养殖密度情况，以总排污量计，全国高强度排放区域包括长江中下游地区的湖北、湖南、江苏、四川、江西、安徽，珠江流域的广东和广西及沿海地区的山东、浙江、福建11个省（区）；中强度排放区域包括辽宁、河南、河北、云南、海南、黑龙江、重庆和天津8个省（市）；低强度排放区域包括吉林、上海、贵州、宁夏、陕西、新疆、内蒙古、北京、山西、甘肃和青海11个省（区、市）。各省（区、市）重点关注乌鳢、加州鲈、黄鳝、罗非鱼、鳗鲡等高污染养殖品种，建议开展生态养殖模式，或逐步退出机制。

开展养殖水域的环境容量评估工作，由区域水环境容量确定适宜的生产规模，逐步

建立以省级行政区为单位的各类养殖水域环境容量评估制度，解决养殖增量与环境间的矛盾。如湖泊水库等大水面养殖宜根据水生态功能和环境容量确定养殖种类、养殖结构和规模，逐步取缔网箱养殖，规范围网养殖。相应的管理机构及地方政府可根据环境容量评估结果确定养殖密度和布局，发放水产养殖许可证，并建立相应的实施和监督体系，推进水产养殖业规范化、标准化和可持续发展。建议建立高污染水产养殖退出机制，加强行业协会在水产污染减排中对企业的约束作用，通过行业自律和企业之间、民众的监督和举报对高污染企业提出整改。

3）开展养殖水域生态修复，发展生态健康的养殖模式

建立水产养殖许可证制度，开展养殖水域生态修复，开辟养殖污水净化区。根据水生生态学及恢复生态学基本原理，利用微生物、植物、动物修复技术，对大中型湖泊、水库等水产养殖水域中已受损的水生态系统进行修复。因地制宜地开展水产养殖污染综合整治，避免池塘养殖污水集中排放，加强水质调控和管理，鼓励合理使用高效复合微生物制剂、底质改良剂并采用水生植物栽培等方法来调节养殖水质，养殖场匹配尾水净化区域及相应设施，合理利用稳定塘、人工湿地、土地渗滤等工艺处理水产养殖污水；对工厂化养殖应分步改造，配套污水集中收集处理系统，可采用过滤、沉淀、吸附等物理、化学净化技术，以及与生物生态组合的净化技术，逐步实现工厂化养殖循环用水和养殖废水达标排放，保护水生态环境。

污染减排的关键技术是降低养殖密度、优化饵料结构、建立科学的养殖体系。推行生态健康水产养殖模式，促进以渔净水，提倡多元混合养殖，配套养殖滤食性鱼类和贝类等，构建由多种不同营养需求的养殖种类组成的养殖系统，提高养殖产量，改善水域水质和环境。倡导进行良好农业规范（Good Agricultural Practice，GAP）、有机水产养殖、无公害和绿色食品认证，引进国外最佳水产养殖规范（Best Aquaculture Practice，BAP）认证等，符合条件的积极申报"水产健康养殖示范场"和"国家有机食品生产基地"，提升养殖场竞争力，保护水生态环境，促进水产养殖业的可持续发展。

4）推进设施标准化、现代化更新改造

全面推进中低产养殖池塘标准化改造工程，加强中央财政引导性补贴支持，改造的内容不仅包括清淤、疏通渠道，还要配套建设进水净化、尾水收集存储和净化设施，完善承包责任制，建立养殖池塘维护和改造的长效机制。针对我国池塘养殖、网箱养殖和工厂化养殖等主要养殖方式设施装备简陋、节水减排问题突出、产能较低等现状，大力促进粗放型、简易型水产养殖向现代养殖设施工程化方向转变，加大水产养殖设施机械

装备投入，通过政策支持和财政补贴，引导和鼓励养殖节水减排改造，推广规范化循环水养殖设施、各类增氧机械、水质净化设备、水质监测与精准化调控装备，以及自动化投喂设备等。

5）加强产业支撑体系建设

加大渔业科技创新，推进信息化与现代渔业的深度融合，用现代技术手段改造传统渔业。加强渔业人才队伍建设，着力培育高素质专业渔民和产业发展带头人，提高渔业从业者的生产、经营、管理能力和守法意识。加大水产养殖设施机械化、自动化和信息化研发的科技投入；推进环保型饲料的研发与应用，综合考虑影响环境污染的各种因素，尽可能降低饲料中蛋白质和磷的用量，降低饵料系数，提高饲料转化率。鼓励研发和推广应用养殖底泥、沉积物收集和无害化处理的技术与设备，实现水产养殖固体废物资源化利用。加快养殖环境精准化调控以及节水、循环、减排养殖模式的研究，发展一批池塘循环水养殖、工厂化循环水养殖等系统模式，建立一批具有工程化养殖水平的生态健康养殖示范基地，因地制宜地推广应用。

6）转变经营方式，加强宣传引导

加快推进渔业经营体制机制创新，大力发展各类产业化经营组织，提高水产养殖业的组织化程度，实施水产养殖的规模化与专业化。支持养殖大户、家庭渔场、专业合作社、渔业企业、渔业协会等发展壮大，扶持渔业社会化服务组织，建立多种形式的利益联结机制，发挥规模经营主体在新技术应用、新业态开拓、生态环境保护与污染防治上的引领作用。大力发展休闲渔业，拓展渔业功能，促进种养结合、三产融合，延伸产业链，提升价值链，促进渔业增效，从而加大养殖业的水生态环境保护。

渔业协同组织是由从事渔业的企业、渔民所组成的非政府组织，其成员是直接参与水产养殖的人员，了解水产养殖业的生产过程，投药、投饵以及污水处理的状况。渔业协同组织可以充当渔民利益代表人和政府职能代言人的双重角色，与渔民共同实施对水产资源的保护和管理，政府可以通过渔业协同组织及其成员有效实施对水产业资源的保护和管理，从而减少国家对渔业管理的人力、物力和财力投入，提高其管理力度。因此，发挥渔业协同组织的作用，进行水产养殖的自我管理，可以起到事半功倍的作用。日本、澳大利亚、印度尼西亚等国的非政府性渔业组织在水环境管理方面已经发挥了重要的作用。而我国现行的水产资源保护和管理制度主要是依靠政府职能部门进行管理的，渔民虽然感受到资源保护的重要性，但由于渔业资源的特性，以及我国渔业法律和制度不够完善，在实际生产中导致违法行为时有发生，使渔业资源的生存环境更加恶化。因此，需要加大渔业协同组织如渔业协会等的建立，充分发挥其协调引导作用。

保护环境，人人有责。我国水产养殖普遍为粗放型养殖，养殖户的环保意识不够，政府应该广泛宣传环境保护的重要性，免费对水产养殖者进行水环境保护知识的培训和教育，提高养殖户的环保意识。只有从事水产养殖业人员的环保意识得到了提高，才能实现自我监督和养殖户之间的监督，从根源上解决水产养殖业过程中的水环境问题，促进我国水产养殖业的可持续发展。

现阶段，政府相对重视面向养殖户举办相关的水产和环保知识培训班，推广水产健康养殖技术和生态系统修复技术，但也应同时重视向养殖户和相关民众提供生态科学知识与环境伦理意识的教育。这样的措施不是局限于就水产养殖业水环境问题来谈水环境问题，而是应立足于建设公民社会的高度来思考水环境问题。赋予水产养殖业水环境利益相关者相应的话语权，设立和完善公众参与政策制定的渠道，建立参与机制。同时，加强水环境的科学知识与道德意识的教育和培养，提高公众的参与能力。这样，完善的水环境法律体系建立之后，公民才能有效监督，降低公共监管成本且提高法律法规的执行力和政策的落实度，避免有法不依、执法不严的现象。

推进环境信息公开，切实保护公众的环境知情权，为公众参与创造条件。环境知情权是公众参与环境保护的一项先决性权利，只有把环境信息公开了，使公众切实享有环境知情权，公众参与才有动力，公众参与才更有针对性。政府应该建立水产养殖信息交流门户网站，及时发布环保信息，使公众了解当地养殖水域的环境质量，也可以通过交流平台宣传绿色养殖技术和国家环保法规。同时，政府还应积极鼓励公众对养殖企业进行环境监督，可以通过热线电话、公众信箱、开展社会调查或环境信访等途径获得公众反馈信息，及时解决群众反映强烈的养殖环境污染问题。

3.2　农村生活污染物减排配套管理制度与政策

我国作为农业大国，正处在城镇化发展的关键时期。在新农村建设和城镇化发展过程中，我国村镇社会经济发展面临资源和环境等方面的众多严峻挑战。农村生活污水和生活垃圾的排放对周边水环境、土壤环境的污染直接影响着我国农业和村镇的振兴发展。经过十几年的美丽乡村建设和农村环境整治等行动，农村生活污水和垃圾处理得到了各级政府的持续建设投入，但如何通过农村生活污染处理技术的优化选择、设施的运行管理对农村污染物的排放进行控制尚需要进一步的研究。

3.2.1 农村生活污水减排

1. 农村生活污水污染及治理现状

据全国第六次人口普查显示：我国居住在农村的人口约为 6.74 亿人，大量农村生活污水未经处理直接排入水体，不仅加重了我国的面源污染问题，而且直接威胁到农村的饮用水水源安全。农村生活污水主要由冲厕污水、洗涤污水、厨用废水等组成，主要污染物为 COD、悬浮固体（SS）、氮、磷以及病菌。在农村生活污水处理的环境保护领域，一直以来将因地制宜开发小规模废水处理和资源化技术与工艺作为研究重点。随着各种处理设施的建设及投入使用，其运行维护和监管对于农村生活污水的处理和污染控制就显得尤为重要。

1）农村生活污水污染治理相关政策

本书通过广泛、大量的查阅文献资料，收集、整理和分析了与农村生活污水治理相关的国家和地方政策、规定。①污染防治技术政策方面，主要包括《农村生活污染防治技术政策》《农村生活污染控制规范》《农村环境连片整治技术指南》《村镇生活污染防治最佳可行技术指南》《人工湿地污水处理工程技术规范》《村庄整治技术规范》等。②污染处理设施建设和运行方面，主要包括《农村生活污水处理项目建设与投资指南》《中央农村环境保护专项资金管理暂行办法》《中央农村环境保护专项资金环境综合整治项目管理暂行办法》。③地方的相关规定方面，主要包括《吉林省农村环境连片整治项目技术指南》、《浙江省农村生活污水处理技术规范》（DB33/T 868—2012）、《河北省农村生活污水处理实用技术指南》、《河北省农村生活污水排放标准》（DB 13/2171—2015）、《宁夏农村生活污水分散处理技术规范》（DB64/T 868—2013）、安徽省《探索建立农村生活污水垃圾处理设施建设和运营管理长效机制实施方案》、《浙江农村生活污水排放标准》等。

2）农村生活污水排放及收集现状

自 2014 年 9 月起，通过在上海、湖南、浙江、湖北、河南、江西、广西 7 省（区、市）的 20 余个县市与当地环保、城建、农委等相关部门座谈，并在 50 多个典型农村村庄进行生活污水和生活垃圾处理现场调研，分析了农村生活污水的产生特征、收集方式与处理设施等各个环节对污水减排效果的影响。

（1）生活污水排放特点

通过在 30 多个典型农村村庄进行生活污水实地调研和取样分析，总结出农村生活污水产生量和主要水质指标（表 3-44）。

表 3-44　各地农村生活污水产生量及主要水质指标

地区	人均排量/ （L/d）	COD/ （mg/L）	SS/ （mg/L）	NH₃-H/ （mg/L）	TP/ （mg/L）
湖南	40～70	86.2～245.4	41.5～214.5	3.5～40.5	0.4～9.2
上海	50～80	155.7～305.3	67.2～150.3	5.8～56.4	0.2～7.4
浙江	50～80	125.5～268.7	104.5～215.7	2.7～49.2	0.9～7.1
河南	35～50	180.5～332.5	76.5～321.8	2.5～60.8	0.1～8.2
湖北	40～70	117.2～315.6	64.5～292.5	3.8～35.2	0.3～10.1
江西	40～60	82.4～280.5	59.8～217.6	2.6～44.8	0.3～8.33

本书中取样以生活杂排水为主，分析数据表明：农村生活污水污染物浓度低，波动性大。调研中农村生活污水的产生量极为不均，排水与用水高峰一致，集中在早、中、晚 3 个时段，呈现间歇且水量不稳定的特点。时间、空间分布上呈现出南多北少、夏多冬少、经济发达地区较多的特点。尽管调研的 6 省（市）集中于我国的中东部，东部地区人口较中部密集，调研的中部地区（湖南、湖北、江西）农村村庄（行政村）人口为 3 000～5 000 人，集镇为 20 000～30 000 人，但实际日常生活人口仅占 1/3～1/2。排放的污水来源：①厨房杂排水，主要由洗碗水、涮锅水、淘米水、洗菜水等组成；②厕所洗涤水，使用洗衣粉、肥皂、洗发水等产生的含磷污水；③粪污。人均污水排放量在 35～80 L/d，基本与生态环境部《农村生活污水处理项目建设与投资指南》中给出的南北方农村生活污水排放量的取值范围一致。目前，大部分研究和工程设计参考太湖流域农村生活污染源调查数据，农村居民生活污水量排放系数取 80 L/（人·d），COD 排放系数取 16.4 g/（人·d），氨氮取 4.0 g/（人·d）。农村生活污水中 COD 浓度的平均值为 205 mg/L、TN 为 62.5 mg/L、TP 为 5.5 mg/L、氨氮为 50 mg/L。

生活污水排放模式有 5 种：①厨房、厕所的污水通过管道进入自家的化粪池经处理后排放；②经化粪池处理后，再二级处理；③居民将管道通入河中，污水直接排入水体；④将污水倾倒在门前屋后，任其自然蒸发；⑤在自家屋后农田边上开挖污水沟，将污水排入此沟，自然蒸发、下渗。居住比较集中的乡镇驻地、已建成的农民新村部分采用第一、第二类排放模式，以农户散居为主的自然村一般采用后三类排放模式。

（2）生活污水收集方式

在新农村建设中对于污水量大、排放较集中的区域，一般采用纳管方式进入乡镇污水处理站进行处理。而无法纳管处理的农村生活污水仍以分散式处理为主。污水收集设施主要为管道收集和沟渠收集两种。

现阶段的农村生活污水处理中采用粪便污水和生活杂排水分开收集的方式，厨房、卫生间的日用污水通过管道接入污水处理系统，化粪池只接纳粪便污水。现有污水处理系统的收集方式可分为 3 类：镇村集中收集模式、住户分散收集模式、市政统一收集模式（表 3-45）。

表 3-45　农村生活污水不同收集模式比较

污水收集模式	技术概况	适用条件
镇村集中收集	镇村统一铺设污水管网，进入镇村污水处理站集中收集	地势平坦，集中居住
住户分散收集	单户或临近几户铺设污水管网，分别收集、处理、排放污水	地势高低错落，分散居住
市政统一收集	统一铺设污水管网，接入附近的市政管网，进入污水处理厂统一处理	集中居住，镇村内有污水市政管道管网

3）农村生活污水处理主要技术及设施现状

（1）农村生活污水处理技术模式

农村生活污水处理工艺可按照处理技术分为 3 类：①以厌氧发酵为核心的生物处理技术，如净化沼气池；②以土地处理为主的技术，如人工湿地、慢速土地渗滤处理等；③以好氧处理为核心，如氧化塘、稳定塘技术等。按照建设规模大致可分为分散处理模式（1 m^3/d＜水量≤200 m^3/d），服务人口 10～2 000 人；集中处理模式（200 m^3/d＜水量≤3 000 m^3/d），服务人口 2 000～30 000 人，户数一般＜10 000 户。

在调研中发现，现有分散式处理工艺中以人工湿地较多，占85%左右，多为2006—2012年建设。此类设施在沼气池（化粪池）净化处理的基础上，配套人工湿地，通过湿地植物、过滤吸附材料和微生物的共同作用进一步净化污水。而 2011 年以来开展的乡镇集中式污水处理则以厌氧+好氧法为主，处理上较多借鉴城市污水处理厂的处理工艺。表3-46 为农村生活污水处理常见工艺及应用情况。

厌氧+人工湿地处理模式应用较多，适用于村庄地势复杂、管网铺设困难但土地相对宽裕的农村。厌氧/好氧模式是在沼气池净化处理的基础上配套微动力曝气装置，适用于出水要求较高、经济实力较强的平原或半坡农村。而表 3-46 中后 3 种处理设施适用于住户集中、管网易于铺设的农村。

表 3-46　农村生活污水处理常见工艺及应用情况

工艺技术组合		适用范围	主要应用地区
厌氧（化粪池）+人工湿地		分散式处理，适用于农户数 1～20 户	浙江、上海、湖南、湖北
厌氧/好氧	厌氧+活性污泥法	分散或集中式处理，适用于水量较大、污染负荷较大的情况	浙江、上海、湖北、河南
	厌氧+膜生物反应器		浙江、上海、湖南
厌氧/好氧+人工湿地		集中式处理，适用于人口密度大、排放量大、土地资源充足的村庄或集镇	河南
厌氧（化粪池）+氧化塘		分散或集中式处理，适用于光照充足、气温适宜的地区	江西

以上 5 种污水处理技术的投资成本都在可接受的范围之内，工艺都较为成熟。正常运行情况下均能达到《城镇污水处理厂污染物排放标准》（GB 18918—2002）一级 B 以上的出水标准。除了好氧设备运行维护需要专业人员管理，其余处理技术普遍具有操作简单、易于维护的特点。

（2）不同区域农村生活污水处理工艺的实用性

通过调研，对不同省区的区域情况、农村生活污水处理现状、建设投资、运行监管进行了分析（表 3-47）。

就经济发达地区而言，由于人口密集，农村地区居民生活水平较高，加之地方财政支持，因而进行农村生活污水处理较早，再加上近 10 年来不断摸索，处理工艺水平逐步提高（图 3-10、图 3-11）。处理工艺早期建设以土地处理技术（人工湿地、土壤渗滤）为主，后期建有部分厌氧+好氧一体化装置。表 3-48 对应用较多的技术模式进行了总结。

图 3-10　厌氧+人工湿地处理

图 3-11　固定生物膜处理技术

表3-47 各省区农村生活污水处理典型设施及管理现状

地点	地点	设施服务人口	工艺设施	建设资金及来源	运行维护
上海市	松江区泖港镇	常住人口4.97万人，基本全覆盖	组合型生物滤池	1万元/户	村镇运维管理 170~180元/（年·户）
浙江省湖州市安吉县	横山坞村	约5000人	人工湿地30 t/d	20万元左右/座，7000元左右/户	第三方运行维护
	上墅乡刘家塘村	约3000人	膜处理（15 t/d），服务4户+幼儿园	12万元/座（不加管网）	村镇运维管理
			"久保田"一体式处理装置（1 t/d），服务3~5户	1.1万~1.3万元/户	村镇运维管理
江西省鹰潭市余江县	平定乡前山村	2500多人	化粪池、改水改厕，服务单户	600~700元/户（"新农村建设"资金）	村自行管理
	潢溪镇店前村雷家组	600人	35户建沼气池，其余建化粪池	600元/户（"新农村建设""特色村寨"资金）	村自行管理
	锦江镇	8000多人	集镇污水处理（500 t/d），服务集镇人群	160万元（环鄱阳湖的生态整治项目）+镇配套相关资金	村自行管理
江西省鹰潭市贵溪市	潢溪镇	2.1万人	A/O+人工湿地200 m²，服务集镇6000人	自筹资金，政府部分补贴	村自行管理
	鸿塘镇	111个自然村，3.8万人	沼气池、改水改厕	30万元/点（农工部）+15万元（村自筹），投建费用包含改水改厕、改路改房，环境整治	村自行管理
湖南省长沙市宁乡市	金洲镇关山村	约250人	人工湿地300 m²，服务68户	100万元/套，包括管网	维护外包给承建环保公司
	金洲镇南洲村	约1000户，3300多人	化粪池、改水改厕，服务每户	800元/户（爱卫办）	村自行管理
	坝塘镇保安村	21个组，5000多人	人工湿地、沼气池、化粪池，化粪池普及率达95%	农村环境连片整治资金每点8万元，农村清洁工程3000~4000元/户	村自行管理
湖南省长沙市长沙县	跳马镇田心桥村	1200户，4000多人	三格、四格化粪池，服务每户	700~800元/户（爱卫办）	村自行管理
	跳马镇白竹村	1225户，4000多人	三格化粪池，服务每户	800元/户（爱卫办）	村自行管理

	地点	设施服务人口	工艺设施	建设资金及来源	运行维护
湖南省长沙市长沙县	果园镇	10 个村，2.4 万人	厌氧+生物转盘（生物膜法）	电费 0.15~0.2 元/t+人工费 0.5 元/t	政府购买服务，由桑德集团维运 30 年移交
	金井镇	14 个村，3.5 万人	"厌氧+人工湿地"集中中型处理，20 m³/d，运行成本是常规污水处理厂的 1/2，服务 40 多户；四格式一体化分散处理设施，服务单户	财政资金投入，2009 年开始改水改厕，建设三格、四格化粪池，2013 年开始建设集中型处理设施	村镇运维管理
湖南省韶山市	杨林乡联邑村	2 200 多人	一体化分散处理设施，服务单户	2011 年开始建设，分三地、村组，村组负责运维。5 000~6 000 元/户（包括 10 m 管）	村自行管理
	清溪镇花园村	2 000 多人	四格式一体化分散处理设施，服务单户	2015 年建设 1 处集中型处理设施，其余均为单户或联户分散设施。3 500 元/户（不包括管网）	村自行管理
	韶山乡竹鸡村	2 800 多人	三格化粪池；四格式一体化分散处理设施，服务单户或 2~3 户联户	2013 年开始建设，3 500 元/户（不包括管网）	村自行管理
河南省郑州市巩义市	站街镇	处理设施服务范围约 1.1 万人	A/O+人工湿地（500 t/d）服务 4 个村	农村环境连片整治资金	村自行管理
	小关镇	处理设施服务范围约 2 万人	A/O+人工湿地（900 t/d）服务 6~7 个村	农村环境连片整治资金	运行费用+人员工资（由镇政府承担：电费 4 000~6 000 元/月，工作人员 3 万元/a
	涉街镇	处理设施服务范围约 1.8 万人	A²O 工艺，服务 4 个村，2 个社区	中央+河南省+巩义市财政资金投入	镇政府承担运维：电费 4 000~5 000 元/月，工作人员 1 500 元/（月·人）
河南省郑州市新密市	袁庄乡	服务 1 万人左右	一体化 A/O+生物深度处理（700 t/d）	中央专项+市县财政拨款	县 1.5 万元+乡 1.5 万元+乡政府补约 7 万元（电费约 1 万元/月）
	岳村镇	22 个行政村，210 个村民组，9 600 户，共 4 万多人	A/O+人工湿地，纯人工湿地，沼气池，共 16 个	全部政府投资	镇政府承担运行费用和人员工资
	来集镇王堂中心村	服务 16 个村民组，约 3 300 人	A/O+人工湿地（500 t/d）	农村环境连片整治资金	县财政 1.5 万元+乡财政 1.5 万元

表 3-48　经济发达地区农村生活污水处理技术模式

技术模式	设备/工艺流程	投资（含管网）	运行	处理效果
土地处理技术	自然稳定塘	户均 5 000～6 000 元，适用>100 户	无动力消耗，无运行费用，需定期清淤	二级
	土地渗滤+地表湿地			不稳定
	化粪池+土地渗滤	单户处理，户均 3 000～5 000 元		COD 不达标
	人工湿地	户均 6 000～8 000 元，适用>10 户		—
	土壤渗透+人工湿地			二级
	化粪池-复合厌氧-人工湿地	户均 6 000～8 000 元，适用<10 户	需水泵提升，电耗 0.1～0.2 元/t 水	一级 B
	复合生物滤池-人工湿地	户均 6 000～8 000 元，适用<10 户	需消耗动力费用，运行费用为水泵、风机等电能消耗，为 0.4～0.6 元/t 水	一级 B
	人工湿地-SBR			一级 B
	生物接触氧化-人工湿地			不稳定，NH$_3$-N 去除差
一体化设施	SBR	一次性投资高，适用于 1～10 户的处理，户均 0.8 万～1.1 万元	运行费用高，为水泵、风机等电能消耗，为 0.4～0.6 元/t 水	一级 B
	ETS 生物转盘			受温度影响，冬季出水差
	ICEAS 周期循环延时曝气			不稳定
	基于 A/O 的平面膜一体化反应器			二级 B（一般寿命 5 年，安装费高）
	DSP 一体化设备			一级 B（A^2/O 工艺）
	高效生物反应装置			二级 B

就丘陵区而言，以调研较多的湖南省应用情况为例，山地丘陵区地形起伏，农村居民住宅根据地形建造，房屋布局零落松散，污水不易集中收集处理，但也由于该地区存在地形高差，农村生活污水可实现水力自流，考虑到农村经济条件有限，因此在处理中多使用无动力装置（表 3-49）。

表 3-49　丘陵区农村生活污水处理技术适用模式

地域特点	适用模式	优势
地势有自然落差，可利用的闲置地较多，村民分散居住为主	厌氧池—垂直流人工湿地	利用自然落差，垂直流人工湿地垂直充氧，硝化作用较好，可有效地去除污水中的氮、磷等污染物
	厌氧池—跌水充氧接触氧化—潜流人工湿地	经厌氧池发酵处理后，可利用自然地势落差进行跌水充氧，节省建设成本与能耗，在降低有机物的同时，还可去除氮、磷等污染物
	单户式厌氧池或一体化处理器+人工湿地	采取多格折流式，容量利用率高，同时具有美观、占地面积小、投资少等优势

　　就南北方农村生活污水处理模式比较而言，我国北方多为大型农村，居住集中，而南方则以中小型农村为主，居住分散；南方水系发达，人们在生活过程中的节水意识不强，因而污水产生量大，水中污染物浓度低于北方农村生活污水；北方农村的水循环利用方式多，因而生活污水产生量小但浓度高。因此，应根据这些特点因地制宜地选择适合于南北方农村生活污水的处理模式。

　　就中部地区而言，通过调研比较河南、湖北平原区农村与江西、湖南丘陵区农村的生活污水处理设施建设发现，平原区主要以集中处理为主，在村组集中区（户数＞20 户）建设一座处理设施，收集管网集中铺设；而丘陵区农村多依托化粪池、单户沼气池等已建厌氧设施，另建人工湿地形成厌氧+人工湿地处理系统，也有采用厌氧+好氧一体化装置的，基本为单户或联户（户数＜5 户）使用。

　　（3）农村生活污水处理模式选择中的主要问题

　　农村生活污水处理以政府投入建设为主导，基于建设及运行成本选择因素，在北方平原区农村生活污水处理中较多采用厌氧+好氧+人工湿地处理系统。在调研的河南郑州周边 8 个乡镇的 11 个处理设施中，该处理模式占 50%，另外还较多采用 A^2/O 处理工艺，但在冬季温度＜0℃以后，由于人工湿地是露天设施，进水系统会被冰冻而无法运行，因而基本处于闲置状态；在调研的湖北武汉周边 5 个乡镇中的 14 个处理设施中，该处理模式占 75%，而影响人工湿地处理系统运行的因素是收集管网的建设和管理。

　　4）农村生活污水处理模式的选择因素

　　农村生活污水处理模式的选择和确定受多个因素影响。根据调研情况和农村生活污水处理设施建设实际，选取了对处理模式有较大影响的 6 个因素：C_1，政府投入及重视程度；C_2，区域地形、气候；C_3，居民聚居程度与排水量；C_4，处理成本；C_5，运行管理难度；C_6，处理效果。针对目前常见的 4 种处理模式——A/O+人工湿地（A_1）、A^2/O法（A_2）、A/O+氧化塘（A_3）、A/O+生物膜（A_4）进行了层次分析（AHP）（图 3-12）。

　　为使各因素之间进行两两比较得到量化的判断矩阵，引入 1～9 的标度（表 3-50）。

表 3-50　标度值

标度 a_{ij}	定义
1	i 因素与 j 因素同等重要
3	i 因素比 j 因素略重要
5	i 因素比 j 因素较重要
7	i 因素比 j 因素非常重要
9	i 因素比 j 因素绝对重要
2，4，6，8	为以上判断之间的中间状态对应的标度值

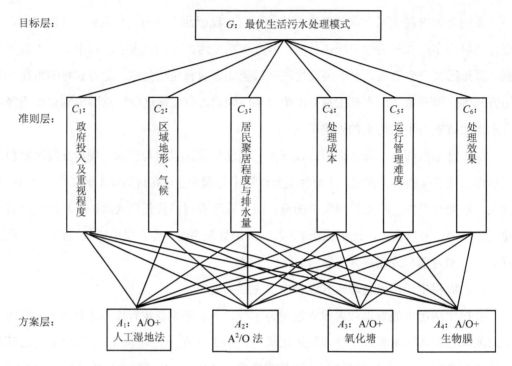

图 3-12　农村生活水处理模式选择层次分析

对准则层的 6 个影响因素列 6×6 矩阵，再对 4 个备选方案分别列出相对 6 个影响因素的 4×4 矩阵（表 3-51）。

表 3-51　方案层因素对准则层标度矩阵

C_1	A_1	A_2	A_3	A_4
A_1	1	2	1	1/2
A_2	1/2	1	1/3	1/2
A_3	1	3	1	2
A_4	2	2	1/2	1
C_2	A_1	A_2	A_3	A_4
A_1	1	1/5	1/3	1/5
A_2	5	1	3	1/2
A_3	3	1/3	1	1/2
A_4	5	2	2	1
C_3	A_1	A_2	A_3	A_4
A_1	1	1/5	1/2	1/5
A_2	5	1	4	1/2
A_3	2	1/4	1	1/4
A_4	5	2	4	1

C_4	A_1	A_2	A_3	A_4
A_1	1	1/2	1/2	5
A_2	2	1	1/2	5
A_3	2	2	1	5
A_4	1/5	1/5	1/5	1
C_5	A_1	A_2	$A3$	A_4
A_1	1	4	2	3
A_2	1/4	1	1/3	1/3
A_3	1/2	3	1	1/2
A_4	1/3	3	2	1
C_6	A_1	A_2	A_3	A_4
A_1	1	4	1/2	4
A_2	1/4	1	1/5	1/2
A_3	2	5	1	5
A_4	1/4	2	1/5	1

对列出的矩阵按式（3-5）计算其最大特征值及对应的特征向量（表 3-52）：

$$CI = \frac{\lambda_{max} - n}{n - 1} \quad CR=CI/RI \quad\quad (3\text{-}5)$$

表 3-52　各矩阵最大特征值及对应的特征向量

判断矩阵	$\lambda^{(0)}{}_{max}$	RI	CI	CR
G	6.542 4	1.24	0.108 5	0.087 5
C_1	4.170 7	0.90	0.056 9	0.063 2
C_2	4.131 5	0.90	0.043 8	0.048 7
C_3	4.088 4	0.90	0.029 5	0.032 7
C_4	4.121 3	0.90	0.040 5	0.045 0
C_5	4.159 6	0.90	0.053 2	0.059 1
C_6	4.088 4	0.90	0.029 5	0.032 7

注：6 阶矩阵 RI 取 1.24，4 阶矩阵 RI 取 0.90。

根据 6 个影响因素得到的各方案层次分析结果见表 3-53。

表 3-53　各矩阵最大特征值及对应的特征向量

方案	A_1	A_2	A_3	A_4
分析值	0.361 3	−0.242 5	0.325 4	−0.083 6

计算结果为 $A_1>A_3>A_4>A_2$。根据计算结果首选方案 A_1（A/O+人工湿地），其次是方案 A_3（A/O+氧化塘）、A_4（A/O+生物膜）、A_2（A^2/O 法）。层次分析结果显示的首选方案 A_1（A/O+人工湿）与目前农村生活污水处理模式的实际状况吻合。

该分析表明：在我国当前农村生活污水处理工艺技术选择上，影响因素按重要性排序：①建设方，政府主导处理技术选择；②农村实际情况，包括地域环境、聚居程度；③处理技术本身，如处理成本、运行管理、处理效果。

2. 农村生活污水污染处理存在的主要问题

根据 7 省（区、市）20 余个县市 50 多个典型农村村庄的调研情况，结合与环保、农委、城建等部门的座谈反馈，在农村生活污水处理设施的建设和运行中存在一些共性问题：

1）处理设施建设和运行资金不足

（1）建设资金不足

我国农村环境基础设施主要依靠国家财政投入、集体投入、农民自身筹资和"以工代资"。调研的 50 多个村庄的农村生活污水处理设施表明，不管是集中式还是分散式，由政府投资主导的项目达 99%。建设资金的来源主要包括国家农村环保专项资金、住房和城乡建设部农村建设专项资金、镇级以上各级财政资金以及世界银行贷款等。

2008—2015 年，中央农村环境保护专项资金投入 315 亿元，覆盖 7 万个行政村的整治工作，单个行政村的中央资金投入强度不足 50 万元，难以解决农村环境综合整治涵盖的所有问题。就配套资金的地域分布而言，东部省份经济相对发达，能够以 1∶2 配套省级资金，中西部省份经济相对落后，省级资金配套比例不足 1∶1，有的仅为 1∶0.2。

现在全国通行的做法是三级财政补助，主要用于试点、示范建设。县级财政按污水管网建设工程审计价的一定比例（60%～90%）进行补助，其余为村级自筹，如浙江 50%以上地方由村民自筹解决。通常县财政设置村级生活污水处理设施运行维护"以奖代补"专项资金，从排污费或生态建设费中拨付，适用于建成或今后建成使用的微动力、无动力集中式村级生活污水处理设施。

部分地方的资助、奖补措施归纳如表 3-54 所示。

我国农村基础设施建设资金不足、融资渠道不畅的问题长期制约着我国农村环境基础设施建设。在乡村经济振兴和村庄改造的建设中，资金需求每年超 2 000 亿元。因此，加强各地农村基础设施融资模式的研究，解决农村环境基础设施的投融资，对推动农村生活污染治理显得尤为重要。

表 3-54　各地建设补助政策

地区	补助内容
浙江杭州	市级财政对农村生活污水工程项目建设实行以奖代补，为总投资的 15%～25%，区县 1∶1 配套，即补助比例 30%～50%
浙江湖州	实施县、乡、村三级联动的资金激励机制，对农村生活污水处理项目实行重点补助，明确按项目总投资的 50% 进行补助，对于经济薄弱村再增补 30%；同时，各乡镇按分级管理要求分别实施 30%～100% 的资金配套政策
湖北武汉	采取"以奖代补"办法，推广农村家庭污水处理系统，政府补助 1/3，村集体自筹 1/3，加上农户投资投劳解决 1/3
湖南长沙	政府全资，村民投工投劳
广西南宁	全面新建的建设费用补助为 2 300 元/座，改建的每座按照实际投入资金而定，最高补助资金不超过 1 500 元/座，由市财政统一承担

（2）运行费用不足

农村污水处理设施建设资金由中央和地方共同投资，而项目建成后的运营资金主要由地方承担（县级或乡村级）。由于资金不足、集体作用弱化，已建成的基础设施也面临着严重的维护缺乏、运行不足的问题。

在调研中发现，除极少数因经济发展需求而自行建设污水治理设施外，多数农村居民不愿意缴纳小型污水处理站的建设以及运营费用。而项目建成后的运营资金也是由地方财政承担的，因而在水处理模式选择方面，无（微）动力处理设施有相对优势，采用的也最为普遍。

以目前应用广泛的厌氧+人工湿地处理工艺为例，包括管网铺设的建设费用在 0.6 万～1 万元/户。以 1 万元/户、100 户的自然村为例，总建设投资约为 100 万元，其中管网费用占 1/2～3/4，还需要加上至少每年 1 万元（主要是人员费）的运行费。设施设备运行管理维护费用一般由县级和乡镇级政府按一定比例（普遍为 1∶1 配套）承担，这给地方政府造成了较大的财政压力，从而影响其推动农村污水治理的积极性。

因此，在农村污水减排管理全过程中，解决运行和维护管理资金问题是实现处理设施长效运行的关键。各地往往采取多渠道筹集资金的办法，确保农村污水处理设施正常运行和维护所必需的经费。

2）处理设施缺乏专业化运行

虽然农村生活污水处理系统大都选用建设成本低、运行稳定、管理维护简单的工艺技术，包括人工湿地、氧化塘、土地处理系统等，但应用这些生态化技术处理污水通常要在一定的条件下才能取得稳定的处理效果和维持系统的长期正常运行。目前，大部分农村地区（尤其是经济欠发达地区）此类生活污水处理设施普遍没有配备专职管理人员，基本由当地村民自行管理，因专业技术不强而导致人工湿地运行不稳定、出水水质难以达标。

由于农村环保设施的建设和运维费用仍以各级财政投入为主，市场主体发生的成本和收益直接与政府对接，而与公众之间的对接渠道有限，因而造成农村环保市场的服务关系倒挂，本应服务公众的市场主体变成了服务政府。经济相对发达地区的运维费用由市级财政承担，通常采取委托第三方环保工程公司的方式进行处理设施的运行维护（图3-13、图3-14）。委托第三方管理运行的方式主要出现在经济较为发达、农村生活污水处理较为普遍的地区，如浙江的湖州、海宁，广东的中山、增城，福建的晋江等部分市（区、县）。

 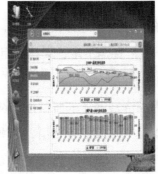 

图3-13　在线监控系统　　　　　　　　　　图3-14　定期清理维护

第三方运营管理通常是以政府购买服务的方式支付运维费用，由专业公司来进行运行管理。这样可以使管理成本降低，便于及时维护、修缮设备问题，确保达标排放，乡镇的负担也大大减轻，只需负责电费及管网的维护。但市场主体不遵守市场规则的情况时有发生，恶意竞标、低价中标的现象屡见不鲜，从而导致市场生境恶化，影响了农村环保市场的健康可持续发展。

因此，建立农村生活污水处理系统运营管理机制对于农村污水处理系统的稳定运行具有重要的现实意义。

3）处理设施运行监管不到位

经过多年农村环境综合整治，各级政府投入资金建设了大批集中和分散式污水处理设施。针对集镇生活污水处理的集中式污水处理站，基本参照城镇污水处理厂的运行规范进行排污监管。

就地处理技术和分散式处理设施可以充分利用农村地域广阔、有更大的环境自净能力这一特点降低处理成本,提高维持长效运行的可能。但农村生活污水就地处理设施体量小,建设实施中"以劳带资"现象普遍,易出现施工质量差、渗漏严重的问题,导致进水污染物浓度偏低,还存在污水和地下水互渗问题,甚至存在安全隐患。部分出水指标达一级 B 标准(GB 18918—2002)的处理设施,其出水仍排入农田,进水却因管网不完善而无法稳定水量和水质,造成污水处理设施成为"鸡肋"。因此,需要对设计施工、运行操作和监管进行规范化管理。

我国在村镇污水治理方面目前只有《中华人民共和国环境保护法》《中华人民共和国水污染防治法》,针对农村环境污染问题的法律和条款几乎是空白,农村生活污染控制没有明确的技术路线、管理模式和实用性分析等规范性文件进行指导,导致农村污水处理设施出现了运维混乱的局面,不利于已建设施的正常运转,不利于减少农村生活污染排放。同时,农村环保设施大多规模小、点多、分散,监管难度大,在现有基层环保力量不足的情况下,很难实现有效监管。

3. 农村生活污水污染物减排技术与政策

1)加强处理设施建设运行经费的支持

基于目前我国农村经济发展的实际状况,农村生活污水治理设施建设资金未来必将仍以政府投入为主。因此,可以考虑将环保 PPP 项目模式引入农村基础设施融资,并纳入部分地方政府的农村环保行动实施中。但该类项目不同于一般的环保工程项目,需将处理设施建设和运维打包进行招投标才具有市场吸引力。这一模式也能有效解决运行和维护管理资金不足的问题,有助于实现处理设施的长效运行。

由于农村生活污水治理设施建设属于公益性项目,需要大量公共财政资金的投入,农村污水处理设施建设资金主要依靠各部门涉农项目的专项资金,因此项目的实施主要受各地财政状况的影响。

不同经济发展程度的区域主要可采取以下几种形式:①地方财政有能力承担污水处理设施运行费用的,可由乡镇财政或行政村(社区)承担;②地方财政还不能完全承担污水处理设施运行费用的情况下,可采取"三个一点"的办法,即乡镇财政、村级财政、当地群众各出一点(3 个 1/3),乡镇财政、村级财政承担的费用直接纳入预算安排,由当地居民承担的部分可以考虑加在水费中,作为附加费收取;③有经济实力的社区可以通过公益支持由赞助企业或由社区集体承担污水处理设施的运行费用;④本着"谁受益、谁付费"的原则,可以把污水处理设施运行费用加在居民的水费中;⑤其他可保障农村生活污水设施运行维护管理资金的措施。

2）健全处理设施运行维护制度

农村污水处理设施能稳定运行的关键在于有科学合理的规划、因地制宜的工艺设计、严格的施工管理、保障的运行费用、有效的运行监管，社会化与市场化是污水设施运行管理的发展趋势，但农村污水处理设施的运营管理由于其政府负责投资的特殊性，短期内完全实现社会化与市场化难度较大，需要一个从政府直管到企业管理的渐进过程。为保证长效运行管理，在设施维护、日常管理和监管方面必须责任分解，落实到位。

根据各地方县域经济情况，可采取的运行管理模式主要有两种：一种是职责按行政层级分解，日常具体运行工作以村负责为落脚点；另一种是将运行管理业务委托第三方进行，也可与项目建设打包实行招投标制（表3-55）。

表3-55　农村生活污水处理设施运行管理方式

方式	运行维护方	责任主体	运行付费方式
行政管理	村委会、非专职非技术人员	乡镇政府	上级拨付
第三方委托管理	专业水处理公司	乡镇政府	政府购买服务

因此，在健全处理设施运行维护制度方面提出以下建议：①由按行政层级分解、村级负责运行维护管理的方式向购买专业服务的方式转变；②在现有村级负责运行维护管理的方式下，应厘清运行责任主体和管理责任主体，各村村委会是运行管理的业主单位，应明确日常运行维护的内容，落实村级生活污水处理设施的管理人员，各乡（镇）政府是运行管理的责任主体，负责督促各村履行管理责任，县环保局负责对运行维护管理工作进行监督、指导和考核；③在由专业服务公司负责运行维护管理的方式下，依据有关生产运行规范和管理要求，编制《分散式处理设施运行管理手册》，加强对设施设备的运行管理、性能维护、运行信息管理等。

3）规范分散式处理设施的运行监管制度

大部分省市已建的乡镇集中式处理站（设施）应纳入或者参照《城镇污水处理厂运行监督管理技术规范》（HJ 2038—2014）、《城镇污水处理厂污染物排放标准》（GB 18918—2002）等一系列技术规范实施运行监管。2009年，环境保护部制定了《村镇生活污染防制技术政策》，肯定了以户为基础的分散式生活污水处理模式。但农村生活污水分散式处理设施未纳入城镇污水管理体系或参照管理，大批量的分散式处理设施处于无监管状态。当前农村环保监管体系尚未完善，基层管理人员缺乏，分散式处理设施运行不稳定，因而出水难以达到一级 B 标准（GB 18918—2002）或其他地方标准排放。

因此，在农村生活污水分散式处理设施收集系统建设管理、排放标准、运行管理考核制度等方面需制定相关规定进行监管。①收集管网应进行雨污分流，收集并处理全部污水。有计量装置的，应做好维护与保养，保持正常、稳定的运行。②构筑物之间的连接管道、明渠应每年清理一次。③进水水质检测与控制方面，新建分散式处理设施应配备计量污水进水水量的计量装置，并符合《城镇污水处理厂运行、维护及安全技术规程》（CJJ 60—2011）的规定；按《城镇污水处理厂污染物排放标准》规定的污染指标和采样化验频率检测进水水质。④对主要处理设施制定运行要求，执行设备维护保养规程，要求运行责任主体按要求规范运行，做好运行记录和数据统计，有条件的建立运行信息台账，并定期进行考核。⑤排放口应规范化，并建立维护管理制度，按照《城镇污水处理厂污染物排放标准》的规定进行分散式处理设施出水的采样和水质检测。

在对分散式设施处理工艺、效果、运维管理的大量调查研究和实地检测的基础上，编制了《湖南省农村生活污水分散式处理设施运行监管技术规范》，对农村生活污水分散式处理设施运行管理的技术要求、运行管理和监督检查等方面进行了规定，为农村生活污水分散式设施处理的运行监管提供了技术政策参考。

3.2.2　农村生活垃圾减排

1. 农村生活垃圾污染及治理现状

我国农村地域广大，占国土面积的 90%，农民占全国人口的 70%。伴随经济的不断发展和农民收入的不断提高，农村消费结构发生了重大变化，相应地导致了农村生活垃圾总量和成分数量的快速增加，不断向城市靠近。《人民日报》2014 年年底曾报道，中国农村约有常住人口 6.5 亿人，每年产生的生活垃圾约 1.1 亿 t，其中有 0.7 亿 t 未做任何处理。由于目前农村人口居住分散，生活垃圾表现为点多面广，且没有固定的垃圾堆放处和专门的垃圾收集、运输、填埋和处理系统，交通相对落后，使垃圾的集中收运十分困难。但部分经济较发达的地区和近城乡村，农村生活垃圾可以进入城市生活垃圾的处置系统，从而得到了收集处置。农村生活垃圾与城镇生活垃圾相比，含水率较低、有机率较高，有机垃圾比重较大，且地域差异较大，与当地经济水准、产能结构、地质地貌等密切相关。

我国农村生活垃圾的收运和处理已经住建部门、环保部门、农委等多部门组织推行，相关管理文件主要有《农村生活污染防治技术政策》《农村生活污染控制规范》《农村环境连片整治技术指南》《住房和城乡建设部等部门关于全面推进农村垃圾治理的指导意见》《住房和城乡建设部等部门关于印发农村生活垃圾治理验收办法的通知》《农村生活垃圾分类、收运和处理项目建设与投资指南》《广东省城乡生活垃圾处理条例》《广东省省级农村生活垃圾处理专项资金管理办法》《湖南省农村生活垃圾治理技术导则（试行）》《安徽省探索建立农村生活污水垃圾处理设施建设和运营管理长效机制实施方案》《江苏省政府关于进一步加强城乡生活垃圾处理工作的实施意见》《海南省农村垃圾治理实施方案（2016—2020 年）》等。

本书通过在上海、湖南、浙江、湖北等地的入户调查，了解到村民人均收入、劳动力状况、从业状况、劳动力年龄分布、垃圾组成和分布、现有生活垃圾处理方式、垃圾资源化处理设施建设等情况，以及村民对垃圾处理的满意程度及建议。同时，结合大量文献资料对农村生活垃圾排放量、处理处置技术、监管模式等进行了分析。

1）农村生活垃圾的排放量及特点

我国农村生活垃圾的主要特点：①数量大，农村人口占全国的 70% 左右，典型农村地区的生活垃圾产生量目前大多数在 0.4 kg/（人·d）左右，所产生的垃圾中可回收垃圾约占 20%，可堆肥垃圾约占 60%，垃圾的有机率较高；②与城市相比，农村垃圾面积广、产生源分散、收运难度大，不便集中处理；③种类多、成分复杂，一般来说，每家农户的生活垃圾组成成分大致相同，但受成员结构、燃料方式、收入水平、家庭畜禽养殖等因素的影响。

农村生活垃圾包括厨余垃圾等有机垃圾，纸类、塑料、金属、玻璃、织物等可回收废品，砖石、灰渣等不可回收垃圾，农药包装废弃物、日用电子产品、废油漆、废灯管、废日用化学品和过期药品等危险废物（表 3-56）。

表 3-56　不同地区农村生活垃圾成分

地区	厨余/%	渣土/%	玻璃/%	金属/%	塑料/%	纸张/%	排放量/[kg/（天·人）]
上海	32.6	16.5	5.7	1.6	7.1	7.4	0.6
浙江	38.2	27	—	—	7.5	6.8	0.5
湖南	31	8.6	4.7	0.4	5.5	2.4	0.4
湖北	40	41	—	—	7.5	8.4	0.43
广西	43.8	10.7	—	—	3.96	3.5	0.42

生活垃圾中有机垃圾占 40%～50%，不可回收垃圾占 20%～30%，有毒有害垃圾占 5%以下，可回收垃圾约占 20%。有机垃圾中厨余垃圾约占 70%。可回收垃圾主要为纸类和塑料类。本书分别选取各季节代表性月份（2 月、5 月、8 月和 11 月），调研各月份期间农户人均生活垃圾的组成变化。

由图 3-15 可知，受季节变化影响，有机垃圾在夏季较多，分析这与蔬菜、果类消费的季节性变动和传统节假日消费有关；可回收垃圾在秋冬季出现增大趋势。生活垃圾总产生量夏季最大，夏季的垃圾量较冬季多 7.14%，季节波动率为 1.7%～14.3%。

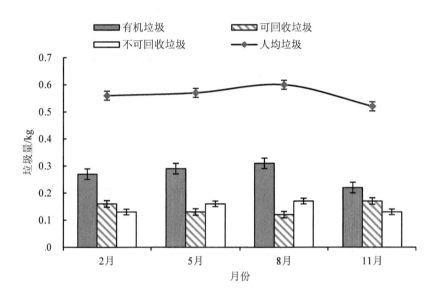

图 3-15 不同月份农户生活垃圾主要组成

以湖南省长沙市望城区光明村、长沙县白果村、韶山市石忠村、宁乡市南洲村为例，分析农村生活垃圾产生量受经济状况的影响（图 3-16）。各村人均收入分别为 2.0 万～2.5 万元/a、1.0 万～1.2 万元/a、0.8 万～1 万元/a、0.6 万～1.2 万元/a；人均垃圾产生量分别为 0.53 kg/d、0.59 kg/d、0.5 kg/d、0.61 kg/d，波动率为 18%～22%；人均有机垃圾产生量分别为 0.21 kg、0.24 kg、0.23 kg、0.3 kg；人均不可回收垃圾产生量分别为 0.21 kg、0.23 kg、0.11 kg、0.16 kg。其中，光明村经济最佳，相应产生的有机垃圾和不可回收垃圾量相对持平；石忠村和南洲村经济相对落后，产生的有机垃圾量分别是其不可回收垃圾量的 2.09 倍和 1.875 倍。由以上分析可知，不可回收垃圾随经济条件的改善呈增长趋势，有机垃圾随经济条件的改善大致呈减小趋势（表 3-57）。

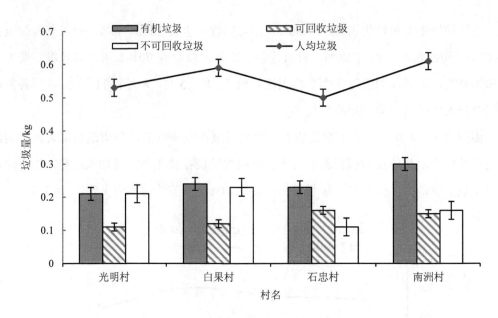

图 3-16 农村生活垃圾产生量和主要组成

表 3-57 农村生活垃圾的特点及处理方向

垃圾类型	组成成分	处理方向
可堆肥类（有机物）	餐余、草木灰、植物残体	畜禽消纳、直接还田、堆肥、作燃料、生产沼气
惰性类（无机物）	煤渣、建筑垃圾	修路、建堤、建筑填土、填埋
可回收废品	废塑料、纸、玻璃、金属、废旧家具电器、织物、皮革、橡胶	经济刺激手段，畅通回收渠道，回收再利用
有害废品	农药瓶、过期药物、电池、灯管、油漆桶、发胶罐	经济刺激手段，畅通回收渠道，再利用集中处理

由于农民收入相对较低，垃圾收费难以实现，因而治理资金不易筹集。针对农村生活垃圾的以上特点，应采取各种措施尽量就近分化处理最大量的垃圾，把需要集中收运处理的垃圾量降到最低点，最大限度地减轻农村生活垃圾处理的费用负担。

2）农村生活垃圾处理现状

目前，我国普遍采用"户收集、村集中、镇转运、县处理"的处理模式对农村生活垃圾进行处置（图 3-17）。这一模式由政府引导，始于 2005 年农村清洁工程。由村组织收集农户家中的生活垃圾，再由乡镇统一运送至县垃圾处理厂进行集中处理。这一集中处理模式能有效清除生活垃圾，净化农村环境。

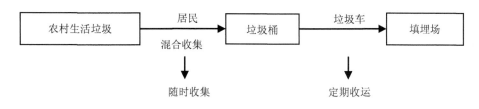

图 3-17　混合收运模式

通过在上海、浙江等省 20 余个县（市）50 余个典型农村村庄生活垃圾处理现场的调研，对现有农村生活垃圾处理模式和存在问题进行了分析，见表 3-58、表 3-59。

表 3-58　调研各省份农村情况及垃圾处理模式

地区	2015 年城镇化率/%	2015 年上半年农村人均可支配收入/元	人均耕地/（亩/人）	人均垃圾排放量/（kg/d）	收运处理模式
上海	89.12	13 346	0.12	0.59	村分类收集，乡镇转运，进入城市垃圾处理系统
浙江	65.8	12 005	0.56	0.48	村分类收集，乡镇转运，进入城市垃圾处理系统
湖南	50.5	5 086	0.9	0.41	村分类收集，就地处理或乡镇转运，焚烧或填埋
湖北	56.85	4 956	1.3	0.44	村分类收集，就地处理或乡镇转运，焚烧或填埋
广西	47.06	4 844	1.31	0.37	村分类收集，就地处理或乡镇转运，焚烧或填埋
河南	46.85	4 627	1.23	0.41	混合收集，乡镇转运，进入城市垃圾处理系统
江西	51.62	4 556	1.05	0.39	混合收集，就地填埋或焚烧

目前，大部分县级城市的垃圾终端处理仍以填埋为主，填埋场建设规划和容量的主要设计依据是所在县城城区的垃圾产生量。当采用上述模式把县城下设的村镇生活垃圾集中到城市生活垃圾填埋场，就会造成填埋场处理容量的过早饱和。如此，对城市生活垃圾处理系统形成的冲击势必造成很多县级填埋场都面临新建或扩建的压力。而填埋场建设受各级财政投入和民众接受度的影响，短期内难以实施。

调研中发现，2012 年后才大规模启动农村生活垃圾收运系统建设的省份，如河南和江西，目前仍采用全收集、集中转运模式。

表 3-59 调研各县区农村情况及垃圾处理模式

地点	处理方式	投建设施		财政补助	运行费用
		中转站	收运设施		村和农户
上海市松江区泖港镇	户集、村收、乡转运	乡中转站1个	村组垃圾分类场1个，每户1个垃圾桶	不明	清运人员1人负责50~100户，1500元/月
浙江省湖州市安吉县刘家塘村	户集、村收、乡转运	乡中转站1个	村组垃圾车1个，每户1个垃圾桶	不明	清运人员1人负责50~100户，1000元/月
江西省鹰潭市余江县前山村	组收集、乡转运到垃圾中转站	乡中转站建设中	乡政府设置垃圾箱(3~5户1个)	乡政府补助保洁员部分工资	每人每月5元保洁费
江西省鹰潭市余江县溃溪镇店前村	村收集、镇转运	基础设施+第一年运行共投入234万元	村小组，每户1个垃圾桶	乡镇补贴保洁员工资300元/月的不足	保洁员工资300元/月，收农户5元/(月·人)
江西省鹰潭市余江县锦江镇	户分类、村收集、镇转运	无	市清洁卫生办提供交通和收集工具	保洁员工资+基础设施投入100多万元/a	收农户20元/a
江西县鹰潭市贵溪市泗志光镇	户分类、村收集、镇转运	每个收集转运系统+垃圾中转站投入200万元	乡镇投入购买收运设施	不明	不明
江西县鹰潭市贵溪市鸿塘镇	暂时采用焚烧方式处理	收集至县中转站成本为200万元左右/a	乡镇投入购买收运设施	共240个保洁员，600元/(人·月)	农户每人每月5元
湖南省长沙市宁乡市关山村	村收集、镇转运	无	环卫车由村提供	保洁员工资	5个保洁员，2个运输员，1600元/月，由村支出
湖南省长沙市宁乡乡南洲村	由集中收运改为垃圾分类收集，不出村，就地处理	若收集到镇，每年运费6万~8万元	村组垃圾分类房1个，每户1个垃圾桶，三轮车由村配备	每年整体运行费约10万元	5个保洁员，1200元/月
湖南省长沙市宁乡市坝塘镇保安村	由集中收运改为垃圾分类收集，就地处理	若中转集运，成本16万~17万元/a	村组垃圾分类房1个，每户1个垃圾桶，三轮车由村配备	环保局拨3.6万元/村("公共资源服务体系"项目试点)	3个保洁员，现在运行成本4万~5万元
湖南省韶山市杨林乡联邑村	垃圾分类收集、二次分类回收、就地处理	无	村组垃圾分类房1个，每户1个垃圾桶，三轮车由村配备	垃圾分类房建设补贴或奖励8万元/个	3个保洁员，1000元/月

地点	处理方式	投建设施		运行费用	
		中转站	收运设施	财政补助	村和农户
湖南省韶山市清溪镇石忠村	垃圾分类收集，二次分类回收，就地处理	无	村组垃圾分类房1个，每户1个垃圾桶，三轮车由村配备	垃圾分类房建设补贴或奖励8万/个	2个保洁员，1 200元/月
湖南省韶山市韶山乡竹鸡村	垃圾分类收集，二次分类回收，就地处理	无	村组垃圾分类房1个，每户1个垃圾桶，三轮车由村配备	垃圾分类房建设补贴或奖励8万元/个	2个保洁员，1 000元/月
河南省郑州市巩义市站街镇	镇收集、转运	无	10户1个垃圾箱，1保洁员	外包给保洁公司，150万元/a，负责集镇	镇补给村约1/3，保洁员工资1 400元/月
河南省郑州市巩义市涉街镇	镇收集、转运	无	10户1个垃圾箱，1保洁员	市里统一给保洁员发工资，外包给保洁公司	不明
河南省郑州市新密市袁庄乡	乡收集转运至市	转运费用5 000多元/月	乡镇投入购买收运设施	市里承担一部分保洁员工资	保洁员工资城镇800元/月，农村300元/月
河南省郑州市新密市岳村镇	乡收集转运至市	3个垃圾中转站（住建办投建），"生态村/镇"省补助20万元，市补助5万元	新密市配4台运输车；5户1个垃圾桶（镇财政）	镇财政1/4约30万元	330个环卫工人，500~700元/月，运输司机2 500元/月

3）农村生活垃圾处理模式变化

经济较发达地区的上海、浙江，中部省份中农村环境整治进行较早的湖南，2010—2012年逐步开始实施源头分类处理模式，出现了浙江的贺田模式、长沙的环保合作社模式等。表3-60对典型村生活垃圾的收运处理状况及变化进行了分析。

表3-60　典型调研点农村垃圾处理模式

调研地点	初始模式	现行模式	运行费用分担	模式优势	限制（影响）因素
浙江省湖州市安吉县上墅乡刘家塘村	2008年"美丽乡村建设"，集中处理	"户集、村收、乡转运、县市处理"模式	县、镇（街道）、村三级投入；农户2元/（人·月）	整体管理；乡镇成立保洁公司；指标化考核	县市处理容量
湖南省长沙市长沙县果园镇	2009年集中转运处理	2013年后分类回收，再减量压缩转运	县、镇（街道）、村三级投入；农户基本不收费	镇成立环保合作社，统一管理；实现资源回收；垃圾转运量以每年30%递减	县乡镇财政投入
湖南省长沙市宁乡市金洲镇南洲村	2009年集中转运处理	2012年后就地处理，资源分类回收+自行集中焚烧	建设费用县、镇（街道）投入；农户10元（人·a）；由村转运到乡镇，每年仅运费增加6万~8万	减轻县市处理压力；就地处理降低费用	县乡镇财政投入、村处理资金筹集、自行处理能力和规范化
江西省鹰潭市贵溪市鸿塘镇	2011年自行集中焚烧	2014年后开始建设乡镇中转站，仍未转运集中处理	乡镇财政负担建设转运；收集至县中转站成本为200万左右/a；农户5元/（人·月）	整体管理；指标化考核	县市处理系统配套、县乡镇财政投入、自行处理能力和规范化
河南省郑州市新密市岳村镇	2011年集中处理	"户集、村收、乡转运、县市处理"模式	县、镇（街道）、村三级投入；收集转运费用占乡镇财政的1/3	整体管理；指标化考核	乡镇财政投入、县市处理容量

在湖南省长沙市长沙县果园镇的环保合作社模式、韶山市二次分类回收模式的应用中已形成了"户、组、村、镇"四级垃圾分类收集处置（图3-18）。同时，进一步发挥再生资源回收公司的功能，在长沙县建立可回收垃圾中心26个、回收网点78个。果园镇全镇生活垃圾分类减量率达到90%以上，经压缩站中转的生活垃圾以每年30%递减。有毒有害垃圾、可回收利用垃圾及不可降解垃圾回收量居长沙县首位。

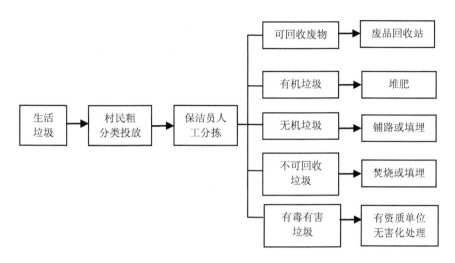

图 3-18　垃圾分类收运模式

但在长沙市周边县市，如宁乡、浏阳等并未采取同样的分类收集—资源回收的循环经济模式。这主要受上级处理模式引导、县域经济承担能力和县级收运系统建设运行的限制。

4）现有就地处理模式的污染分析

通过分析农村生活垃圾处置规划的优化，对物质、能量的输入输出及其污染物排放所造成的环境影响进行评价，进而提出符合节能减排的农村生活垃圾处理的可持续发展处理模式。农村生活垃圾处理方式是填埋和焚烧，但主要以填埋为主。

对模式中能源的输入与输出及向环境排放废弃物、废水的输出进行以数据为基础的客观量化过程，包括垃圾处理能耗输出、环境污染输出和能源利用输入。

通过长沙周边农村垃圾现场实地调研，对农村生活垃圾填埋处理和焚烧过程中产生的废水、废气及土样进行采样检测，并分析两组处理过程对环境产生的影响（表 3-61、表 3-62）。

表 3-61　垃圾分散填埋处理对土壤环境的污染（垃圾池边土壤）

	指标	含量/（mg/kg）	垃圾/（kg/t）
白果村	Ni	37.1	3.71×10^{-2}
	Cr	113.5	1.135×10^{-1}
	Pb	63.5	6.35×10^{-2}
	Cu	55.6	5.56×10^{-2}
	Zn	443.9	4.439×10^{-1}

	指标	含量/（mg/kg）	垃圾/（kg/t）
光明村	Ni	44	$4.4×10^{-2}$
	Cr	93.3	$9.33×10^{-2}$
	Pb	184.5	$1.845×10^{-1}$
	Cu	161.1	$1.611×10^{-1}$
	Zn	277.5	$2.775×10^{-1}$
龙华村	Ni	11.6	$1.16×10^{-2}$
	Cr	242	$2.42×10^{-2}$
	Pb	139.3	$1.393×10^{-1}$
	Cu	383.7	$3.837×10^{-1}$
	Zn	923.5	$9.235×10^{-1}$
田心桥村	Ni	24.3	$2.43×10^{-2}$
	Cr	140.4	$1.404×10^{-1}$
	Pb	536.6	$5.366×10^{-2}$
	Cu	125.4	$1.254×10^{-2}$
	Zn	112.3	$1.123×10^{-1}$
石忠村	Ni	19.6	$1.96×10^{-2}$
	Cr	118.5	$1.185×10^{-1}$
	Pb	180.7	$1.807×10^{-1}$
	Cu	91.1	$9.11×10^{-2}$
	Zn	358.4	$3.584×10^{-1}$

表 3-62　农村生活垃圾分散焚烧对周边环境污染（垃圾焚烧后灰土）

	指标	浓度/（mg/kg）	产生量/（kg/t）
白果村	Ni	22.1	1.105
	Cr	29.8	1.49
	Pb	219	10.95
	Cu	42.2	2.11
	Zn	194.4	9.72
光明村	Ni	34.6	1.73
	Cr	107.9	5.395
	Pb	352.4	17.62
	Cu	138.7	6.935
	Zn	257.6	12.88
龙华村	Ni	6	0.3
	Cr	130.6	6.53
	Pb	251.8	12.59
	Cu	79.9	3.995
	Zn	223.5	11.175
田心桥村	Ni	24.6	1.23
	Cr	38.4	1.92
	Pb	287.7	14.385

	指标	浓度/（mg/kg）	产生量/（kg/t）
田心桥村	Cu	127.9	6.395
	Zn	425.2	21.26
石忠村	Ni	44.3	2.215
	Cr	94.4	4.72
	Pb	536.6	26.83
	Cu	125.4	6.27
	Zn	466.7	23.335
垃圾焚烧后产生气体	NO_x	43.9 mg/m³	0.128
	TSP	87.4 mg/m³	0.255
	SO_2	20.5 mg/m³	0.059 7
	二噁英	0.18	1.8×10^{-4}

在农村生活垃圾管理生命周期清单分析阶段，将主要考虑全球变暖潜力（GWP）、酸化潜力（AP）、富营养化潜力（EP）、生态毒性潜力（ETP）4 种环境影响类型（表 3-63）。

表 3-63　农村生活垃圾生命周期评价指标

环境影响类型	环境负荷项目	参考物
全球变暖	CO_2、CH_4、NO_x	1 kgCO_2
酸化	SO_2	1 kgSO_2
富营养化	COD、NO_x	1 kgNO_3
生态毒性	Cd、Cr、Pb、Hg、Zn、Cu、Ni、二噁英	1 m³ 土壤
粉尘和烟尘	TSP	1 kg 烟灰尘

本书采用 4 种不同的方式研究生活垃圾对全球变暖、酸化、富营养化和生态毒性的潜在影响，并以 CO_2、SO_2、NO_3^- 为参照物，根据环境影响因子与参照物之间的当量关系，计算出每种影响类型的环境影响潜力 EIL（Environment Influence latency）。

$$EIL = \sum WEP(j) = \sum \frac{\sum Q(j)_i \times PF(j)_i}{ER(j)_{2010}} \qquad (3\text{-}6)$$

式中，WEP(j)——加权后的环境影响潜值；

$\quad\quad$ $Q(j)_i$——第 i 种物质的排放量；

$\quad\quad$ PF(j)$_i$——第 i 种排放物质对第 j 种环境影响的当量因子；

$\quad\quad$ ER(j)$_{2010}$——2010 年的环境影响潜值基准。

在不考虑垃圾回收的情况下，由影响评价结果可得，对垃圾进行简易堆置和焚烧处理的综合环境影响潜值分别为 4.46×10^{-4}、7.45×10^{-2}。全球变暖、酸化、富营养化、生态毒性、粉尘烟尘在垃圾简易堆置处理中对环境影响总潜值的贡献分别为 0%、0%、86.22%、13.78%、0%，而在焚烧处理中则分别为 0.66%、1.62%、80.89%、5.25%、11.58%（表 3-64）。

表 3-64　垃圾填埋、焚烧的环境影响负荷

环境影响类型	堆置			焚烧		
	影响潜值	标准化后	影响负荷	影响潜值	标准化后	影响负荷
全球变暖	—	—	—	5.12	$5.89×10^{-4}$	$4.88×10^{-4}$
酸化	—	—	—	$5.97×10^{-2}$	$1.66×10^{-3}$	$1.21×10^{-3}$
富营养化	$3.27×10^{-2}$	$5.27×10^{-4}$	$3.84×10^{-4}$	5.12	$8.26×10^{-2}$	$6.03×10^{-2}$
生态毒性	$1.11×10^{-2}$	$3.09×10^{-5}$	$6.15×10^{-5}$	$7.04×10^{-1}$	$1.97×10^{-3}$	$3.91×10^{-3}$
烟尘和粉尘	—	—	—	$2.55×10^{-1}$	$1.41×10^{-2}$	$8.63×10^{-3}$
总计	$4.37×10^{-2}$	$5.58×10^{-4}$	$4.46×10^{-4}$	11.26	$1.01×10^{-1}$	$7.45×10^{-2}$

在垃圾简易堆置过程中，富营养化和生态毒性的环境影响负荷贡献较大，这是因为垃圾在简易堆置过程中产生了渗出液渗漏和重金属污染。在垃圾焚烧处理中，富营养化是主要的影响类型，这是因为垃圾焚烧的过程中产生了大量的氮氧化物气体，同时还产生了粉尘、烟尘，对环境造成了污染，这是因为农村生活垃圾焚烧并未进行尾气净化处理。此外，还产生了少部分对人体和生态造成的毒害污染，分析为垃圾焚烧后产生的灰土并未集中处理，其中含有的重金属直接进入土壤环境而造成的。在不考虑垃圾出村后的处理情况下，垃圾的简易堆置比焚烧处理对农村内部产生的环境影响更小，即分类回收+简易堆置产生的环境影响小于分类回收+就地焚烧。

5）源头分类减量模式的资源回收利用促进分析

生活垃圾组分与居民的整体生活水平和生活方式密切相关，通过对农户的入户调查及现场取样分析，长沙周边农村生活垃圾组分见图 3-19。

图 3-20 为随机抽取 5 kg 农户分类和不分类时分别投放的入桶垃圾中有机垃圾占比情况。

将农户对生活垃圾进行初步分类投放与未分类直接投放的垃圾组成进行对比，可得农户分类后可减少 85.9%的总有机垃圾，其中厨余类垃圾可减少 77.7%，果皮菜叶类垃圾可减少 81.5%。

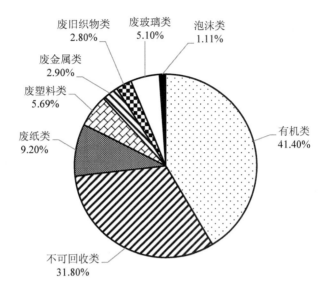

图 3-19　农村生活垃圾主要物质组成

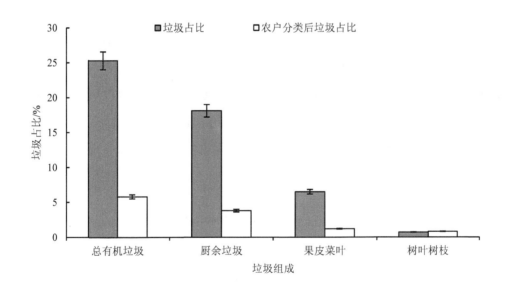

图 3-20　不同源头分类方式有机垃圾主要组成

　　两种源头分类方式的最大区别在于农户对生活垃圾的分类处理。从农户投弃垃圾的调查情况来看，70%的村民会混合投放可回收垃圾和不可回收垃圾入桶，40%的村民会直接将厨余垃圾倾倒在自家坪前的土地上。光明村作为源头二次分类的示范村庄，其90%的农户会自行消耗有机垃圾并将其他垃圾分类投放入桶（图 3-21）。

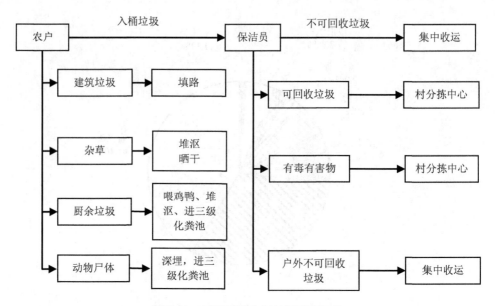

图 3-21 长沙周边农村垃圾减量回收

村民混合投放的有机垃圾中厨余垃圾占 65.5%～71.5%，源头二次分类方式可减少
85.9%的有机垃圾，而源头一次分类方式仅能减少 38.89%左右。目前，农户的分类意识
尚缺，造成一部分可堆肥垃圾中的有机成分流失。源头二次分类方式中农户会将有机垃
圾堆肥处理，可回收垃圾分类入桶，并且可回收垃圾的分类投放使收集后的二次分类和
终端处理的垃圾量减少30%以上，同时还可以节约运输成本。

表 3-65 和表 3-66 为各村垃圾分拣中心可回收垃圾的产生量、各废品价格和经济效
益情况。

表 3-65 农村废品回收价格

品名	单价/（元/斤）	品名	单价/（元/斤）	品名	单价/（元/斤）
黄纸板	0.2	一级紫铜	10	旧灯管	0.2
书纸	0.3	二级铜	8	农药瓶	0.4
矿泉水瓶	0.5	不锈钢	0.5	废电池	0.8
塑料	0.3	黄铜	5	一次性饭盒	0.2
硬塑	0.3	啤酒瓶	0.2	泡沫	0.5
食用油壶	0.5	废玻璃	0.1	抛秧盘	0.2
旧衣服	0.2	易拉罐	3	旧纤维袋	0.05

表 3-66　可回收废品产生量

产生量/ （kg/月）	废纸	废塑料	纤维	不锈钢	旧衣服	废玻璃	废电池	旧灯管	泡沫	铜
光明村	5 150±20	2 940±10	644±5	1 428±8	1 302±8	2 576±10	28±1	433±5	602±5	98±3
白果村	3 890±15	1 904±10	536±5	1 083±10	908±10	1 503±10	10±1	245±3	489±5	72±5
石忠村	1 468±10	794±8	278±5	843±10	443±5	981±10	7±1	128±3	328±5	63±5
南洲村	1 591±10	924±10	234±5	643±8	543±5	861±8	8±1	156±3	238±4	63±5

每月通过垃圾分类回收模式获得的经济效益是比较可观的，光明村、白果村、石忠村、南洲村每月产生的经济效益约分别有 6 820 元、4 933.4 元、2 914.6 元和 2 841.8 元。此收入可以用作保洁员的绩效奖金，用来调动保洁员的工作积极性，为后续的垃圾分类收运和资源化利用的长期持续运行提供一定的经济支持。

2．农村生活垃圾污染防治存在的主要问题

1）收运费用依赖地方财政

农村垃圾治理长期被视作一项公益性事业，其经费主要来源于国家及地方财政。在资金来源渠道单一、农村经济比较困难的情况下，垃圾处理经费投入严重不足，环卫设施建设滞后，已成为制约农村垃圾有效治理的主要瓶颈（表 3-67）。

表 3-67　农村生活垃圾集中收运处理成本分析

处理环节	支出项目	成本	备注
收集	户用容器	150 元/户	5 年折旧
	保洁工具	1 000 元/套	服务户数 100 户，5 年折旧
	保洁员工资	1.2 万～1.5 万元/（人·a）	服务户数 100 户/人
	村垃圾收集站	2 万～3 万元/座	10 年折旧
村—镇清运	清运车运行	2.4 万～3.6 万元	服务户数 2 000 户/辆
乡镇中转	中转站投资	50 万～80 万元/万户	10 年折旧
	中转人员工资	1.5 万元/（万户·a）	
	中转车运行	40 万～50 万元/（万户·a）	
县（市）集中处理	处理费	70～90 元/t	产生量 0.6 t/（户·a）

调研发现，采取就近集中式处理模式，集镇、村的农村垃圾运输费用分别为 87.8 元/t 和 87.4 元/t，可降低 50% 左右。因此，采取以乡镇为单位的就近集中式处理模式时，垃圾运输单程直线距离一般在 5 km 范围内，垃圾运输费用可控制在 100 元/t 以内。

部分经济欠发达省份的村镇垃圾处理费用暂时还没列入各级政府的财政预算，村镇垃圾处理经费欠账严重，短期内全部要国家和省里解决是不现实的。

2）集中收运处理不符合持续发展的要求

国内目前已推行近 10 年的农村生活垃圾集中（混合）收运处理的模式，虽有效解决了近城区农村村庄环境污染问题，但垃圾终端处理以填埋为主，并且基本依托城区垃圾填埋场处置，对城市生活垃圾处理系统形成了难以承担的负荷压力。较早实行这一模式的浙江、江苏、湖南等地的城市生活垃圾填埋场已不堪重负，自 2013 年开始已迫于现实情况逐步停止了农村生活垃圾的集中收运处理，转而采取各种不同的就地处理模式。而现在仍进行集中收运处理的江西、广西、河南等地也已经面临处置压力和收运成本不断提高的困境，农村生活垃圾集中收运处理的模式难以维持。

此外，农村生活垃圾中有机垃圾占 40%～50%，可回收垃圾占 20%～25%，可回收垃圾主要为纸类和塑料类。而目前集中处理模式将各种垃圾混杂在一起，有回收价值的废品未能得到充分利用，且混合垃圾填埋占地面积大，难以进行堆肥或焚烧，违背了垃圾处理的减量化和资源化要求。

如何在农村生活垃圾的收集处理中由传统的混合收集、集中填埋模式转变为"废弃物—分类回收—再生资源"的循环经济模式是当前各地农村生活垃圾处理中亟须解决的问题。

3）分类收集后的终端处置不畅

由于受城市垃圾填埋容积的限制，多地已提出可降解垃圾不出户、不出村、不出镇。农户按照"沤一点、卖一点、烧一点、交一点"的"四点子"方式对农村生活垃圾进行源头分类处理。但农户源头分类后，由村镇收集后再集中处理的可回收垃圾和有毒有害垃圾的处理往往受上一级（县、市）相应配套体系的限制，资源回收渠道不通畅，不能大范围推广分类收集模式。

建立可回收垃圾进入资源回收系统的途径，加强有毒有害和不可降解垃圾的终端处置，才能理顺源头分类后的垃圾流向，使垃圾分类能够长期维持运行下去。

4）就地处理模式缺乏合理引导和监管

农村生活垃圾的处理主要受政府引导，在人口稠密、城镇化率较高的地区，由于垃圾产生量大且集中，因而便于收集运输；而经济欠发达地区或人居稀疏的地区，由于收集处理的不便及成本较高导致以就地处理为主。

有些地方随着集中收运处置的不堪重负，以及农村生活垃圾处理绩效考核压力的增大，已经出现由一个处理模式极端地走向另一个模式，即由集中转运变为垃圾不出村，完全就地消化（图 3-22）。分散式农村生活垃圾处理处置设施的建设已经铺开。

图 3-22　由转运—填埋到自主处置

就地处理模式的主要技术为简易填埋、堆肥、简易焚烧等。分散式的简易垃圾填埋场没有场底防渗、作业覆盖和渗滤液导排处理系统，因而臭气四处逸散，渗滤液随意排放，恶化了周边环境。分散填埋模式不提倡采用，与城市垃圾填埋处置不同，分散填埋对周边农用地的污染将形成从点到面、从表层到深层的污染，在无控制管理的情况下其对土壤和地下水造成的污染危害持续时间长并难以恢复。

而分散式的垃圾焚烧设施虽然能够减少土地占用、减轻垃圾后续处理的压力，但当前此类就地处理处于自行处理的无序状态，设备投资差异大、烟气净化水平参差不齐，极易产生大气污染（图 3-23）。

村集中焚烧　　　　　　　　农户自行焚烧　　　　　　村镇自制焚烧炉

图 3-23　分散式垃圾焚烧

目前出于处理成本或土地利用限制，部分村庄采取自行简易填埋或焚烧的方式，垃圾就地处理模式随意选择，没有得到合理引导和管理。农户自行焚烧虽然垃圾量少，产生的污染从单点源来看不明显，但其实质是将污染分散排放，并且其产生的有毒有害污染物更不易控制，容易造成多点源累积，对局地污染严重。

简易焚烧炉一般利用自然地形建于山坡或台地边缘，由圆柱形的焚烧炉主体和顶部的烟囱两部分组成。主体有混凝土和金属两种材质，单炉处理量在 1～2 t。该类简易焚烧的就地处置模式在江西、湖南、广西等地出现，而各种就地处理技术设施规模小、数量多、布局分散、环境风险控制能力差。

就地（就近）集中焚烧模式能较好地解决垃圾占地和避免直接污染水土环境的问题，但各地现有的焚烧或热解设备或是自制，或是对外采购，无统一标准，设备运行也不规范，基本是一烧了之，焚烧设备的废气和废水排放未纳入环境保护监管体系，极易造成区域大气污染并传至水环境和土壤环境而造成污染。为进一步推行就地分散处理，减轻收运系统的压力，对农村生活垃圾热处理设施设备的采用和运行监管应建立相匹配的制度，由主管部门颁布就地处理的设施设备标准、排放标准、管理考核制度等。

我国农村地区相对城市区域地广人稀，环境自净修复能力较强。在当前城市生活垃圾处理系统难以负荷的情况下，农村生活垃圾产生分散且量大，就地处理模式变为必选。如何根据不同农村生活、经济和环境实际采取适宜的就地处理模式并进行有效监管，已成为控制农村生活垃圾污染的主要问题。

3．农村生活垃圾污染物减排技术与政策

1）多渠道筹集农村生活垃圾收运费用

农村人口的居住较为分散，这种分散的居住方式决定了生活垃圾集中收运的成本偏高。垃圾箱、垃圾桶、中转站、运输车辆等基础设施的数量较多，并且垃圾收集与处理设施的购置成本增高。目前，农村生活垃圾处理和收运设施设备均由各级财政负担投入建设，资金投入来源单一，对乡镇财政支出形成较大压力。因此，应采取多种渠道筹集资金用于农村生活垃圾收运，以维持其长期运转。

可以采用"四个一点"的方式：①县镇"补助一点"，由县级财政出资，主要用于配备一辆垃圾清运车、垃圾收集池、收件箱的配套建设；②村级"自筹一点"，根据本村实际情况适当统筹安排相应的专项资金；③社会"筹集一点"，通过积极发动辖区内的企业、外出乡贤、广大群众筹集农村垃圾收集处理资金；④农户"缴纳一点"，建立有偿服务机制，以户（人）为单位进行计算，采取不同的方式，由村委会定期向农户收取一定额度的卫生保洁费，以满足村级专项管理经费的需求，如浙江为 10～15 元/（户·人），湖南为 8～12 元/（户·人），而在山区人均缴纳费用为 5～6 元/（月·人）。经济较好地区，部分地方农户缴费率达 70%以上。

2）促进农村生活垃圾资源回收利用的措施

垃圾分类收集是农村生活垃圾资源化利用的前提，也是实现垃圾减量化、资源化、无害化的根本举措。在节省垃圾处理环节的资金投入和运行费用的同时，可通过资源回收增加村级或保洁员的收入，以带来经济和环境的双重效益。

农村生活污染物资源化利用促进应从以下几个方面着手：

（1）源头减量。积极引导农户将有机垃圾堆沤还田，实现农户按照"沤一点、卖一点、烧一点、交一点"的"四点子"方式源头减量。村民可按"以交代缴"形式，上交不可降解垃圾和有毒有害垃圾抵缴垃圾处置经费。

（2）建立二次分类回收模式。农户对有毒有害、不可降解、可回收利用等垃圾进行初次分类后运送至分拣房，由村保洁员按政府指导价进行收购，再定期清运至环保合作社由专业人员再次进行细分类，形成了"户、组、村、镇"四级垃圾分类收集处置模式。

（3）搭建资源物流平台。以农村环保合作社作为环境治理工作的主要平台，保证合作社人力、物力、财力的投入。

（4）实施网格化管理。对负责片区进行责任划分，按网格实行无缝保洁，每人承包一块"责任田"，职责清晰到人。实行"镇干部联村，村干部联组，组干部、党员包户"的网格化责任管理。

（5）实施三级联核。将农村生活垃圾处理工作纳入乡镇或县市政府工作考核，形成市对县、县对镇、镇对村三级联核。根据工作绩效逐级进行补贴和奖惩。

3）加强就地处理模式的应用指导和监管

就地处理模式选择方面，一要加强不同农村地区生活垃圾就地处理模式的适用性研究。农村地区人口聚集密度相对城市要小，环境容量大，应结合不同区域环境质量要求和环境容量，对不同就地处理模式的适应性进行研究。二要加强就地处理模式的选择指导。农村生活垃圾处理在现阶段仍然是由政府投入资金进行维持运行和管理的，应该按照不同地方财政状况、县市垃圾处理系统状况、当地环境容量，结合当地资源循环产业发展来选择就地处理模式及规范化的设施。对可降解的有机垃圾，就地堆肥模式和高温快速堆肥设施在浙江多地已出现，如阳光房工程。这种批量堆肥与农户自己源头分类将厨余垃圾沤在田间地头不同。掺和了生活垃圾的堆肥与农业生产废弃物堆肥在产品有害成分的控制上应区别对待，制定相应的堆制规程和产品标准来进行管理，避免使用不当而造成二次污染。

分散式简易垃圾填埋场建设和管理方面，一要根据当地环境容量和地质情况，严格控制村级自行填埋；二要控制并合理规划建设人口集中乡镇的垃圾填埋场，可以参照城市垃圾填埋场建设和污染控制规范，对填埋场底部防渗、作业覆盖和渗滤液导排处理系统进行妥善管理。

小型垃圾焚烧设施使用和污染控制方面，当前此类就地处理模式基本处于无管理状态，设备投资差异大、烟气净化水平参差不齐。在正常工况下，垃圾热解产生的烟气依次经过冷凝、水沐处理以及电子除尘等工艺清除颗粒物、酸性气体、焦油等污染物，最后烟气在二燃室经高温加热后由烟囱外排。这样可以利用垃圾焚烧所产生的热量循环使炉内温度叠加，从而使垃圾焚烧产生的有害气体完全分解，同时还可以利用垃圾本身的水分经焚烧所产生的水蒸气来稀释垃圾焚烧所产生的有害气体，使其循环高温分解。

根据当前我国农村生活垃圾焚烧处理的现状，应该在以下方面开展工作。①设备标准化。一般应配备较完善的烟气净化系统，设有二次燃烧、湿法洗涤、除尘等多个烟气净化环节，才能基本保证烟气污染物排放达标。②设备有效利用。通过垃圾源头分类，筛除无机物含量较高的砖瓦、碎石、灰土等，提高垃圾热值和垃圾热解气化效率，从而提高热解气化设备的稳定性和有效利用率。③烟气净化达标排放。虽然与城市生活垃圾焚烧炉相比，农村垃圾热解气化设备的大气污染物产量不高，但其排放往往不能确保满足《生活垃圾焚烧污染控制标准》（GB 18485—2014）的要求。因此，应在解决垃圾收运、设备标准化及有效利用的前提下，依据当地环境要求和容量，制定相应的小型垃圾焚烧设施烟气排放标准并进行严格的排放监管。

本书通过对湖南、广东、广西、云南、四川、重庆等省（区、市）农村生活垃圾处理设施的调研，以及对广东、广西、云南的部分设施的实地监测，对农村生活垃圾焚烧、气化等处理设施的技术现状、优势劣势、发展方向进行了分析和探讨，对生活垃圾焚烧、生活垃圾气化、煤气化、生物质气化等多个方面进行了分析，比较了不同地区、不同造价、不同厂家的热处理装置的效能及污染排放。针对农村生活垃圾焚烧处理模式存在的设备投资、烟气净化水平、设备有效利用程度等主要问题编制了《农村生活垃圾焚烧污染控制技术规范》，对农村生活垃圾预处理系统、热处理系统、污染治理系统、设施运行与污染控制进行了规定，提供了较全面的技术参考文件。

3.3 农副产品加工业污染物减排配套管理制度与政策

3.3.1 农副产品加工业污染及治理现状

1. 农副产品加工业污染研究范围

农副产品加工指以农、牧、渔产品及其加工品为原料所进行的生产活动,根据加工对象的不同,可以分为种植业农产品加工、畜禽产品加工和水产品加工。我国幅员辽阔,具有农产品种类繁多、加工类型千差万别的特点。按照对农产品的加工程度,可分为初级加工与深加工,这两类加工类型的对比分析见表 3-68。深加工通过改变农产品的内在成分,以进一步提升效益,属于工业行业,具备独立法人资质,其污染物减排应该纳入工业污染减排体系;初级加工一般不改变农产品的内在成分,用以提供初级市场的服务活动,依附于农业生产,以农户、合作社等为主体,具有小型、分散、粗放式等特点,所加工的农产品基本都来自原产地,因此初级加工实质上是农业生产活动向市场流通过程的延伸,属于农业生产活动的范畴。

表 3-68 农副产品初级加工与深加工的特征比较

加工种类	加工特征	行业属性	生产主体	原料来源
初级加工	发生量的变化	农业行业	以农户、合作社为主,依附于农业生产	农产品原产地
深加工	发生质的变化	工业行业	生产者专门从事产品加工,较为独立	原产地或异地

2. 我国农副产品加工的分类、分区

1)粮油加工

我国在长江中下游、东北等稻谷主产区重点建立稻谷综合加工基地;在华北、华东、西北等小麦主产区形成优质专用小麦粉、全麦粉和副产物综合利用加工基地,并积极开发玉米食品,严格控制玉米深加工企业的产能扩张和用粮增长;在东北、华北、中西部等杂粮及薯类主产区建立了一批加工基地,以提高加工规模和技术水平,加快发展杂粮传统食品和方便食品。

我国在长江中下游和西部油菜籽主产区,黄淮海花生主产区,黄河、长江流域和西部棉籽主产区以及西部葵花籽主产区发展菜籽油、花生油、棉籽油、葵花籽油大型加工企业,建设了一线多能、多油料品种加工项目;依托稻谷、玉米主产区大型粮油加工企

业、加工园区和产业集聚区，大力发展米糠油、玉米油等特色油脂加工；严格控制大豆压榨及浸出项目，形成大豆加工产业带。

2）果蔬加工

我国蔬菜加工与蔬菜产业格局相同，基本都是以原产地加工为主。目前，我国的叶类蔬菜加工产品形式较为单一，产品多为初级加工的托盘菜、捆装菜等，鲜切菜、冻干蔬菜生产厂家较少。产品加工形式所占比例由大到小依次为托盘蔬菜、捆装菜、鲜切菜（非即食）、鲜切菜（即食）、蔬菜汁，其中初级加工产品托盘叶菜与捆装叶菜所占加工形式的比例最大，两者之和共计83%，鲜切菜是深加工叶菜的主要产品形式。

我国的水果加工业布局趋于集中化，为了满足消费者对水果加工品需求的不断上升，大力发展河西走廊、新疆、云贵高原等特色水果加工基地以及陇东地区、四川、渭北高原等地区的优质水果加工基地，逐步形成了具有鲜明特色的优势产业带。由于果树生长对生态地理环境的要求较高，所以我国水果生产呈现不同地域分布特征，其中苹果、柑橘、梨、香蕉和桃等大宗水果占总产量的80%。

我国的水果加工布局区域集中，逐步形成了优势产业带，与水果种植区域类似，主要有果酒、果汁、罐头、鲜切果品、脱水果品、冷冻果品等，其中果酒生产占主要地位。在水果原产地初级加工方面，主要以原产地的修剪、包装、储存为主。

3）畜禽加工

到2015年年底，我国肉类总产量达到8 625万t，猪肉、牛肉、羊肉占比分别为64%、8%、5%。

我国畜禽加工主要以原产地为主，与畜禽生产布局类似。我国肉类制品中可以分为两大类：一类是中国传统风味的中式肉制品，主要是一些腌制、熏制类产品，如金华火腿、广式腊肠、南京板鸭、德州扒鸡、道口烧鸡等传统名特产品；另一类是西式肉制品，有香肠类、火腿类、培根类、肉糕类、肉冻类等，近年来发展迅速。我国肉制品共分10大类，500多种，肉类产品加工率只有17%，低于发达国家的60%，中、西式肉制品比例为45∶55。在初级加工方面，冷却肉在生鲜肉品中发展得非常快，是主要的加工类型，占85%以上，成为许多肉类食品加工企业新的经济支柱。

4）水产品加工

我国水产品加工企业主要分布在东部沿海地区，如山东、上海、广东、广西等地，以海产品为主；淡水鱼类产品加工企业则主要分布在我国南方内陆地区，如湖南、湖北等地，其中湖北、江苏、广东、江西等省份淡水鱼加工量居前列。按地区分布来说，我国约 80%以上的水产品加工企业分布于东部沿海地区，如华东地区的山东、上海、江苏、浙江、江西、福建，东南地区的广东、广西、海南，东北地区的辽宁以及华北地区的天津等地。近年来，内陆水产品加工企业也得到了一定的发展，如湖北、湖南等省份，通过大力发展内陆养殖渔业，推动了水产品加工业的迅猛发展。而西北内陆地区的水产品加工企业则数量很少。

在加工比例上，海水加工品总量占水产加工总量的 80%以上，占主导地位；淡水加工品所占比例保持上升趋势。2005 年，我国淡水加工品总量所占比例不到 10%，到 2011 年，我国淡水加工品总量所占比例达到 17%左右。目前，我国水产品加工类型以简单冷冻加工为主，水产加工品主要有冷冻水产品，鱼糜、干腌制品，藻类加工品，罐制品，鱼粉，鱼油制品等，其中以冷冻水产品为主，产量达到了 1 103.7 万 t，占全国水产加工品总量的 61.9%，其次是鱼糜、干腌制品和鱼粉，所占比例均超过了 10%。

3. 农副产品初级加工污染物产生特征

1) 废弃物产生环节

(1) 粮油加工流程与污染产生环节

按照我国现行的粮油加工标准，以水稻、油菜两个大宗的粮食和油料为例，其主要产生废弃物的环节如图 3-24、图 3-25 所示，其中稻米加工产生的废弃物主要是稻壳、米糠、碎米等，油菜加工产生的废弃物主要是菜籽粕、油脚等。

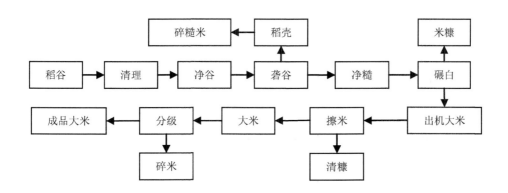

图 3-24　稻米加工流程与废弃物产生环节

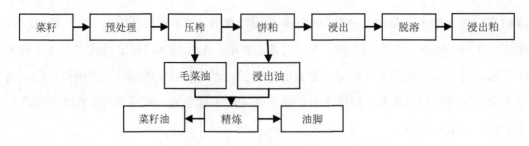

图 3-25　油菜加工流程与废弃物产生环节

（2）水果和蔬菜初级加工流程与污染产生环节

按照我国现有的主要果蔬初级加工流程，参考《速冻水果与速冻蔬菜生产管理规范》（GB/T 31273—2014），水果和蔬菜初级加工产生的主要污染环节见图 3-26。

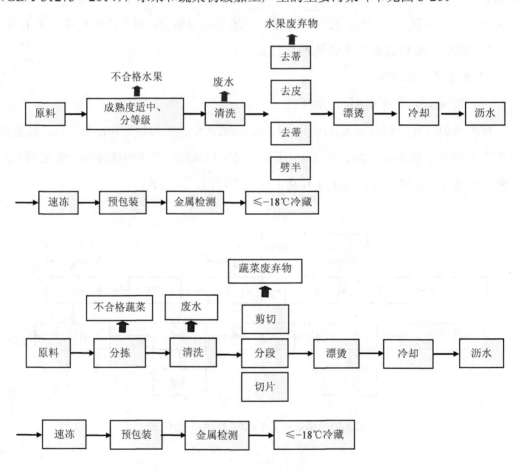

图 3-26　速冻水果与蔬菜加工废弃物产生过程

（3）畜禽屠宰加工副产品和污染物产生环节

畜禽屠宰加工副产品和污染物产生的主要环节主要是加工过程中的污水和加工产生的内脏、毛发等废弃物。以生猪和肉鸡为代表，其初级加工过程中废弃物的产生如图3-27、图 3-28 所示。

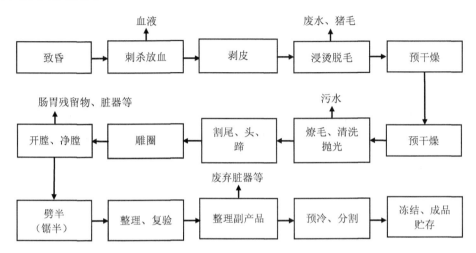

图 3-27 生猪屠宰流程及各环节副产品和污染物产生情况

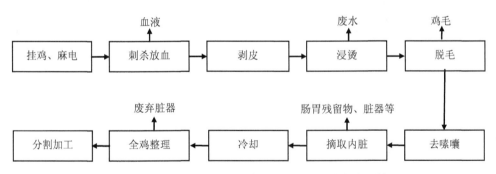

图 3-28 肉鸡屠宰流程及各环节副产品和污染物产生情况

（4）水产品加工流程与污染物产生环节

水产品一般包括鱼类、甲壳类、软体动物类、腔肠动物、棘皮动物、水产兽类和藻类等。水产品粗加工主要指渔获物处理，是将新捕获的鱼类、贝类、藻类等鲜品经过清洗、挑选、除去不需要的部位后制成冷冻品、水产罐头以及干制品等。依据《冻虾仁加工技术规范》（SC/T 3026—2006）、《咸鱼加工技术规范》（GB 27988—2011）、《冻烤鳗加工技术规范》（SC/T 3027—2006），几类主要水产品的加工流程及各环节产生的污染物如图 3-29 所示。

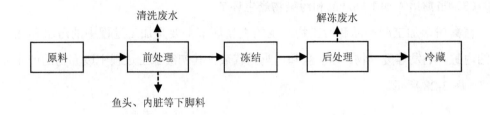

（a）冷冻制品

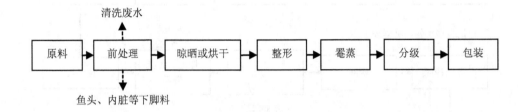

（b）水产干制品加工

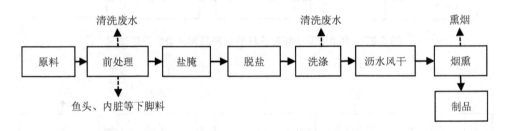

（c）水产烟熏制品

图 3-29　几类主要水产品加工流程及污染物产生环节

2）污染物产生现状

（1）农副产品初级加工废弃物产生基数庞大

我国粮油和畜禽等产品总量多年位居世界首位，但由于农产品加工业起步较晚，因而加工副产物综合利用水平低，稻壳、残次果、畜禽骨血等副产物大部分未得到有效利用。目前，我国粮油、果蔬、畜禽、水产品加工副产物达到 5.8 亿 t，其中果蔬加工副产物最多，超过 2.4 亿 t，粮食加工副产物超过 1.8 亿 t，油料加工副产物 9 000 万 t，畜禽屠宰加工副产物 5 620 万 t，水产品加工副产物 1 569 万 t。

（2）粮食、果蔬等初级加工原产地产后损失

目前我国粮食、马铃薯、水果、蔬菜的产后损失率分别高达 7%～11%、15%～20%、15%～20%、20%～25%，基本抵消了或远远超出了为粮食增产、推进菜篮子工程所做

的投入（图 3-30），粮食、果蔬的产后损失也是农产品采收后污染的重要来源。

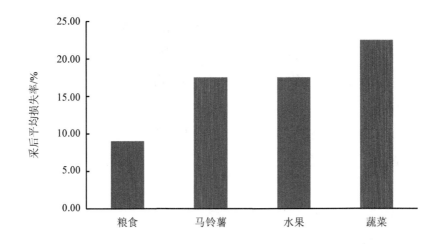

图 3-30　我国粮食、马铃薯、果蔬采后平均损失率

我国粮食在产后的干燥、储藏、加工等环节还明显存在设施设备缺乏、技术工艺落后以及过度加工的问题，每年由农户储粮、仓储运输和加工这些环节导致的粮食损失量在 350 亿 kg 以上，其中农户家庭储粮损失浪费约 200 亿 kg，仓储、运输企业损失浪费超过 75 亿 kg，加工企业损失浪费超过 750 亿 kg。蔬菜废弃物产生的分布相对集中，主要产生于蔬菜的产区、集散地和加工场所，每年产生的蔬菜废弃物分别达到 735 亿 kg、183 亿 kg 和 122 亿 kg，在收获、采收后的处理、贮存、加工包装、运输和消费等不同阶段产生的折损比分别为 10%、8%、2%、8% 和 15%。水果采收方面，发达国家水果采后的损失率一般都低于 5%，而我国水果由于生产和管理粗放，采后平均损失率却高达30% 以上，果农损失较大。发达国家的水果采后商品化处理率达到 80% 以上，水果的总储量占总产量的 50% 左右。

（3）加工副产物综合利用率低

2014 年农业部门开展的农产品生产及加工副产物综合利用专题调研结果显示，我国农副产品加工产生的废弃物利用水平各不相同（图 3-31）。果蔬加工副产品的产生量最大，加工综合利用率最低。果蔬加工副产物中，叶、秧、茎、根、皮、渣等为 21 265 万 t，皮、渣、籽、壳、核等为 3 021 万 t（柑橘 1 584 万 t，苹果 1 155 万 t，葡萄 264 万 t），但综合利用率不到 5%。粮食加工副产品的综合利用率也较低，其中米糠 2 042 万 t，稻壳 4 085 万 t，麦麸 2 178 万 t，玉米芯 4 000 万 t，玉米皮 4 112 万 t，糟类 1 800 万 t

（酒糟 1 500 万 t，醋糟 300 万 t），而在粮食初级加工副产物综合利用率方面，稻壳不足 5%，碎米为 16%，米糠不足 10%。油料加工副产品综合利用率比粮食加工稍高，但也在较低水平。目前，油料加工副产物年均增长 3.9%，其中皮壳 1 000 多万 t，饼、粕、油脚、皂脚等 8 000 多万 t，综合利用率仅为 20%。畜禽水产加工副产品综合利用率最高，但也不容乐观。畜禽屠宰加工副产物主要有骨、血、内脏、羽毛、皮毛等，水产品加工副产物主要有头、皮、尾、骨、壳等。综合利用率方面，畜类为 29.9%，禽类为 59.4%，水产为 50% 以上。虽然畜禽水产加工副产品的产生量相对较小，但由于污染负荷大，所引起的环境问题往往更加严重。

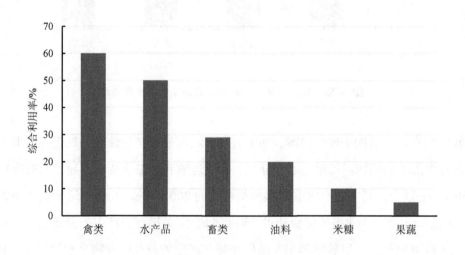

图 3-31　我国农产品加工废弃物综合利用率

3.3.2　农副产品加工业污染防治存在的主要问题

1. 加工水平落后，污染物产生量大

目前，我国农副产品初级加工主要以主产品的生产和销售为主，现有技术水平低、设施简陋、方法原始、工艺落后，农副产品产地普遍缺少储藏、保鲜等加工设施，产后损耗大，既造成了损失，也污染了环境。我国农副产品加工业与农业总产值的比例为 2.2∶1，明显低于发达国家的（3～4）∶1；技术装备水平不高，比发达国家落后 15～20 年，平均耗电量、耗水量分别是发达国家的 2 倍和 3 倍，往往建一个厂就是一个污染源，大部分农副产品的初级加工场所规模较小，与农业生产规模不协调、不匹配。

2．加工类型多样、产业链条长，监管难度大

我国农副产品初级加工依附于农业生产，规模小而散，污染发生较为隐蔽，还没有形成专门的监督监管机制。由于市场化发育程度较低，农产品的产前、产中和产后还被割裂在城乡工农之间的不同领域、地域之间，所涉及的部门多且结构松散，不利于统一监管。目前我国农产品的生产、加工、物流与销售等环节采用分段监管为主的方式，其中农业部门负责初级农产品生产环节的监管，质检部门负责食品生产加工环节的监管，工商部门负责食品流通环节的监管，卫生部门负责餐饮等消费端的监管，食药监部门负责对食品安全的综合监督，存在各管理机构自成体系、政出多门、多元化领导等现象，缺少统一的监管体制，势必会造成部门之间的职能交叉、责任不明，不利于农副产品加工业的有序发展，导致在农副产品初级加工环节往往形成监管盲区。

3．标准与规范制定较为滞后

绝大部分农产品副产物的综合利用没有制定国家标准和行业标准，更谈不上基础标准、方法标准和管理标准对产品标准的有效支持。我国现有的农产品加工标准与规范侧重于从食品卫生与质量的角度进行制定，基本没有考虑到对废弃物产生的综合利用，在污染的排放标准、管理措施等方面更是空白，多是靠农户凭经验来完成，没有统一的标准，已有标准的编制、修订速度又远远落后于行业发展和管理要求，还未形成科学完整的标准规范体系。此外，我国还缺乏农副产品废弃物综合利用的规范，使农副产品减排工作的开展缺乏相应的标准。因此，亟须针对农副产品初级生产制定相应的清洁生产标准体系，以畜禽加工副产物为例，我国陆续颁布了《肉类加工工业水污染物排放标准》（GB 13457—92）、《屠宰与肉类加工废水治理工程技术规范》（HJ 2004—2010）等标准规范，限制污染的达标排放，但对畜禽宰后副产物并无完善的规范要求，是否利用基本由加工企业根据利润大小自行决定。

3.3.3 农副产品加工业污染物减排技术与政策建议

1．转变思路，开展顶层政策设计

长期以来，我国农业发展关注从田间产出的农产品产量的提升，而忽略了农产品"实际供给量"，即消费者实际能获取的农产品数量的提高。由于我国资源环境的束缚，主要农产品的生产量已经到了"天花板"，如粮食、蔬菜等产量的增长空间十分有限，需要将管理思路从仅仅注重"前端"提高农产品产量（即仅通过资源投入与技术提升来提高产量），转变到与贮藏、加工、流通环节等"中间、末端"环节相结合，减少农产品

损失，拓展农副产品综合利用途径，将前端、中间与末端有机结合，开展农业产业升级与农业源污染减排相融合的顶层政策设计，从仅仅关注产量到关注农产品实际可得量，从而有效防控农副产品加工污染。

通过农副产品加工业污染减排工作的开展，倒逼农副产品加工产业的转型升级，降低农产品加工过程的损失，将农副产品加工尤其是农产品初级加工纳入农业源减排的考核范围，并纳入各级政府制订的水污染防治计划，实现"原产地—初级加工—市场（或深加工）"的农产品流动过程，明确现有的农副产品加工污染治理现状，确定农副产品初级加工的排放基数，并层层制定减排目标，形成实施方案和工作机制与评估、考核办法。

2．制定发展规划，完善标准体系

结合农副产品加工发展规划，制定统一的农副产品加工废弃物综合利用规划，实现多规合一，并将农产品生产、加工与废弃物综合利用行业进行首尾相连、上下游衔接，将加工副产物综合利用与农副产品加工业的转型有机结合，树立节约、集约、循环利用的资源观，通过绿色加工、综合利用实现农副产品加工业节能降耗，形成"资源—加工—产品—资源"模式，培育新型业态，打造区域产业集群，促进农副产品加工废弃物综合利用企业与专业合作社企业的有机结合，调整种养业生产方式，使副产物更加符合综合利用和加工标准。

加强农副产品加工清洁生产、加工副产物制品的国家标准和行业标准的制修订等，完善产品标准、方法标准、管理标准及相关技术操作规程等，建立副产物加工标准体系并贯彻执行，制定农副产品加工污染排放标准、污染治理标准。在此基础上，按照节能、减排、清洁、安全、可持续的要求，制定农副产品清洁生产园区标准，推荐一批全国农副产品加工综合利用示范企业、示范园区、示范县，树立一批标杆企业。

3．因地制宜，筛选、推广典型技术模式

在农产品污染减排实施过程中，需要根据区域的生态特点、经济水平、农业发展现状，筛选适宜的技术模式。

农产品初级加工涉及的行业种类多、工艺千差万别，成本投入也大不相同。我国幅员辽阔，社会经济发展水平存在较大差异，需要结合当地的具体情况，按照"市场前景广阔、技术设备成熟、节能增效突出、模式借鉴推广"的原则，加强典型模式运用的推广、扶持和评估。原农业部办公厅印发的《关于宣传推介全国农产品及加工副产物综合利用典型模式的通知》已经总结了 18 种农产品加工副产物综合利用模式，但这不能满

足我国农副产品初级加工副产物综合利用的需求，需要进一步根据各地的初级加工发展水平筛选农副产品加工业污染减排和副产物综合利用技术模式。

4. 制定农产品加工副产物综合利用支持政策

明确农副产品加工业规模化发展政策导向。将解决农产品产后处理设施简陋、工艺落后、损失严重、质量安全隐患突出等问题作为重点，聚焦农产品原产地初级加工污染减排。对于农产品初级加工责任主体，应以循环利用、高值利用为导向，以财政资金、绿色信贷资金和其他金融手段以及税收优惠为方法，根据各地的社会、经济发展水平，由中央、地方共同制定农产品初级加工污染减排扶持政策。建立减排工作激励机制，预留部分减排资金，对减排工作推进力度较大、运行良好的企业进行激励。

5. 形成农产品初级加工减排工作实施与考核机制

采取地方政府统筹、合作社或企业建设、农业部门技术指导和服务、环保部门监督监管的方式，从项目申报与审批、项目建设与验收等不同环节形成发改、农业、环保等多部门协同的农产品初级加工减排工作机制，明确减排工作责任主体与任务分工，实现"减损增效、均衡上市、稳定价格、提高质量、控制污染、促进增收"一举多得的效果，在综合提高农产品产地初加工水平的同时，削减排放量。各地区负责建立本地区农产品初级加工污染物总量减排统计体系、监测体系，建立污染物排放总量台账及项目运行监督机制，实现常态化管理。

由环境主管部门制定粮油、果蔬、畜禽与水产品初级加工的污染排放标准，通过现场检查、台账查阅等方法，制定农产品初级加工污染减排考核办法，并负责对减排任务进行考核，主要对污染治理设施试运行或竣工验收文件、主要污染物总量减排目标责任书中重点项目的建成投运情况以及当地人民政府减排管理措施、计划执行情况等有关材料和统计数据进行考核。

6. 将农产品初级加工业纳入环境保护监管体系

整合农业、工商行政管理、食品安全等多部门力量，完善农产品初级加工污染防控的相关法律法规，将其纳入农业源污染防控的法规体系，明确污染减排的责任主体、相关义务以及违法排污的法律责任，国家、地方政府在制定污染防控行动的同时，将农产品初级加工污染减排纳入行动内容。根据当地农副产品加工的季节性特点形成相应的巡查制度，尤其在农副产品加工的旺季加大对污染排放的监管力度，由农业和环境监察部门联合负责定期巡查，建立常态化监管机制。

第 4 章

农业源污染物总量减排制度

4.1 农业源水污染物减排核算方法

当前，我国农业面源污染仍以畜禽养殖业、农业种植业、水产养殖业为主，农村生活源、农副产品加工业的污染物排放量及其对环境的影响较小。为了高效、分阶段地推进农业面源污染治理，国家"十三五"期间仍以规模化畜禽养殖场为重点推动该项工作，为配合国家减排工作，突出重点，本节仅对畜禽养殖业的、农业种植业的、水产养殖业的减排核算方法进行研究。

4.1.1 畜禽养殖业

1. 核算基本原则

（1）农业源污染减排应重点推进畜禽养殖业中的规模化养殖场和养殖小区的污染治理工作。

（2）畜禽养殖业污染物排放量核算口径与污染源普查一致。畜禽养殖业排放量核算采用项目累加和抽样核查相结合的方法，原则上规模化畜禽养殖场（小区）数量较小（低于 1 000 家）的省份需逐一核算；对于数量较大的省份，宜采用抽样核查方式进行核算；养殖专业户的排放量采用排污强度法核算。

（3）鼓励规模化养殖场采取全过程综合治理技术处理污染物，包括建设雨污分离污水收集系统，采用干清粪的方法收集粪便，污水采用厌氧处理方式，沼液经生化处理、深度处理后达标排放，粪渣和沼渣通过堆肥发酵制取有机肥或有机复合肥，以实现农业废弃物的资源化利用。

（4）畜禽养殖业污染治理设施必须具有连续长期稳定的运行效果，对已有的运行设施要通过日常督察、定期核查、随机抽查等方式加强监督管理。鼓励有条件的省份对大型养殖企业安装废水处理在线监测、固体废物处理设施视频监控等设备，并与市级以上环保部门联网。

（5）新建、改建、扩建的畜禽养殖场应采取干清粪方式，采取有效措施将粪及时、单独清出，不可与尿、污水混合排出，并将产生的粪渣及时运至贮存或处理场所，实现日产日清。采用水冲粪、水泡粪方式的养殖场，要逐步改为干清粪方式。

（6）养殖专业户污染物排放量比例较大的省份，应采取措施引导专业户向规模化转移，鼓励对养殖专业户进行综合治理，统一收集、统一处理畜禽养殖污染物。对治理效果显著的省份，根据情况调整养殖专业户排污强度。

（7）畜禽养殖业排放量核算涉及的养殖量、变化率等数据原则上采用省级农业畜牧部门提供的快报数据。如无快报数据，按照《中国畜牧业年鉴》公布的各地近10年各类畜禽养殖数量的年际变化率均值测算。核算期的核算数据与《中国畜牧业年鉴》最终公布的数据存在差异的部分，在下一年度核算时予以追补。

（8）规模化畜禽养殖场（小区）应建立生产运行和污染治理设施运行台账资料记录制度，现场核查时应提供完整、翔实的数据资料，作为核算污染物排放量的依据。

2．COD 排放量核算

畜禽养殖业 COD 排放量的核算范围包括规模化养殖场（小区）和非规模化畜禽养殖中的猪、奶牛、肉牛、蛋鸡和肉鸡，COD 排放量为以上 5 类规模化养殖场（小区）和非规模化畜禽养殖之和。计算公式如下：

$$E_{畜禽}=E_{规模化}+E_{专业户} \tag{4-1}$$

式中，$E_{畜禽}$ —— 核算期 5 类畜禽的 COD 排放量，万 t；

$E_{规模化}$ —— 核算期 5 类畜禽规模化养殖场（小区）的 COD 排放量，万 t；

$E_{专业户}$ —— 核算期 5 类畜禽非规模化畜禽养殖的 COD 排放量，万 t。

1）规模化畜禽养殖场（小区）

猪、奶牛、肉牛、蛋鸡、肉鸡 5 类规模化养殖场（小区）的 COD 排放量计算公式如下：

$$E_{规模化}=E_{猪}+E_{奶牛}+E_{肉牛}+E_{蛋鸡}+E_{肉鸡} \tag{4-2}$$

式中，$E_{规模化}$ —— 核算期规模化养殖场（小区）的 COD 排放量，万 t；

$E_{猪}$、$E_{奶牛}$、$E_{肉牛}$、$E_{蛋鸡}$、$E_{肉鸡}$ —— 核算期规模化养殖场（小区）猪、奶牛、肉牛、蛋鸡、肉鸡 COD 排放量，万 t。

5 类畜禽中某一类规模化养殖场（小区）的 COD 排放量计算公式如下：

$$E_i=P_i \times e_i \times (1-f_{i核定}) \times 10^{-3} + (P_{i总}-P_i) \times e_i \times (1-f_{i平均}) \times 10^{-3} \qquad (4\text{-}3)$$

式中，E_i——核算期某类畜禽规模化养殖场（小区）的 COD 排放量，万 t；

P_i——核算期上报减排项目清单中某类畜禽规模化养殖场（小区）存（出）栏量，万头（只）（猪、肉牛、肉鸡以出栏量计，奶牛、蛋鸡以存栏量计）；

e_i——某类畜禽产污系数，kg/[头（只）·a]；

$f_{i平均}$——核算期某类畜禽规模化养殖场（小区）上一年 COD 平均去除率；

$f_{i核定}$——核算期核定的上报减排项目清单中某类畜禽养殖场（小区）COD 平均去除率；

$P_{i总}$——核算期规模化养殖场（小区）某类畜禽存（出）栏总量，万头（只）。

参数选取原则及有关说明：

（1）5 类畜禽规模化养殖场（小区）规模：生猪≥500 头（出栏）、奶牛≥100 头（存栏）、肉牛≥100 头（出栏）、蛋鸡≥10 000 只（存栏）、肉鸡≥50 000 只（出栏）。

（2）P_i：上报减排项目清单中畜禽养殖存（出）栏量原则上采用当地农业畜牧部门提供的逐户数据，须与畜牧防疫数量相校核，按照取小数的原则确定。无法提供农业畜牧部门数据的，采用现场核查确定的养殖数量。一般情况下，畜禽养殖栏舍面积与养殖数量的对应关系为 1 头猪/m²、0.5 头奶牛/m²、1 头肉牛/m²、15 只蛋鸡/m²、10 只肉鸡/m²。

（3）$P_{i总}$：某类畜禽规模化养殖场（小区）养殖总量原则上采用省级农业畜牧部门提供的快报数据，没有快报数据、2011 年核算期快报数与 2010 年公布数据相比存在显著差异且无合理解释的，按照《中国畜牧业年鉴》公布的该省（区、市）近 10 年该类畜禽规模化养殖总量的年际变化率均值测算核算期养殖总量。全年核算时需根据本年度公布的上一年《中国畜牧业年鉴》数据对上一年核算养殖总量进行校核，对存在差异的部分予以追补。半年核算时畜禽养殖数量取上一年度核算养殖总量的一半。

（4）e_i：某类畜禽产污系数取值见表 4-1。

表 4-1　猪、奶牛、肉牛、蛋鸡、肉鸡产污系数

畜禽养殖类别	猪/（kg/头）	奶牛/[kg/（头·a）]	肉牛/（kg/头）	蛋鸡/[kg/（只·a）]	肉鸡/（kg/只）
COD 产生系数	36	1 065	712	3.32	0.99
NH₃-N 产生系数	1.80	2.85	2.52	0.10	0.02

（5）$f_{i平均}$：核算期某类畜禽养殖场（小区）上一年平均去除率按照上一年核定的平

均去除率取值。

（6）$f_{i\text{核定}}$：核算期某类畜禽规模化养殖场（小区）核定的平均 COD 去除率计算公式如下。

$$f_{i\text{核定}}=f_{i\text{上报平均}}-\sum\left(f_{ij\text{上报}}-f_{ij\text{核定}}\right)P_{ij}/\sum P_{ij} \qquad (4\text{-}4)$$

式中，$f_{i\text{上报平均}}$ —— 核算期上报畜禽养殖减排项目的某类畜禽养殖场（小区）平均去除率；

　　$f_{ij\text{上报}}$ —— 核算期日常督察、定期核查、随机抽查的某类畜禽第 j 个养殖场（小区）上报去除率〔在核算期减排项目清单中的，按上报去除率取值；不在减排项目清单中的，按上一年环境统计数据（2011 年核查采用 2010 年污染源普查动态更新数据）取值〕；

　　$f_{ij\text{核定}}$ —— 核算期日常督察、定期核查、随机抽查确定的第 j 个畜禽养殖场（小区）去除率〔范围为列入年度减排计划的重点项目、新（扩）建的养殖场（小区）、经生态环境部同意调整补充治理项目及已核算过减排量的项目〕；

　　P_{ij} —— 核算期日常督察、定期核查、随机抽查的第 j 个养殖场（小区）的养殖数量。

$f_{ij\text{核定}}$按照以下方法核定：

①蛋鸡和肉鸡养殖场（小区）采取干清粪、粪便全部生产有机肥且无废水排放的，可认定 COD 去除率 100%。

②5 类畜禽养殖场（小区）采取干清粪、粪便生产有机肥、污水进行厌氧+好氧+深度处理达标排放，且配备了在线监测或视频监控设备并联网的，最高可认定 COD 去除率 99%。

③5 类畜禽养殖场（小区）采取干清粪、粪便农业利用、污水进行厌氧+好氧+深度处理达标排放，且出水全部利用的，最高可认定 COD 去除率为 97%。

④5 类畜禽养殖场（小区）采取其他综合治理措施的，按照规模化养殖场（小区）各项治理措施 COD 去除率取值（表 4-2）。

表 4-2　规模化养殖场（小区）各项治理措施 COD 去除率

品种	养殖方式	削减比例/%	粪便利用方式	削减比例/%	尿液处理方式	削减比例/%
猪	垫草垫料	75	垫料农业利用	13	—	
			垫料生产有机肥	18	—	
	干清粪	0	直接农业利用	48	直接农业利用	33
			干粪生产有机肥	57	厌氧处理	35

品种	养殖方式	削减比例/%	粪便利用方式	削减比例/%	尿液处理方式	削减比例/%
猪	干清粪	0	干粪生产沼气	54	厌氧+好氧处理	36
					厌氧+好氧+深度处理	38
	水冲粪	0	直接农业利用	40	直接农业利用	40
			水冲粪生产有机肥	47	厌氧处理	44
			水冲粪生产沼气	43	厌氧+好氧处理	47
			—	0	厌氧+好氧+深度处理	48
奶牛	垫草垫料	79	垫料农业利用	13	—	
			垫料生产有机肥	17	—	
	干清粪	0	直接农业利用	59	直接农业利用	25
			干粪生产有机肥	66	厌氧处理	26
			干粪生产沼气	64	厌氧+好氧处理	28
				0	厌氧+好氧+深度处理	29
	水冲粪	0	直接农业利用	42	直接农业利用	39
			水冲粪生产有机肥	48	厌氧处理	41
			水冲粪生产沼气	45	厌氧+好氧处理	42
			—	0	厌氧+好氧+深度处理	45
肉牛	垫草垫料	82.00	垫料农业利用	8	—	
			垫料生产有机肥	11	—	
	干清粪	0	直接农业利用	62	直接农业利用	23
			干粪生产有机肥	66	厌氧处理	27
			干粪生产沼气	64	厌氧+好氧处理	28
				0	厌氧+好氧+深度处理	29
	水冲粪	0	直接农业利用	43	直接农业利用	40
			水冲粪生产有机肥	47	厌氧处理	44
			水冲粪生产沼气	44	厌氧+好氧处理	45
			—	0	厌氧+好氧+深度处理	47
蛋鸡	垫草垫料	84	垫料农业利用	7	—	—
			垫料生产有机肥	11	—	—
	干清粪	0	直接农业利用	88	—	
			干粪生产有机肥	95	—	
			干粪生产沼气	93	—	
				0	—	
	水冲粪	0	直接农业利用	48	直接农业利用	33
			水冲粪生产有机肥	55	厌氧处理	35
			水冲粪生产沼气	53	厌氧+好氧处理	38
			—	0	厌氧+好氧+深度处理	40
肉鸡	垫草垫料	79	垫料农业利用	13	—	—
			垫料生产有机肥	16	—	—
	干清粪	0	直接农业利用	89	—	
			干粪生产有机肥	96	—	
			干粪生产沼气	94	—	

品种	养殖方式	削减比例/%	粪便利用方式	削减比例/%	尿液处理方式	削减比例/%
肉鸡	水冲粪	0	直接农业利用	50	直接农业利用	34
			水冲粪生产有机肥	56	厌氧处理	36
			水冲粪生产沼气	54	厌氧+好氧处理	37
			—	—	厌氧+好氧+深度处理	40

⑤上报的畜禽减排项目要通过资料审核、现场核查等方式逐一核算。对项目数量较大的省份采用日常督察、定期核查、随机抽查相结合的方式确定该省（区、市）各类畜禽 COD 平均去除率。日常督察、定期核查、随机抽查应覆盖不同养殖种类、养殖规模、治理方式、去除效率的规模化养殖场（小区）。半年和全年核查时采取随机抽样方式确定现场核查项目，对上报的减排项目分别按照 5 类畜禽养殖规模大小分 3 段各抽取 2～3 个养殖场（小区）进行现场核查，对上报项目数量较大的省份可根据情况适当增加现场检查项目。

⑥核算期畜禽养殖综合治理设施投运时间不满一年的按一年计算，不再分月度结转。

（7）除内蒙古、西藏、甘肃、宁夏、新疆、新疆生产建设兵团以外的省级行政单位必须建设雨污分流设施，没有采取雨污分流措施的按水冲粪方式计。

（8）水泡粪方式按水冲粪方式计。

（9）粪便直接农业利用的，必须配备固定的防雨防渗粪便堆放场。一般情况下，每 10 头猪粪便堆场所需容积约 1 m^3，每头牛粪便堆场所需容积约 1 m^3，每 1 000 只鸡粪便堆场所需容积约 1 m^3。养殖场需提供明确的粪便去向或用户使用证明。一般情况下，每亩土地年消纳粪便量不超过 5 头猪、50 只蛋鸡（200 肉鸡）或 0.2 头肉牛（0.4 头奶牛）的产生量。

（10）粪便生产有机肥方式必须有明确的粪便入库单、有机肥出库和销售证明。一般情况下，生产 1 t 有机肥大约需要 4 t 粪便。养殖场粪便转运给专业有机肥厂利用的，应提供有机肥厂对粪便的接收证明材料，有机肥生产厂提供生产、销售记录。

（11）粪便生产沼气的，一般情况下，每 100 头猪（出栏）沼气池容积约 20 m^3，每头牛沼气池容积约 2 m^3。

（12）污水和尿液直接农业利用的，应建有固定渗污水/尿液储存池。污水/尿液储存池容积至少能容纳 2 个月以上的污水/尿液量，养猪采用干清粪方式的储存池体积不少于 0.6 m^3/头，水冲粪方式的不少于 1.2 m^3/头。养殖场需提供明确的污水/尿液去向或用户使用证明。一般情况下，每亩土地年消纳污水/尿液量不能超过 5 头猪或 0.2 头肉牛（0.4 头奶牛）的产生量（可与粪便消纳地相同）。

（13）污水/尿液采用厌氧处理的，养猪采用干清粪方式的厌氧池体积不少于 $0.1\ \text{m}^3/$头，水冲粪方式的不少于 $0.3\ \text{m}^3/$头。采用厌氧+好氧处理的，猪干清粪方式厌氧池容积不少于 $0.1\ \text{m}^3/$头，好氧池容积不少于 $0.01\ \text{m}^3/$头；水冲粪方式厌氧池容积不少于 $0.3\ \text{m}^3/$头，好氧池容积不少于 $0.03\ \text{m}^3/$头。

2）非规模化畜禽养殖

非规模化畜禽养殖 COD 排放量按照排污强度法计算，公式如下：

$$E_{非规模}=E_{猪专}+E_{奶牛专}+E_{肉牛专}+E_{蛋鸡专}+E_{肉鸡专} \tag{4-5}$$

式中，$E_{非规模}$——核算期非规模化畜禽养殖的 COD 排放量，万 t；

$E_{猪专}$、$E_{奶牛专}$、$E_{肉牛专}$、$E_{蛋鸡专}$、$E_{肉鸡专}$——核算期非规模化畜禽养殖的猪、奶牛、肉牛、蛋鸡、肉鸡 COD 排放量，万 t。

5 类畜禽中某一类非规模化畜禽养殖 COD 排放量计算公式如下：

$$E_{i专}=P_{i非规模}\times S_i\times10^{-3} \tag{4-6}$$

式中，$P_{i非规模}$——核算期某类非规模化畜禽养殖存（出）栏量总和，万头（只）；

S_i——某类非规模化畜禽养殖排污强度，kg/[头（只）·a]。

参数选取原则及有关说明：

（1）5 类非规模化畜禽养殖规模：生猪<500 头（出栏）、奶牛<100 头（存栏）、肉牛<100 头（出栏）、蛋鸡<10 000 只（存栏）、肉鸡<50 000 只（出栏）。

（2）$P_{i非规模}$：某类非规模化畜禽养殖总量原则上采用省级农业畜牧部门提供的快报数据，没有快报数据、快报数据存在显著差异且无合理解释的，按照《中国畜牧业年鉴》公布的该省（区、市）近 10 年该类畜禽专业户养殖总量的年际变化率均值测算核算期养殖总量。全年核算时需根据上一年《中国畜牧业年鉴》数据对上一年核算专业户养殖总量进行校核，对存在差异的部分予以追补。半年核算时畜禽专业户养殖总量取上一年度核算养殖总量的一半。

（3）S_i：各类专业户畜禽排污强度按照各省（区、市）2010 年污染源普查动态更新数据取值。养殖专业户污染物排放量比例较大的省份采取措施后治理效果显著的，经生态环境部认定后，根据实际情况适当调整养殖专业户排污强度。

3．氨氮排放量核算

畜禽养殖业氨氮排放量核算范围包括规模化养殖场（小区）和养殖专业户中的猪、奶牛、肉牛、蛋鸡和肉鸡，氨氮排放量为以上 5 类规模化养殖场（小区）和非规模化畜禽养殖之和。计算公式见式（4-1）。

1）规模化畜禽养殖场（小区）

猪、奶牛、肉牛、蛋鸡、肉鸡 5 类规模化养殖场（小区）氨氮排放量计算公式见式（4-2）。

5 类畜禽中某一类规模化养殖场（小区）的氨氮排放量计算公式见式（4-3）。

参数选取原则及有关说明：

（1）某类畜禽第 j 个养殖场（小区）现场核定的氨氮去除率（$f_{ij核定}$）的核定方法：蛋鸡和肉鸡养殖场（小区）采取干清粪、粪便全部生产有机肥且无废水排放的，可认定氨氮去除率为 100%。

（2）5 类畜禽养殖场（小区）采取干清粪、粪便生产有机肥、污水进行厌氧+好氧+深度处理达标排放，且配备了在线监测或视频监控设备并联网的，可认定氨氮去除率为 94%。

（3）5 类畜禽养殖场（小区）采取干清粪、粪便农业利用、污水进行厌氧+好氧+深度处理达标排放，且出水全部利用的，可认定氨氮去除率为 89%。

（4）5 类畜禽养殖场（小区）采取其他综合治理措施的，按照规模化养殖场（小区）各项治理措施的氨氮去除率取值（表 4-3）。

表 4-3　规模化养殖场（小区）各项治理措施氨氮去除率

品种	养殖方式	削减比例/%	粪便利用方式	削减比例/%	尿液处理方式	削减比例/%
猪	垫草垫料	50	垫料农业利用	20	—	
			垫料生产有机肥	35	—	
	干清粪	0	直接农业利用	15	直接农业利用	10
			干粪生产有机肥	50	厌氧处理	0
			干粪生产沼气	45	厌氧+好氧处理	30
			—	—	厌氧+好氧+深度处理	35
	水冲粪	0	直接农业利用	10	直接农业利用	10
			粪生产有机肥	35	厌氧处理	0
			粪生产沼气	30	厌氧+好氧处理	35
			—	0	厌氧+好氧+深度处理	40

品种	养殖方式	削减比例/%	粪便利用方式	削减比例/%	尿液处理方式	削减比例/%
奶牛	垫草垫料	50	垫料农业利用	20	—	
			垫料生产有机肥	35	—	
	干清粪	0	直接农业利用	15	直接农业利用	10
			干粪生产有机肥	60	厌氧处理	0
			干粪生产沼气	55	厌氧+好氧处理	20
			—	0	厌氧+好氧+深度处理	25
	水冲粪	0	直接农业利用	10	直接农业利用	10
			粪生产有机肥	40	厌氧处理	0
			粪生产沼气	35	厌氧+好氧处理	35
			—	0	厌氧+好氧+深度处理	40
肉牛	垫草垫料	55.00	垫料农业利用	20	—	
			垫料生产有机肥	35	—	
	干清粪	0	直接农业利用	15	直接农业利用	10
			干粪生产有机肥	55	厌氧处理	0
			干粪生产沼气	50	厌氧+好氧处理	25
			—	0	厌氧+好氧+深度处理	30
	水冲粪	0	直接农业利用	10	直接农业利用	10
			粪生产有机肥	40	厌氧处理	0
			粪生产沼气	35	厌氧+好氧处理	35
			—	0	厌氧+好氧+深度处理	40
蛋鸡	垫草垫料	55	垫料农业利用	20	—	—
			垫料生产有机肥	35	—	—
	干清粪	0	直接农业利用	65	—	
			干粪生产有机肥	90	—	
			干粪生产沼气	85	—	
			—	0	—	
	水冲粪	0	直接农业利用	15	直接农业利用	10
			粪生产有机肥	45	厌氧处理	0
			粪生产沼气	40	厌氧+好氧处理	30
			—	—	厌氧+好氧+深度处理	35
肉鸡	垫草垫料	55	垫料农业利用	20	—	—
			垫料生产有机肥	35	—	—
	干清粪	0	直接农业利用	65	—	
			干粪生产有机肥	90	—	
			干粪生产沼气	85	—	
	水冲粪	0	直接农业利用	20	直接农业利用	10
			粪生产有机肥	45	厌氧处理	0
			粪生产沼气	40	厌氧+好氧处理	30
			—	0	厌氧+好氧+深度处理	35

（5）其他事项参见规模化畜禽养殖场（小区）COD 排放量核算中的参数选取原则及有关说明。

2）非规模化畜禽养殖

非规模化畜禽养殖的氨氮排放量按排污强度法计算见式（4-5）。

5 类畜禽中的某一类非规模化畜禽养殖氨氮排放量计算见式（4-6）。

参数选取原则及有关说明：

（1）非规模化畜禽养殖向规模化畜禽养殖集中后，采用厌氧处理工艺的规模化畜禽养殖场应增加好氧处理工艺，以提高氨氮去除率，解决目前部分规模化养殖场氨氮去除率较非规模化畜禽养殖低的问题。

（2）其他事项参见畜禽养殖专业户 COD 排放量核算的参数选取原则及有关说明。

4.1.2　种植业

种植业污染属于面源污染，其污染物的排放只能以流域或区域范围统计。结合我国现有农业统计和环境管理的方式，考虑到种植业受自然条件、耕作方式、种植品种等多种因素的影响，种植业污染减排核算以县（区）为单位。种植业污染减排的关键是改变传统的施肥习惯，采用环境友好型施肥技术，减少肥料施用量，科学施用肥料，提高肥料利用率，从而减少肥料的流失。因此，减少种植业污染物排放量的主要途径为减少化肥的施用量、降低径流流失量，从而达到减排的目的。采用其他方式如调整种植结构、优化布局、生物技术也能减少部分氮、磷的流失，但在考核和效果认定上存在较大难度，因此在考核种植业污染减排中仅对减少化肥施用产生的效果进行核算。

$$E_i = A_i \times EF_i \times 10^{-3} \tag{4-7}$$

式中，i —— 地区（以县为行政单元）；

　　　E_i —— 地区种植业氨、磷污染物减排量，t；

　　　A_i —— 地区年度氮、磷肥施用减少量，t；

　　　EF_i —— 地区氮肥施用氨、磷流失系数，kg 氨/t 氮肥。

参数选取原则及有关说明：

（1）各地区种植业氮肥、磷肥流失系数参考《第一次全国污染源普查——农业污染源肥料流失系数手册》；

（2）地区种植业氮、磷肥施用量来源于《中国农业年鉴》；

（3）氮肥施用量折算为纯氮，磷肥施用量折算为 P_2O_5。

4.1.3 水产养殖业

规模化和工厂化水产养殖的污染物有固定的排放口、排放量较大，也易于采取污染防治措施控制污染物排放，非规模化的水产养殖排放量小，且大部分没有也难于建设治污设施，污染物排放情况地区之间有较大相似性，难以采取有效的污染治理设施。因此，在对水产养殖业减排核算中只考虑规模化/工厂化水产养殖场新建设施的部分，暂时不考虑对非规模化水产养殖场进行减排核算。

1. 污染物减排量核算方法

规模化/工厂化水产养殖场污染减排量核算公式如下：

$$W_{规模水产减}=W_{上一年规模水产排放}-W_{当年规模水产排放} \tag{4-8}$$

式中，$W_{规模水产减}$——规模化/工厂化水产养殖场污染减排量，t；

$\quad\quad W_{上一年规模水产排放}$——减排考核年度当年规模化/工厂化水产养殖场污染物排放量，t；

$\quad\quad W_{当年规模水产排放}$——减排考核年度当年规模化/工厂化水产养殖场污染物排放量，t。

2. 污染物排放量计算方法

污染物产生量采用单位产量产污系数法计算，公式如下：

$$W_{j规模水产产}=\sum_{i=1}^{n}P_{i规模水产}\times e_{i水产产}\times 10^{-3} \tag{4-9}$$

式中，$W_{j规模水产产}$——j 规模化/工厂化水产养殖场污染物产生量，t；

$\quad\quad P_{i规模水产}$——i 类规模化/工厂化水产养殖产量，t；

$\quad\quad e_{i水产产}$——i 类水产单位产品产量产污系数，kg/t。

污染物排放量采用"组合累积削减量扣减"法（在污染物产生量的基础上逐级扣减各污染治理设施的削减量）计算，公式如下：

$$W_{j规模水产排}=W_{j规模水产产}\times \eta_j\left(1-\sum_{g=1}^{n}f_g\right) \tag{4-10}$$

式中，$W_{j规模水产排}$——j 规模化/工厂化水产养殖场排污量，t；

$\quad\quad \eta_j$——j 规模化/工厂化水产养殖场日平均换水率（围网、围栏养殖按换水率100%计）；

$\quad\quad f_g$——g 处理设施对总污染物产生量的削减率（围网、围栏养殖无处理设施）。

参数选取原则及有关说明：

（1）养殖场的划分：规模化养殖场是指经有关部门批准的具有法人资格的水产养殖

场；养殖专业户是指除规模化养殖场以外的水产养殖户或养殖单位。由于当前一些水产养殖场没有办理正规手续，但其养殖规模较大，对环境的影响也较明显，因此达到以下标准规模但未办理正规手续的水产养殖专业户也纳入减排核算中。具体规模标准如下：

①池塘养殖：养殖面积≥5 亩。

②工厂化养殖：养殖水体体积≥1 500 m^3。

③网箱养殖：养殖面积≥100 m^2。

④围栏养殖：养殖面积≥2 亩。

⑤浅海筏式养殖：养殖面积≥10 亩。

⑥滩涂增养殖：养殖面积≥100 亩。

（2）各地区水产养殖业产排污系数参考《第一次全国污染源普查——水产养殖业产排污系数手册》。

（3）各水产养殖场养殖量来源于养殖场填报的数据，并与《中国渔业统计年鉴》数据进行校核。

4.2　农业源污染物总量减排行动方案

4.2.1　畜禽养殖业

1．污染现状

《第一次全国污染源普查公报》显示：农业源 COD 排放量为 1 324.09 万 t，占 COD 排放总量的 43.7%。农业源也是 TN、TP 排放的主要来源，其排放量分别为 270.46 万 t 和 28.47 万 t，分别占排放总量的 57.2% 和 67.4%。在农业源污染中，比较突出的是畜禽养殖业污染问题，畜禽养殖业的 COD、TN 和 TP 分别占农业源的 96%、38% 和 56%。根据第一次全国污染源普查的内容，畜禽养殖业仅包括了规模化和专业户两部分，而从相关统计数据可知，家庭散养户养殖量仍占总养殖量的 1/3 左右，该部分排污量未进行普查，如全部普查养殖行业的排放量会更大。加之近年来规模化畜禽养殖业快速发展，散养户规模逐步降低，纳入统计口径的畜禽养殖污染物排放量也会增加。从国家环境统计数据分析，全国纳入统计范围的规模化畜禽养殖场为 13 万家左右，而农业统计部门和全国第三次农业普查数据呈现，全国现有规模化畜禽养殖场达到 56 万家左右。

随着规模化畜禽养殖业的迅速发展，加之我国现有农村土地家庭承包分散经营的方式，种养分离加剧，畜禽养殖粪污对环境的影响加重。粪污得不到合理处理与利用，造成地表水富营养化，地下水氮、磷污染加剧，粪肥过量施用导致土壤结构破坏等现象突出。推进畜禽养殖污染减排已成为当前控制污染、改善环境质量的重要任务之一。

2. 污染减排目标

在"十二五"主要污染物总量减排的基础上，应继续以规模化畜禽养殖为重点开展农业源污染物总量减排工作。

1）基数问题

仅以 2015 年核算规模化养殖场排污量作为减排基数，养殖专业户不纳入减排基数；规模化畜禽养殖场养殖量维持 2015 年基数不变。

2）核算方法

按完成减排考核要求计算每个减排项目的削减量，全部减排项目削减量之和即为该省份畜禽养殖主要污染物减排量；以各省份未认定项目的平均去除率作为各减排项目原始去除率，通过认定去除率与原始去除率之差与养殖量计算各个项目的削减量；对新建规模化养殖场按排污许可证核准的排污量计入当年增长量。

3）任务分配方法与分配计划

考虑到规模化畜禽养殖为减排重点，散养户养殖量虽然仍有一定比例，但从种养平衡状况及污染程度看，散养对环境影响较小，采取措施和管理难度较大，因此仅以规模化畜禽养殖作为任务分配核算方法。

以 2015 年年底核算规模化养殖场养殖量和排污量为基础，扣除"十二五"期间已认定项目的养殖量计算规模化养殖减排潜力；削减率空间按"十二五"已认定项目的平均去除率与 2011 年（未进行减排）规模化养殖场平均去除率之差作为削减空间；按照全国 2014 年环境统计中规模化养殖场 65%完成认定作为基本要求（"十二五"已完成 40%）；结合"十二五"各省份已认定的规模化养殖场比例，考虑地区差异，初步确定各省份 2014 年环境统计中未认定规模化养殖场治理比例；近年来规模化畜禽养殖场增长速率较快，按一定比例预估各省份新增规模化养殖场造成排污量增加的量，初步按全国规模化养殖量增加 10%的比例核算全国污染物排放量。各省减排任务结果见表 4-4。

表4-4　"十三五"全国农业源减排任务分配

	2015年规模化养殖场COD排放量/万t	2015年规模化养殖场氨氮排放量/万t	COD削减量/万t	COD削减比例/%	氨氮削减量/万t	氨氮削减比例/%
全国	288.882 4	27.506 4	31.495 4	10.90	4.384 0	15.94
北京	3.572 4	0.237 9	0.362 5	10.15	0.042 5	17.85
天津	2.263 1	0.123 3	−0.007 5	−0.33	0.015 0	12.13
河北	27.594 4	1.578 3	2.830 8	10.26	0.248 7	15.76
山西	6.040 5	0.473 4	0.155 2	2.57	0.023 4	4.95
内蒙古	11.234 6	0.310 0	0.424 7	3.78	0.037 3	12.04
辽宁	13.201 4	0.829 7	0.136 9	1.04	0.065 9	7.95
吉林	7.587 2	0.389 8	0.445 0	5.86	−0.013 2	−3.38
黑龙江	21.942 9	1.099 8	2.684 6	12.23	0.199 4	18.13
上海	1.052 5	0.111 8	0.493 0	46.85	0.055 6	49.71
江苏	8.683 2	0.722 3	1.008 8	11.62	0.070 9	9.82
浙江	6.238 2	0.961 6	1.402 2	22.48	0.249 9	25.99
安徽	16.038 2	1.684 5	2.125 7	13.25	0.402 0	23.87
福建	6.828 2	1.147 7	0.913 0	13.37	0.205 4	17.90
江西	9.797 1	1.491 3	1.270 9	12.97	0.238 8	16.01
山东	24.545 5	2.017 2	4.279 7	17.44	0.459 8	22.79
河南	39.390 2	3.832 9	4.301 3	10.92	0.619 5	16.16
湖北	11.356 3	1.461 0	1.541 0	13.57	0.249 3	17.06
湖南	16.815 0	2.733 4	2.268 3	13.49	0.515 2	18.85
广东	11.127 0	1.697 6	1.587 2	14.26	0.227 8	13.42
广西	4.168 9	0.576 7	0.131 6	3.16	0.018 2	3.15
海南	2.037 1	0.217 2	0.200 5	9.84	0.012 3	5.67
重庆	3.403 7	0.492 8	0.282 8	8.31	0.047 9	9.73
四川	13.675 0	1.944 7	1.070 5	7.83	0.197 0	10.13
贵州	1.112 0	0.102 8	0.016 2	1.45	0.001 3	1.25
云南	1.446 7	0.158 1	−0.071 7	−4.95	−0.003 4	−2.17
西藏	—	—	—	—	—	—
陕西	6.251 0	0.515 3	0.682 8	10.92	0.077 6	15.06
甘肃	1.448 7	0.076 0	−0.183 1	−12.64	−0.012 2	−16.04
青海	0.577 2	0.040 5	0.011 0	1.90	0.005 3	13.12
宁夏	2.041 2	0.039 8	−0.135 0	−6.61	−0.003 7	−9.28
新疆	4.648 9	0.318 0	0.546 2	11.75	0.068 6	21.59
新疆生产建设兵团	2.764 4	0.121 3	0.259 7	9.39	0.029 4	24.20

近年来国家开展规模化畜禽养殖污染防治，严格新建规模化畜禽养殖场准入门槛，不考虑新建养殖场排污增量，以现有全部养殖场完成治理达到区域平均去除效率作为长

期减排目标，结果见表 4-5。

表 4-5　未来 10～15 年全国畜禽养殖污染减排任务分配

	2015 年规模化养殖场 COD 排放量/万 t	2015 年规模化养殖场氨氮排放量/万 t	COD 削减量/万 t	氨氮削减量/万 t	COD 削减比例/%	氨氮削减比例/%
全国	288.882 4	27.506 4	48.696 5	5.765 9	16.86	20.96
北京	3.572 4	0.237 9	0.635 2	0.057 2	17.78	24.05
天津	2.263 1	0.123 3	0.133 1	0.020 8	5.88	16.91
河北	27.594 4	1.578 3	4.479 9	0.329 4	16.23	20.87
山西	6.040 5	0.473 4	0.548 1	0.053 6	9.07	11.32
内蒙古	11.234 6	0.310 0	1.128 0	0.052 7	10.04	17.00
辽宁	13.201 4	0.829 7	1.073 5	0.113 8	8.13	13.72
吉林	7.587 2	0.389 8	0.898 4	0.011 2	11.84	2.87
黑龙江	21.942 9	1.099 8	3.976 1	0.253 4	18.12	23.04
上海	1.052 5	0.111 8	0.507 9	0.056 5	48.25	50.52
江苏	8.683 2	0.722 3	1.621 2	0.120 7	18.67	16.71
浙江	6.238 2	0.961 6	1.771 1	0.296 7	28.39	30.86
安徽	16.038 2	1.684 5	3.403 6	0.485 6	21.22	28.83
福建	6.828 2	1.147 7	1.204 6	0.251 1	17.64	21.88
江西	9.797 1	1.491 3	1.830 4	0.313 4	18.68	21.02
山东	24.545 5	2.017 2	5.205 9	0.525 8	21.21	26.06
河南	39.390 2	3.832 9	7.017 5	0.839 9	17.82	21.91
湖北	11.356 3	1.461 0	2.020 9	0.299 6	17.80	20.51
湖南	16.815 0	2.733 4	3.496 0	0.685 3	20.79	25.07
广东	11.127 0	1.697 6	2.137 6	0.302 4	19.21	17.81
广西	4.168 9	0.576 7	0.391 7	0.051 3	9.39	8.89
海南	2.037 1	0.217 2	0.316 7	0.024 9	15.54	11.49
重庆	3.403 7	0.492 8	0.503 5	0.075 3	14.79	15.28
四川	13.675 0	1.944 7	1.883 5	0.307 2	13.77	15.80
贵州	1.112 0	0.102 8	0.087 6	0.007 5	7.87	7.29
云南	1.446 7	0.158 1	0.038 9	0.006 5	2.69	4.14
西藏	—	—	—	—	—	—
陕西	6.251 0	0.515 3	1.085 7	0.108 5	17.37	21.05
甘肃	1.448 7	0.076 0	-0.087 7	-0.008 4	-6.05	-11.08
青海	0.577 2	0.040 5	0.052 2	0.007 6	9.04	18.80
宁夏	2.041 2	0.039 8	0.038 3	(0.001 6)	1.88	-3.98
新疆	4.648 9	0.318 0	0.829 7	0.081 5	17.85	25.65
新疆生产建设兵团	2.764 4	0.121 3	0.467 5	0.036 4	16.91	29.98

3．污染减排方针政策

根据畜禽养殖业及其污染防治特征，以优化规模化畜禽养殖规划布局为基础，以粪污资源化利用为主导，以畜禽养殖健康发展与环境保护协调为目标，采取分区分类实施的原则科学推进畜禽养殖污染减排。以规模化畜禽养殖排污许可管理为手段，通过贯彻落实《控制污染物排放许可制实施方案》（国办发〔2016〕81 号），按生态环境部统一部署和排污许可证管理规范文件的要求，核发规模化畜禽养殖排污许可证，建立养殖行业总量控制制度，以此为基础施行畜禽养殖污染物总量控制。

4．污染减排方案

（1）确定畜禽养殖污染物减排目标。2016 年年底根据"十二五"主要污染物减排进度，结合国家《水污染防治行动计划》的考核目标要求，初步确定"十三五"畜禽养殖行业污染物减排目标，并分解任务到各省，2019 年年底前，按相关规定规范核定《水污染防治行动计划》中畜禽养殖行业企业的许可排放量并完成发证工作，结合排污许可证发放状况、全国第三次农业普查和全国第二次全国污染源普查成果，全面确定各地畜禽养殖业污染物总量减排的中长期目标。

（2）制定并实施畜禽养殖业发展与污染防治规划。按照《畜禽规模养殖污染防治条例》的要求，县以上行政单位的农业畜牧部门牵头制定本地区畜禽养殖业产业发展规划，环保部门牵头制定本地区畜禽养殖业污染防治规划，畜禽养殖业产业发展规划与污染防治规划中必须对本地区畜禽承载力进行科学测算，确保养殖量不超过当地环境容量。要求东部发达地区于 2016 年完成、中部地区于 2017 年完成、西部地区于 2019 年完成，并严格按照产业发展规划和污染防治规划规范畜禽养殖业的发展和污染治理工作。

（3）科学合理划定畜禽禁养区，落实禁养区规模化畜禽养殖场的关停。根据国家《水污染防治行动计划》的相关规定，各地需适时划定畜禽养殖禁养区，并按要求完成禁养区内规模化畜禽养殖场的关停、搬迁工作。要求在重点流域地区于 2016 年，其他地区于 2017 年前完成禁养区的划定与禁养区内规模化养殖场的关停。

（4）制订畜禽粪污治理与资源化利用实施方案。各县（市、区）针对自身情况制订畜禽养殖粪污治理与资源化利用实施方案与计划，以种养平衡为前提、以粪污还田利用为主要途径，高效推进规模化畜禽养殖粪污治理与资源化利用，规模化畜禽养殖场完善粪污无害化处理、储存、施用设施建设，并根据周边农业生产与自然条件制订符合自身特点的粪污处理或还田计划。要求到 2020 年规模化畜禽养殖粪污治理与资源化利用设施配套率达到 95% 以上，粪污资源化利用率超过 90%，全国生猪调出大县和重点流域地区提前到 2019 年达到以上指标。

（5）加强规模化畜禽养殖污染监管能力建设。各地环保行政主管部门应加强对规模化畜禽养殖污染的监管，配套专业人员和设备定期对辖区内规模化畜禽养殖场进行监督和检查，对设有排污口的规模化畜禽养殖场每年至少开展一次例行检查，对采用粪污还田利用的养殖场每两年至少开展一次例行检查，对发现有设施不运行、不正常运行、粪污不能实现无害化和资源化利用的养殖场进行查处。

（6）组织畜禽养殖污染防治宣传和技术培训。县以上农业畜牧和环保部门应加强对养殖污染防治的宣传与教育，并对辖区内规模化畜禽养殖场业主和从事粪污治理与资源化利用的从业人员进行专业技术培训，要求各县（市、区）至少每年组织一期畜禽养殖粪污治理的宣传活动，每年举办一期养殖污染治理培训班，全国生猪调出大县、粪污资源化利用示范县应适时增加宣传和培训频次。

4.2.2 种植业

1. 污染现状

《第一次全国污染源普查公报》指出，2007 年全国 TN 排放量 472.89 万 t，TP 排放量 42.32 万 t。农业源（不包括典型地区农村生活源）中主要水污染物排放（流失）量：TN 270.46 万 t，TP 28.47 万 t。TP 占全国排放量的 38.18%，TN 占全国的 59.08%。种植业 TN 流失量 159.78 万 t（其中，地表径流流失量 32.01 万 t，地下淋溶流失量 20.74 万 t，基础流失量 107.03 万 t），占全国 TN 排放量的 33.79%；TP 流失量 10.87 万 t，占全国 TP 排放量的 25.69%。重点流域（海河、淮河、辽河、太湖、巢湖、滇池）种植业主要水污染物流失量：TN 71.04 万 t，TP 3.69 万 t。

根据《中国统计年鉴 2017》显示，全国化肥施用量（折纯）为 5 108 万 t。

2. 污染减排目标

2015 年，农业部制定了《到 2020 年化肥使用量零增长行动方案》（农农发〔2015〕2 号）（以下简称《方案》），指出 2015—2019 年，逐步将化肥使用量年增长率控制在 1% 以内；力争到 2020 年，主要农作物化肥使用量实现零增长。根据《中国统计年鉴》数据，2014 年农用化肥施用量（折纯）为 5 995.94 万 t，按照《方案》要求，到 2020 年农用化肥施用量（折纯）不能超过 6 301.79 万 t。

原农业部发布的《中国三大粮食作物肥料利用率研究报告》表明，目前我国水稻、玉米、小麦三大粮食作物氮肥、磷肥当季平均利用率分别为 33% 和 24%。而《方案》要求到 2020 年，主要农作物肥料利用率达到 40%以上。假设 2014 年种植业 TN、TP 流失量与化肥施用量（折纯）的比例与 2007 年一致，2014 年农用化肥施用量为 5 995.94 万 t，种植业 TN 流失量为 187.56 万 t，TP 流失量为 12.76 万 t。2016—2020 年，农用化肥施用量（折纯）不能超过 6 301.79 万 t，种植业 TN 流失量应控制在 187 万 t，TP 流失量应控制在 12 万 t。主要农作物肥料利用率达到 40%以上。

2021—2025 年，农用化肥施用量（折纯）以每年 1%的速度减少使用，力争到 2025 年控制在 5 993 万 t，种植业 TN、TP 流失量应以每年 1%的速度递减，到 2025 年种植业 TN 流失量控制在 187 万 t，TP 控制在 11.4 万 t。主要农作物肥料利用率达到 45%以上。

根据本书第 3 章中对于种植业的污染减排分区，制定了种植业减排目标，计算结果见表 4-6。

表 4-6　典型地区减排目标

种植业分区	典型省级行政区	减排目标（TN）/t				减排目标（TP）/t			
		水稻	小麦	玉米	合计	水稻	小麦	玉米	合计
东北半湿润平原区	辽宁	180	\	1 206	1 386	—	\	—	—
	吉林	201	\	1 879	2 081	—	\	—	—
	黑龙江	112	\	381	493	—	\	—	—
西北干旱半干旱平原区	新疆	\	799	140	939	\	28	9	37
	甘肃	\	595	137	732	\	21	9	29
黄淮海半湿润平原区	河北	46	2 372	5 830	8 247	1	417	1 014	1 433
	河南	338	5 353	6 007	11 699	11	941	1 045	1 997
	山东	65	3 664	5 740	9 469	2	644	999	1 645
南方湿润平原区	江苏	249	4 433	908	5 590	—	556	55	611
	浙江	91	156	135	382	—	20	8	28
南方山地丘陵区	江西	1 994	8	11	2 013	1 492	2	8	1 503
	湖北	1 255	705	212	2 172	939	189	160	1 289
	湖南	2 440	21	128	2 589	1 826	6	96	1 928
	四川	119	78	51	248	89	21	38	148
	贵州	409	162	288	859	306	44	217	567

注：表中"\"是由于辽宁、吉林、黑龙江的小麦种植面积和新疆、甘肃水稻种植面积所占比例极低，因此未计算在内；表中"—"是由于常规施肥量≤建议施肥量。

3．污染减排方针政策

按照"控、调、改、替"（控制化肥投入数量，调整化肥使用结构，改进施肥方式，推进有机肥替代化肥）的路径，确保化肥减量目标的实现。深入推进测土配方施肥，支持专业化、社会化配方施肥服务组织发展，促进农企合作，提高配方肥到田率。推广新肥料、新技术，加快高效缓释肥、水溶性肥料、生物肥料、土壤调理剂等新型肥料的应用，集成推广种肥同播、机械深施、水肥一体化等科学施肥技术。有效利用有机肥资源，推广秸秆还田，鼓励和引导农民积造施用农家肥，推广应用商品有机肥，提高有机肥资源利用水平。

4．污染减排方案

1）分区防护

将农区划分为一级防护区、二级防护区和三级防护区，分别推广限定性农业生产技术标准。一级防护区对农业生产要求最为严格，一般是水岸线向外 100～1 000 m 范围内的区域，主要推广适宜作物品种和免耕栽培方式，禁止施用一切肥料和农药；坡度在 25°以上的山地禁止耕作。二级防护区是指一级防护区以外、距离水岸线 5 000 m 之间的区域，通常为限制发展区。实行严格的肥料、化学农药投入品限制措施，单位面积肥料、化学农药的投入量一般不超过三级防护区的 80%。三级防护区是指二级防护区以外的区域，为农业适度发展区，参照国内外相关标准，肥料施用技术应符合当地农业主管部门制定的相关标准，并严格控制用量和施用方法。

2）化肥减量化

（1）精准化平衡施肥技术：主要包括有机肥与无机肥配施技术和养分平衡施肥技术（氮、磷、钾大量元素，钙、镁、硫中量元素以及微量元素之间的平衡）等。

①有机无机配施技术。有机肥施入土壤，经微生物分解可源源不断、缓慢地释放出各种养分供植物吸收，避免氮、磷肥因快速释放而带来流失。有机肥是改良土壤的主要物质，微生物在分解过程中产生分泌酶和腐殖质，促进土壤团粒结构的形成，增强土壤保水保肥能力，减少氮、磷流失风险。有机肥可提高土壤难溶性磷的有效性，减少化学磷肥施用量。因此，以农业废弃物，如处理过的秸秆和畜禽粪便、沼液沼渣、菌渣、绿肥等富含一定氮、磷养分的有机物料来替代部分化肥，从而可以减少化肥施用量，降低农田面源污染风险。

②养分平衡施肥技术，也称测土配方施肥技术。在作物需肥规律、土壤供肥特性与肥料效应的基础上，统筹考虑氮、磷、钾 3 种大量元素及微量元素的供应，从而使土壤养分的供应能够全面满足作物生产的需要，提高肥料利用率，减少氮、磷养分损失。平衡施肥技术的氮、磷污染减排效果主要依赖于土壤养分丰缺及平衡状态。

（2）科学施肥方式：多种施肥方式（如叶面施肥、分次施肥、基肥与追施结合、化肥深施和定点施肥等）相结合；对较容易产生渗漏的土壤，尽量减少使用易产生径流、易挥发、环境风险大的肥料，不宜使用硝态氮肥，适宜使用铵态氮肥；不宜选择雨前表施化肥；为减少氨挥发损失，不宜在中午施氮肥；采用分次施肥，忌一次大量施肥；尽量在春季施用化肥，夏秋季（雨季）追加少量化肥，以减少化肥随径流的流失；氮肥应重点施在作物生长吸收的高峰期，夏季施用尿素时，如有条件可加施脲酶抑制剂，以减缓尿素的水解，减少氨挥发；若施用铵态氮肥，应以少量分次施用为原则，如有条件可加施硝化抑制剂，抑制铵态氮转化为硝态氮；应在一个轮作周期统筹施肥，把磷肥重点施在对磷敏感的作物上，其他作物利用其后效，如在水旱轮作中把磷肥重点施在旱作上。

3）大力推广缓释肥料

鉴于传统速效化肥释放速度快、需多次施肥等缺点，研发并生产缓释肥料。缓释肥料中养分的释放与作物养分需求比较吻合，养分的释放供应量前期不过多，后期不缺乏，具有"削峰填谷"的效果，可降低养分向环境排放的风险。

新型缓释氮肥通过对传统肥料外层包膜处理来控制养分释放速度和释放量，使其与作物需求相一致，可显著提高肥料利用率。包膜材料阻隔膜内尿素与土壤脲酶的直接接触及阻碍膜内尿素溶出过程所必需的水分运移，减少了参与氨挥发的底物尿素态氮，还抑制了土壤脲酶活性，降低了氨挥发损失。

4）种植制度优化

种植制度不同，化肥的投入量及水分管理方式也会不同，从而造成面源污染产生的情况也不尽相同。根据《水土保持综合治理技术规范坡耕地治理技术》（GB/T 16453.1—2008），采用间作、套种、轮作、休闲地上种绿肥等技术可提高植被覆盖度、土壤抗蚀性能，降低面源污染发生风险。间作即两种不同作物同时播种，间作的两种作物应具备生态群落相互协调、生长环境互补的特点，主要有高秆作物与低秆作物、深根作物与浅根作物、早熟作物与晚熟作物、密生作物与疏生作物、喜光作物与喜阴作物、禾本科作物与豆科作物等不同作物的合理配置。根据作物的生理特性可分别采取行间间作或株间间作。套种即在同一地块内，前季作物生长的后期，在其行间、株间播种或移栽后季作物，两种作物的收获时间不同，其作物配置的协调互补与间作相同。

4.2.3 水产养殖业

1．污染现状

改革开放以来，我国的水产养殖业发展迅速，水产养殖产量已经连续 26 年列世界第一。水产养殖业在产量和规模上取得了举世瞩目的成就，2015 年全国水产品总产量 6 699.65 万 t。同时，水产养殖业的环境问题也日益突出。《第一次全国污染源普查公报》显示：农业源 COD 排放量为 1 324.09 万 t，占 COD 排放总量的 43.7%。农业源也是 TN、TP 排放的主要来源，其排放量分别为 270.46 万 t 和 28.47 万 t，分别占排放总量的 57.2% 和 67.4%。农业源中水产养殖业每年 COD、TN 和 TP 排放量分别为 55.80 万 t、8.20 万 t 和 1.56 万 t，分别占农业源污染物排放量的 4.20%、3.00% 和 5.50%。近年来，我国水产养殖业已趋向高密度、高投入、高产出、低价格、低效益的方向发展，不仅渔民的收益不高，还造成了严重的环境污染，不仅影响到水产养殖业的健康可持续发展，而且也威胁着水生态环境系统的安全。推进水产养殖业污染减排已成为当前控制水污染、改善环境质量的重要手段之一。现以浙江省湖州市为例，分析如何通过制订区域水产养殖业污染减排行动方案，推进该市水产养殖业污染减排，切实保护和改善生态环境。

2015 年，湖州市各类水域养殖总面积 5.12 万 hm^2，水产品总质量 36.06 万 t，其中，养殖产量 34.78 万 t。2015 年，鲢、鳙、草、鲫、鳊和鲤等常规鱼养殖产量为 10.85 万 t，龟、鳖、虾、蟹和鲈、鳜、鳢、鲌等名、特、优新水产品养殖产量为 23.93 万 t。2015 年，湖州市水产养殖污染物产生总量为 TN 4 266.28 t、TP 667.85 t、COD 24 051.07 t，水产养殖污染物排放总量为 TN 3 567.40 t、TP 554.10 t、COD 21 824.85 t。

2．污染减排目标

在"十二五"主要污染物排放总量的基础上，继续以规模化水产养殖为重点开展水产养殖染物总量减排工作。

1）基数问题

以 2015 年核算排污量作为减排基数，结合湖州市水产养殖实际情况，发现该市均为规模化水产养殖场。

2）核算方法

（1）产污量采用单位产量产污系数法计算，见式（4-9）。

（2）排污量采用"组合累积削减量扣减"法，在产污量的基础上逐级扣减各污染治理设施的削减量，其计算公式见式（4-10）。

（3）按完成减排考核要求，计算每个减排项目的削减量，全部减排项目削减量之和即为湖州市水产养殖主要污染物减排量；实际为方便简单核算区域减排总量，可以以减排措施类型（主要为温室龟鳖清零行动、水产养殖尾水治理工程等）分类核算污染物减排量。

（4）以处理工艺的平均去除率作为各减排项目的原始去除率。

（5）对新建的规模化养殖场按核准的排污量计入当年增长量。

3）减排任务分配

"十三五"期间，湖州市全面推进现代渔业绿色发展，加快水产养殖污染物减排措施落地实施，保护和改善生态环境（表 4-7）。全市全面实施温室龟鳖清零专项行动，到 2017 年已全部拆除完毕；大力推进生态塘改造和推广稻—鱼共生养殖模式；率先开展全流域养殖尾水综合治理，集成推广治理技术，到 2019 年，实现全域水产养殖尾水循环利用、达标排放。

表 4-7　"十三五"湖州市水产养殖污染物减排任务分配

2015 年 COD 排放量/t	2015 年 TN 排放量/t	2015 年 TP 排放量/t	COD 削减量/t	COD 削减率/%	TN 削减量/t	TN 削减率/%	TP 削减量/t	TP 削减率/%
21 824.85	3 567.40	554.10	4 149.18	19.01	1 366.27	38.30	224.58	40.53

（1）为方便简单核算区域减排总量，实际以减排措施类型（主要为温室龟鳖清零行动和水产养殖尾水治理工程）分类核算区域污染物减排量。

（2）温室龟鳖清零后排污量的削减率为100%；水产养殖尾水治理工程尾水 TN、TP 和 COD 的平均处去除率分别为 68.06%、39.00% 和 49.18%。

（3）冰鲜鱼饲料系数为 3.5～4.0，优质配合饲料系数为 0.9～1.1，鲈鱼养殖基地配合饲料替代冰鲜鱼污染减排率取 70%。

3．污染减排方针政策

根据湖州市水产养殖行业及污染防治特征，以优化规模化水产养殖规划布局为基础，编制了《湖州市养殖水域滩涂规划》，划定禁限养区，以推进现代渔业绿色发展为主线，以水产养殖健康发展与环境保护协调为目标，建立全市水产养殖行业总量控制制度，采取分区分类实施的原则，以实施温室龟鳖清零行动、池塘生态化改造及稻—鱼共生养殖模式、全流域水产养殖尾水治理工程、配合饲料替代冰鲜鱼养殖技术模式等为抓手，科学推进全市水产养殖污染减排。

4．污染减排方案

（1）确定水产养殖污染物减排目标。2016 年根据"十二五"水产主要污染物排放量，结合《水污染防治行动计划》考核目标要求，初步确定"十三五"水产养殖行业污染物减排目标，并分解任务到各个年份。结合全国第三次农业普查和全国第二次全国污染源普查成果，全面确定湖州市水产养殖污染总量减排的中长期目标。

（2）编制湖州市两区三县《养殖水域滩涂规划》，科学合理划定养殖水域滩涂禁限养区，落实禁养区养殖场限期搬迁或关停。对本地区养殖水域滩涂承载力进行科学测算，建立养殖水域滩涂的环境容纳量评估制度，推进水产养殖证管理制度。编制《湖州市水产养殖污染减排技术指南》，大力推进水产养殖污染减排，推动水产养殖持续健康发展。

（3）持续推进全市温室龟鳖清零行动，到 2015 年年底，全市剩余温室龟鳖养殖共计 303 万 m^2，计划 2016 年拆除 165 万 m^2，2017 年拆除 138 万 m^2。到 2017 年年底，湖州市确保温室龟鳖全面清零不反弹。温室龟鳖拆除按 120 元/m^2 进行补偿，复垦费为 20 元/m^2，共计 140 元/m^2 进行补偿。

（4）以渔业转型促治水行动为主抓手，推进水产养殖业转型升级，加快推进池塘生态化改造、稻—鱼共生轮作、水产养殖禁限养区划定三大工程实施，完成浙江省海洋与渔业局下达的治水"三项工程"的任务。

（5）湖州市在浙江省率先开展全流域水产养殖尾水综合治理，制订全市水产养殖尾水治理实施方案。2016 年，全市各类养殖水域面积 78 万亩，其中池塘养殖面积 60 万亩。到 2019 年年底，全面完成 60 万亩池塘养殖尾水治理任务，各县区任务分解见表 4-8。各县区强化政策引导，统筹各类资源，安排专项资金，用于水产养殖尾水治理工作。发挥各级财政的引导作用，强化财政投入和社会化资金的投资合力，规范各类资金的合理有效使用，确保尾水治理无死角、全覆盖，全域实现水产养殖尾水循环利用、达标排放。

表 4-8 湖州市水产养殖尾水治理面积任务分解 单位：万亩

年份\县区	德清县	长兴县	安吉县	吴兴区	南浔区	开发区	度假区	全市
2017	15.8	0.1	0.15	0.35	0.4	0	0	16.8
2018	3.0	4.0	0.7	5.6	9.0	0.14	0.1	22.54
2019	0	6.0	1.56	3.8	9.3	0	0	20.66
合计	18.8	10.1	2.41	9.75	18.7	0.14	0.1	60.0

（6）加强水产养殖污染监管能力建设。各县区环保局加强对水产养殖污染的监管，配套专业人员和设备，定期对辖区内规模化水产养殖场进行监督和检查，对水产养殖场

排水每年至少开展一次例行检查，对发现有设施不运行、不正常运行的养殖场进行查处。各县区农业水产技术推广站和环保局加强与相关科研院所的交流合作，优化池塘生态化改造及稻—鱼共生养殖模式、水产养殖尾水治理成套技术、配合饲料替代冰鲜鱼养殖技术模式，准确获取各个减排措施污染削减率数据，科学推进全市水产养殖污染减排核算。

（7）组织水产养殖污染防治宣传和技术培训。各县区农业水产技术推广站和环保局加强对水产养殖污染防治的宣传与教育，并对辖区内水产养殖场业主和从业人员进行专业技术培训，要求各县区至少每年组织一期水产养殖污染防治宣传和技术培训班。同时充分利用各类媒体，采取多种形式，广泛宣传水产养殖污染治理典型案例、治理模式，提高全民生态环境保护意识，形成全社会关心、支持水产养殖污染治理的良好氛围。

4.2.4　农村生活污染

1. 污染现状

据全国第六次人口普查，居住在农村的人口约为 6.74 亿人，大量农村生活污水未经处理直接排入水体，不仅加重了我国的面源污染问题，而且直接威胁农村的饮用水水源安全。农村生活污水主要由冲厕污水、洗涤污水、厨用废水等组成，主要污染物为 COD、SS、氮、磷以及病菌。按照《村镇生活污染防治最佳可行技术指南（试行）》中农村居民生活污水量排放系数取 80 L/（人·d），COD 排放系数取 16.4 g/（人·d），氨氮取 4.0 g/（人·d），以农村生活污水中 COD 浓度平均值 205 mg/L、氨氮 50 mg/L 计，每年我国农村居民排放的污水约为 196.8 亿 t，COD 403 万 t，氨氮近 100 万 t。

伴随我国农村地区经济的发展，农村生活垃圾产生量快速增加，其组成也接近城市生活垃圾。据《人民日报》2014 年年底的报道，中国农村每年约产生生活垃圾 1.1 亿 t，其中有 0.7 亿 t 未做任何处理。农村生活垃圾包括厨余垃圾等占 40%～50% 的有机垃圾；纸类、塑料、金属、玻璃、织物等约占 20% 的可回收废品；不可回收垃圾主要是砖石、灰渣等，占 20%～30%；有毒有害废物包括农药包装废弃物、日用电子产品、废油漆、废灯管、废日用化学品等，仅占 5% 以下。

随着乡村经济振兴的推进，对农村环境的治理将更为重视。但农村生活污水和生活垃圾排放分散，排放量及浓度相比城市偏低且波动性大。目前，在广大农村地区不同程度地存在收集困难、处理成本高、处理效果有待提高的局限。

2．污染减排目标

1）基数问题

以 2015 年统计公布的农村居民人口（农村居民人口=总人口-城镇人口）生活排污量作为减排基数。根据《村镇生活污染防治最佳可行技术指南（试行）》选取农村居民生活污水排放系数和村镇生活垃圾的污染负荷。

2）核算方法

农村生活污水按完成减排要求计算每个减排项目的削减量进行核算，农村生活垃圾减排项目为终端处理量削减，农村生活污水 COD、氨氮和农村生活垃圾处理量为各区域农村生活主要污染物减排量。

3）任务分配方法与分配计划

考虑农村生活污染目前存在集中收集和分散处理两种模式，虽村镇集中处理效率较分散处理高，但分散处理的量大，因此以非城镇人口产生的农村生活污染物作为任务分配进行初步预估核算。

以 2015 年统计公布的农村居民人口排污量为基础，扣除"十二五"期间已验收认定的农村环境综合整治项目的服务人口排放量计算减排潜力；按已建处理设施平均处理效率与未进行处理之差作为削减空间；以农村生活污水处理达标排放和生活垃圾处理设施（或模式）的现有效果作为基本要求；考虑各地区农村环境、居民收入差异、城镇化率增长等因素初步确定各省减排比例。

全国农村生活污染物减排任务（预估分配）结果见表 4-9 和表 4-10。

表 4-9 "十三五"全国农村生活污水减排任务分配

地区	2015 年 COD 排放量/万 t	2015 年氨氮排放量/万 t	COD 削减量/万 t	COD 削减比例/%	氨氮削减量/万 t	氨氮削减比例/%
全国	356.722	87.005	30.048	8.42	7.336	8.43
北京	1.751	0.427	0.336	19.19	0.082	19.22
天津	1.610	0.393	0.279	17.34	0.068	17.36
河北	21.633	5.276	2.252	10.41	0.550	10.43
山西	9.865	2.406	1.065	10.80	0.260	10.81
内蒙古	5.968	1.456	−0.300	−5.03	−0.073	−5.03
辽宁	8.562	2.088	0.394	4.60	0.096	4.60
吉林	7.369	1.797	0.326	4.43	0.080	4.43
黑龙江	9.452	2.305	0.391	4.13	0.095	4.14
上海	1.576	0.384	0.220	13.98	0.054	14.00
江苏	15.984	3.899	1.214	7.59	0.296	7.60

地区	2015 年 COD 排放量/万 t	2015 年氨氮 排放量/万 t	COD 削减量/ 万 t	COD 削减 比例/%	氨氮削减量/ 万 t	氨氮削减 比例/%
浙江	11.337	2.765	1.002	8.84	0.245	8.85
安徽	18.201	4.439	2.032	11.16	0.496	11.18
福建	8.596	2.097	0.722	8.40	0.176	8.41
江西	13.221	3.225	0.994	7.52	0.243	7.52
山东	25.340	6.180	3.082	12.16	0.752	12.17
河南	30.163	7.357	3.564	11.81	0.870	11.82
湖北	15.112	3.686	1.072	7.09	0.262	7.10
湖南	20.089	4.900	1.481	7.37	0.362	7.38
广东	20.322	4.957	3.861	19.00	0.943	19.02
广西	15.198	3.707	1.235	8.13	0.301	8.13
海南	2.447	0.597	0.138	5.62	0.034	5.62
重庆	7.055	1.721	0.477	6.76	0.116	6.77
四川	25.686	6.265	2.012	7.83	0.491	7.84
贵州	12.250	2.988	0.534	4.36	0.130	4.36
云南	16.209	3.953	0.715	4.41	0.174	4.41
西藏	1.430	0.349	−0.017	−1.19	−0.004	−1.19
陕西	10.463	2.552	0.763	7.29	0.186	7.30
甘肃	8.839	2.156	0.237	2.69	0.058	2.69
青海	1.750	0.427	−0.002	−0.11	0.000	−0.11
宁夏	1.789	0.436	0.030	1.68	0.007	1.68
新疆	7.453	1.818	−0.061	−0.82	−0.015	−0.82

表 4-10　"十三五"全国农村生活垃圾污染减排任务分配

地区	2015 年混合收集 排放量/万 t	削减量/万 t	削减 比例/%	2015 年分类收集 排放量/万 t	削减量/万 t	削减 比例/%
全国	26 431.548	2 107.010	7.97	6 607.887	389.492	5.89
北京	128.115	22.907	17.88	32.029	3.436	10.73
天津	117.822	19.040	16.16	29.456	1.428	4.85
河北	1 582.888	153.857	9.72	395.722	26.925	6.80
山西	721.824	74.954	10.38	180.456	18.739	10.38
内蒙古	436.686	−21.494	−4.92	109.172	−5.373	−4.92
辽宁	626.515	28.243	4.51	156.629	7.061	4.51
吉林	539.178	23.314	4.32	134.795	5.829	4.32
黑龙江	691.602	27.996	4.05	172.901	6.999	4.05
上海	115.325	15.038	13.04	28.831	1.128	3.91
江苏	1 169.591	84.000	7.18	292.398	6.300	2.15
浙江	829.572	68.357	8.24	207.393	5.127	2.47
安徽	1 331.783	142.980	10.74	332.946	25.022	7.52
福建	628.968	51.500	8.19	157.242	9.012	5.73
江西	967.367	69.805	7.22	241.842	12.216	5.05

地区	2015 年混合收集排放量/万 t	削减量/万 t	削减比例/%	2015 年分类收集排放量/万 t	削减量/万 t	削减比例/%
山东	1 854.142	217.009	11.70	463.535	37.977	8.19
河南	2 207.082	253.814	11.50	551.771	63.454	11.50
湖北	1 105.731	75.411	6.82	276.433	13.197	4.77
湖南	1 469.928	102.483	6.97	367.482	17.935	4.88
广东	1 487.010	267.305	17.98	371.753	46.778	12.58
广西	1 112.082	87.988	7.91	278.021	21.997	7.91
海南	179.054	9.801	5.47	44.764	1.715	3.83
重庆	516.227	33.617	6.51	129.057	2.521	1.95
四川	1 879.458	141.410	7.52	469.865	24.747	5.27
贵州	896.367	37.934	4.23	224.092	9.484	4.23
云南	1 186.016	51.805	4.37	296.504	12.951	4.37
西藏	104.638	−1.205	−1.15	26.160	−0.301	−1.15
陕西	765.580	54.586	7.13	191.395	9.553	4.99
甘肃	646.751	16.958	2.62	161.688	4.239	2.62
青海	128.071	−0.123	−0.10	32.018	−0.031	−0.10
宁夏	130.918	2.168	1.66	32.730	0.542	1.66
新疆	545.310	−4.450	−0.82	136.328	−1.112	−0.82

3．污染减排方针政策

我国农村面积广、生活污染产生源分散，不便集中处理，且收集处理难度大、成本高。就地分散式处理设施可以充分利用农村地域广阔、有更大的环境自净能力这一特点，从而降低处理成本，提高维持长效运行，促进污染减排。根据农村生活污染的产生及防治特征，以合理引导实施农村生活污染处理技术、加强分散式处理设施收集系统建设、完善农村生活污染处理设施建设和排放标准、强化处理设施运行管理考核制度等方面的工作为抓手，施行农村生活污染物总量控制。

4．污染减排方案

（1）确定农村生活污染物减排目标。2016 年年底根据"十二五"主要污染物减排进度，初步确定"十三五"农村生活行业污染物减排目标，并分解任务到各省（区、市），结合全国第三次农业普查和全国第二次全国污染源普查成果，全面确定各地农村生活污染总量减排的中长期目标。

（2）制定并实施农村生活污染防治规划。县以上行政单位的住建、农委、环保部门联合对本地区农村生活污染排放特点、控制途径及治理产业发展进行科学测算，制定本地区农村生活污染防治规划或行动计划，并严格按照污染防治规划规范农村生活污染的发展和污染治理工作。

（3）合理引导农村生活污水和生活垃圾处理技术模式的应用。在当前政府主导投入下应根据当地农村环境要求和容量、经济技术条件、长期运行可行性等选择适宜的处理模式，通过加强技术论证和招投标制度，落实农村生活污染设施的实用性和建设质量。通过政策引导和奖励措施，积极实施垃圾分类收集，进行垃圾源头减量。通过搭建资源物流平台，理顺终端处置途径，促进农村生活垃圾资源化利用。

（4）加强农村生活污染处理设施运行监管。各地环保行政主管部门应加强对已建农村生活污染处理设施的运行监管，配备（或委托）专业人员定期对辖区内各类处理设施进行监督和检查。农村生活污水处理设施监管方面，乡镇集中式处理站（设施）应纳入或者参照《城镇污水处理厂运行监督管理技术规范》（HJ 2038—2014）进行；分散式处理设施收集系统在建设管理、排放标准、运行管理考核制度等方面需制定相关规定进行监管。农村生活垃圾就地处理方面，参照城市垃圾填埋场建设和污染控制规范，对填埋场防渗、作业覆盖和渗滤液导排处理系统进行妥善管理；对农村生活垃圾预处理系统、热处理系统设施运行与污染控制进行规定。

（5）组织农村生活污染防治宣传和技术培训。县以上农委、环保和住建等部门应加强对农村生活污染防治的宣传与教育，并对辖区内从事农村生活污染治理与监管、资源化利用的从业人员进行定期专业技术培训。

4.2.5 农副产品加工业

发展好农副产品初级加工是加快农业供给侧结构性改革，提高农业供给质量和效率，形成结构合理、保障有力的农产品有效供给体系的重要途径。目前，我国农村地区农副产品初级加工具有小型、分散、粗放式的特点，粮油、蔬果、水产品、畜禽产品等加工过程中产生的副产物大部分未得到有效利用，不仅造成了资源浪费与效益损失，而且还造成了很大的环境压力。与农副产品深加工排污许可证核发管理要求不同，农副产品原产地的初级加工通常依附于农业生产，污染物排放量大，缺少统一的监管体制，没有得到有效的管理，存在环境监管的盲区。为促进我国农产品初级加工业的健康发展，落实《水污染防治行动计划》，控制农产品初级加工过程中的污染物排放，应制定相关污染减排行动方案，为我国农村地区小型、分散、粗放式农副产品初级加工污染减排指明方向。

1. 污染现状

根据《全国主体功能区规划》，我国正在构建以东北平原、黄淮海平原、长江流域、汾渭平原、河套灌区、华南和甘肃—新疆等农产品主产区为主体，以基本农田为基础，以其他农业地区为重要组成的"七区二十三带"农业战略格局。

我国粮油、果蔬、畜禽、水产等农产品加工业副产物近 6 亿 t，总体综合利用率仅有 20%左右。其中，粮油加工副产物 2.7 亿多 t，综合利用率不足 20%；果蔬加工副产物 2.4 亿多 t，综合利用率不足 5%；畜禽加工副产物近 0.6 亿 t，综合利用率约 40%；水产加工副产物近 0.2 亿 t，综合利用率超过 50%。近 5 亿 t 农产品加工副产物没有得到有效综合利用，不仅造成了极大的资源浪费，而且导致了严重的环境污染，尤其在农村地区小型、分散、粗放式的农副产品初级加工点，由于缺乏技术指引和环境监管，资源浪费和环境污染问题更为突出。

由于对我国农副产品加工业污染问题的研究基础较为薄弱，也缺乏普查数据资料和产排污系数体系，其污染物排放量难以估量，因此重点采用综合利用率作为衡量指标，用于反映我国农副产品加工业的污染问题及副产物处理利用状况。

2．污染减排目标

2016 年，国务院发布了《国务院办公厅关于进一步促进农产品加工业发展的意见》（国办发〔2016〕93 号），针对农副产品加工业提出了"加强综合利用"的要求，选择一批重点地区、品种和环节，主攻农产品及其加工副产物的循环利用、全值利用、梯次利用。采取先进的提取、分离与制备技术，集中建立副产物收集、运输和处理渠道，加快推进稻壳米糠、麦麸、油料饼粕、果蔬皮渣、畜禽皮毛骨血、水产品皮骨内脏等副产物的综合利用，开发新能源、新材料、新产品等，不断挖掘农产品加工潜力，提升增值空间。

我国农村地区小型、分散、粗放式农副产品加工业的污染减排目标以农产品加工副产物综合利用率为指标，按照农产品主产区确定重点区域及相应的目标值。

2016—2020 年，粮油、果蔬、畜禽、水产等农产品加工副产物的综合利用率达到 35%左右；2021—2025 年，粮油、果蔬、畜禽、水产等农产品加工副产物的综合利用率达到 60%左右（表 4-11）。

表 4-11　农副产品加工业污染减排目标

类型	综合利用率/%			重点省份
	当前预估值	2020 年目标	2025 年目标	
粮油	20	40	70	黑龙江、辽宁、吉林、内蒙古、河北、江苏、浙江、安徽、江西、山东、河南、湖北、湖南、四川
果蔬	5	20	50	山东、河南、江苏、广东、四川、河北、湖北、湖南、广西、安徽

类型	综合利用率/%			重点省份
	当前预估值	2020 年目标	2025 年目标	
畜禽	40	50	75	四川、河南、湖南、云南、山东、湖北、广西
水产	50	60	80	山东、广东、广西、湖南、湖北、江苏、浙江、江西、福建、海南、辽宁

3．污染减排方针政策

在掌握我国农村地区小型、分散、粗放式农副产品加工业的基本情况和污染现状的基础上，按照"循环利用、高值利用、梯次利用"理念，采用新技术、新设备、新装备，促进农副产品加工业副产物的循环利用、清洁生产和二次以上加工，提高资源利用率，减少废弃物排放，变废为宝，化害为利。推广实用技术，集成、示范和推广一批农产品加工副产物综合利用新技术、新设备和新装备向生产力转化。加强示范创建，创建一批全国农产品加工综合利用示范企业、示范园区、示范县，引导企业和产业园区对加工副产物资源化利用。健全农副产品加工业污染减排考核机制和监督体系，完善农副产品初级加工污染防控法律法规。加快农副产品初级加工与污染减排标准体系建设，明确农副产品加工业规模化发展政策导向。

4．污染减排方案

1）污染源普查与产排污测算

以提供初级市场的服务活动，依附于农业生产，由农户、合作社等为主体的农副产品初级加工为重点，根据我国农副产品加工业的分区、分类，从"原产地—初级加工—市场（或深加工）"的农产品流动过程，分析当前农产品原产地初级加工的主要生产主体、规模程度、主要工艺类型、技术水平等现状，并综合考虑不同农副产品加工业类型及污染物产排过程的特点与主要工艺环节，明确现有的农副产品加工污染治理现状。

在全国范围内的各类农产品主产区，通过面上调查和分类抽样实地监测相结合的方式，建立主要农副产品初级加工类型的产排污指标体系，并结合国家农业源主要污染物总量减排考核要求，确定废水与废弃物产生情况以及 COD、TN、TP、氨氮 4 种污染物的排放特征，通过对现有农产品初级加工的工艺调查、处理利用率现状、产排污系数的测算，确定农副产品初级加工的排放基数，为农副产品加工污染减排提供基础依据。

2）污染减排技术推广与示范创建

结合农业农村部推介的全国农产品及加工副产物综合利用典型模式，针对农村地区小型、分散、粗放式农副产品加工业的生产特点和污染问题，坚持市场决定、政府引导、企业主体的原则，在各类农产品主产区和农副产品加工业发展较快的地区，因地制宜地集成、示范和推广农副产品加工业污染减排技术及其农产品加工副产物综合利用实用技术，引导和促进农产品及加工副产物的产地资源化利用、化害为利、变废为宝。

基于农业农村部开展的农产品及加工副产物综合利用试点成果，明确一部分农产品加工副产物综合利用的主攻方向，在粮油加工副产物（稻壳、麸皮胚芽、油料饼粕、薯渣、薯液等）、果蔬加工副产物（果皮、果渣等）、畜禽加工副产物（骨血、皮毛、内脏等）、水产品加工副产物（皮骨、内脏等）等重点领域及其各自的重点区域，按照节能、减排、清洁、安全、可持续的要求，根据技术先进适用可行、具有物化的设备装备、市场竞争力强、发展潜力大、经济社会生态效益显著等标准，着力培育一批农产品及加工副产物综合利用试点县、试点园区、试点企业，使其对综合利用行业起到良好的示范辐射带动作用。

3）污染减排工作考核与监督检查

根据我国的农业发展格局与农副产品初级加工特征，针对粮油、果蔬、畜禽、水产等农副产品加工业主要类型，结合区域的环境特征、社会发展水平，构建发展改革、农业农村、环保等多部门协同的农村地区小型、分散、粗放式农副产品加工业污染减排工作机制，明确工作责任主体与任务分工，在综合提高农产品产地初加工效能的同时，削减污染物排放量，提升综合利用水平。各地区负责建立本区域农副产品初级加工污染物总量减排统计体系、监测体系，建立主要污染物总量减排台账，并建立项目运行监督机制，实现常态化管理制度。

完善农副产品初级加工污染防控的相关法律法规，将其纳入农业源污染防控的法规体系，明确污染减排的责任主体、违法排污的法律责任；国家、地方政府在制订各类污染防治行动计划的同时，将农副产品初级加工污染减排纳入行动内容。根据当地的农副产品加工季节性特点形成相应的巡查制度，尤其在农副产品加工的旺季加大对污染排放的监管力度，由农业和环境监察部门联合负责定期巡查，建立常态化监管机制。

4）污染减排标准制定与政策扶持

加快农副产品初级加工与减排标准体系建设。结合我国农产品初级加工标准体系规划，在农副产品初级加工标准规划制定、修订的同时，将废弃物、废水等污染物处理纳入农产品加工标准体系的内容，通过工艺流程与标准的改进与调整，减少产污量；根据资源化、增值化利用技术途径，制定农副产品废弃物的处理利用标准，并根据不同农副产品初级加工类型与污染特征，制定相应的污染物排放标准。在此基础上，坚持市场决定、政府引导、企业主体的基本原则，制定全国农副产品加工废弃物综合利用规划。

　　明确农副产品加工业规模化发展政策导向。将解决农产品产后处理设施简陋、工艺落后、损失严重、质量安全隐患突出等问题作为重点，聚焦农产品原产地初级加工污染减排。农副产品初级加工责任主体以循环利用、高值利用为导向，以财政资金、绿色信贷资金和其他金融手段以及税收优惠为方法，根据各地的社会、经济发展水平，由中央、地方共同制定农副产品初级加工污染减排扶持政策。建立减排工作激励机制，预留部分减排资金对减排工作推进力度较大、运行良好的企业进行激励。

第 5 章

典型政策示范案例分析

根据课题设计，本书分别在太湖苕溪流域和黄浦江上海松江区作为政策示范点进行政策实证研究，其中太湖苕溪流域主要开展绩效评估、农业源综合示范、水产养殖分类示范；上海黄浦江松江区主要开展农村生活源和农副产品加工业分类政策示范；课题组对畜禽养殖分类政策在辽宁铁岭、种植业在河南安阳分别进行了分类政策示范实证研究。

5.1 苕溪流域农业源减排政策示范

在苕溪流域主要开展了以下示范工作：①苕溪流域典型地区农业源污染控制与减排政策综合示范；②水产养殖污染减排分类政策示范。

5.1.1 苕溪流域典型地区农业源污染控制与减排政策综合示范

以苕溪流域典型地区——浙江省湖州市南浔区作为农业源污染控制与减排政策综合示范地区，通过对南浔区农业面源污染的调研与分析，配合当地政策及农业面源污染防治工作的需求，重点以种养平衡为原则，通过编制生态农业规划，确保实现农业生产发展和农业环境保护协调发展的双重目标。

1．自然及社会经济发展基本情况

1）区域自然状况

（1）地理位置

南浔区地处浙江北部杭嘉湖平原中部，北纬 30°52″～30°53″，东经 120°25″～120°26″，东南邻桐乡市，东北毗苏州市吴江区，南连德清县，西北接吴兴区（图 5-1）。全境略呈梯形，东西长约 130 km，南北宽约 100 km，下辖 9 个镇和 1 个省级经济开发区，总面积 702 km^2，是一个水网密集、平原广布的县级区。

南浔区水陆交通便捷，318 国道和湖盐公路贯通全境，京杭运河、长湖申航道、申浙苏皖高速公路和申嘉湖杭高速公路穿境而过。距离上海、苏州、杭州等大城市均为 100 km 左右。

图 5-1　南浔区区位

（2）地形地貌

南浔区地处长江三角洲下游南侧平原水网地带，地质地层为新生界第三系长河组，埋藏于第四系之下，岩性由青灰、绿灰、灰黑色泥岩，粉砂质泥岩及棕色泥质粉砂岩、砂砾岩等组成，局部夹石膏薄层和玄武质火山岩。

在 200 m 以上为新生界第四系，发育良好，处于皖南至嘉善地层大断裂的西段，平原、河谷、山区均分布广泛。平原区主要为河湖沼泽相，滨海潟湖相及部分洪积、坡积相沉相。岩性主要由黏土、亚黏土、粉砂、亚砂土和沙砾石层组成。平原地区埋深一般为 150～200 m。

境内土地肥沃、水网密布、地形低洼，平均海拔 3～4 m，属杭嘉湖平原的一部分。

南浔区境内河道密度 2.6～3.8 km/km²，东部以圩田为主，河港堤岸多为桑埂、稻田、鱼塘。

（3）气候特征

南浔区属中北亚热带湿润季风性气候过渡带，气候温和，四季分明，冬季稍长，雨量充沛，日照较多。由于受南北暖寒气流的交替影响，冬季盛行偏北风，一般天气干冷晴好。但在冷锋过程中时会出现雾日、寒潮、霜冻。春分以后天气转暖，一般多和风拂煦，或春光明媚，或春雨纷纷，虽有时春寒料峭，但万物复苏，生机盎然。春夏之交有"梅雨"（少数年份有"倒春寒""倒黄梅""干梅""空梅"）。夏季受太平洋副高气压控制，多偏东南风，日照强烈，蒸发量大，除有雷雨外，一般炎热少雨，有"伏旱"。夏秋之交有台风雨缓解旱情，若台风中心在温州附近登陆，则会带来狂风暴雨的灾害性天气。秋分后天气转凉，初期秋风绵雨，后期天高气爽，有利于农家秋收。

南浔区水源充沛，降水相对集中，加之年均温度较高，日照时数较多，生长期长，水、热、光的结合良好，粮食可一年两熟至三熟。年平均气温 15.7℃，最热月为 7 月，平均气温为 33℃，最冷月为 1 月，平均气温为 3℃。年降雨量 1 161 mm，相对集中在 4—9 月，基本上与农时适应。在季节上，夏季时间长达 110 天以上，冬季时间达 120 天（农历闰月年份可延长 10 天上下）以上，形成全年中炎夏、寒冬期长而春秋较短的特点。全年无霜期 240 天左右，一般年份初霜约在 11 月中旬，终霜约在 3 月中旬。

（4）土壤特征

分布在南浔地区的土壤类型除青紫泥外，则以小粉土科及所属的灰土、半白土、死白土土组为主。粉土为一种特殊松软土，特点是干燥时易散落，潮湿时略有黏性。青紫泥则是长期受地下水和季节性地面积水而形成的具有灰黏层的土壤，其剖面一般具有耕作层、梨底层和青泥层。青紫泥及粉土经过镇郊农民长期精耕细作和施用农家有机肥，以及长期栽培水稻、桑树的耕作熟化过程，形成了肥沃的水稻土，有利于本地水稻和桑树栽培。

（5）植被类型

南浔区属中亚热带常绿阔叶林北部亚地带青冈、苦槠栽培植被区。植物种类有从中亚热带过渡的特征。生物种属南北兼蓄，种类繁多。植被来源分天然植被和人工植被两种，其中，天然植被有黄山松和金钱松群系，青冈、苦槠常绿阔叶林群系，檫树、枫香常绿落叶阔叶林群系，马尾松针叶林群系以及灌丛植被；人工植被有人工营造、人工改造两部分，人工营造植被有马尾松、杉木、湿地松、火炬松等人工针叶树纯林，檫树、油茶、油桐、青梅、板栗等阔叶树纯林，天然植被经人类长期经营和改造，形成了人工改造植被，分布最广，面积最大。丘陵地区部分马尾松林，经过长期封山育林和人工促进天然更新，形成郁闭度较高的针叶树纯林。

（6）水文特征

南浔水系主要有两支，其中一支源于天目山系的山岭丘陵，另一支为京杭运河。天目山系水分两条支脉，一条是东西苕溪在湖州汇合以后，分流入荻塘至南浔镇；另一条是由德清诸水由南向北，经大虹桥塘、丁泾塘、白米塘入荻塘至南浔镇。这两条支脉在南浔镇汇合后，北由古溇港等河港泄入太湖，东由荻塘汇入黄浦江。京杭运河经练市镇后一部分向北汇入月明塘，另一部分向东出境，流向桐乡乌镇。区域内水网密布，其他支流有东塘河、吴兴塘河、双林塘河、白米塘河、浔溪、北塘、里塘、中塘河、长超港、思溪港等。

（7）生物资源

由于南浔区地处杭嘉湖平原腹地，境内无大面积森林，因此野生动物以哺乳纲松鼠、草兔、野猪等普通动物为主；鸟类主要有苍鹭、白鹭、鸳鸯、中杜鹃、栗啄木鸟、喜鹊、白颈鸦、画眉、大山雀、麻雀等；爬行纲主要有乌龟、赤练蛇、竹叶青、蕲蛇、蝮蛇、鳖、北草蜥等；鱼纲有太湖陈氏银鱼、白鲦、鲫鱼、鲤鱼等 30 余种。节肢动物中昆虫纲有 19 目、120 科、1 496 种（已定名 560 种），其中森林害虫天敌 73 种；甲壳纲有中华虾米、青蟹等 10 余种；蛛形纲有壁线、圆网蛛等 10 余种；多足纲有马陆、蜈蚣等 10 余种。另外，还有软体动物和环节动物田螺、蜗牛、背脚河蚌、环毛蚓、蚂蟥、山蚂蚁等。

2）区域环境状况

（1）环境空气质量

南浔区主要空气污染物中，二氧化硫（SO_2）平均值达到二级标准，部分年份指标达到一级标准；二氧化氮（NO_2）、可吸入颗粒物（PM_{10}）等污染物平均值高于二级标准。

（2）水环境质量

南浔区原有 6 个集中式饮用水水源地，分别位于南浔、双林、练市、菱湖、和孚、善琏六镇，其中善琏镇已经停用，南浔、双林、练市三镇于 2010 年开始统一由老虎潭水库统一供水。

南浔区市控以上地表水监测点位共 5 个，包括古娄港、和孚漾、南浔、双林、乌镇；其中国控断面 1 个（南浔）、省控断面 2 个 [古娄港（2011 年起由国控调整为省控、双林）]、市控断面 2 个（和孚漾、乌镇）。南浔区水环境功能区划均为Ⅲ类。根据监测断面的数据显示，水质均达到Ⅲ类指标。

南浔区入境断面 5 个（含山、小白漾、三济桥、南寺桥、泉庆村），出境断面 4 个（乌镇、南浔、古娄港、路村）。入境断面水质Ⅲ类、劣Ⅴ类比例分别为 60%、40%，出境断面水质均为Ⅱ～Ⅲ类，考核结果为优秀。部分入境断面水质较差，但出境断面水质均达到功能区水质要求。

（3）声环境质量

南浔区声环境污染属于混合型，交通噪声、工业噪声、建筑施工噪声、社会生活噪声是主要污染源，共有功能区噪声监测点 4 个，涵盖了 1 类、2 类、3 类、4 类声功能区。数据显示，南浔区各点位噪声均达到相应功能区要求，其中居住文教区、工业区噪声较中心城区高，而工商住混合区交通噪声较中心城区低。

（4）生态环境质量

利用中国环境监测总站提供的 Landsat-TM 资源卫星拍摄的卫星影像数据对南浔区的土地覆盖和土地利用状况进行遥感解译，并结合现场核查和咨询可以对近年来生态环境质量进行评估。生态环境状况指数（Ecological Index，EI）的计算方法如下：

EI=0.25×生物丰度指数+0.2×植被覆盖指数+0.2×水网密度指数+0.2×

（100−土地退化指数）+0.15×环境质量指数　　　　　　　　　　（5-1）

根据生态环境状况指数可将环境质量分为五级，即优、良、一般、较差和差（表 5-1）。

表 5-1　生态环境状况分级

级别	优	良	一般	较差	差
指数	EI≥75	55≤EI<75	35≤EI<55	20≤EI<35	EI<20
状态	植被覆盖度高，生物多样性丰富，生态系统稳定，最适合人类生存	植被覆盖度较高，生物多样性较丰富，基本适合人类生存	植被覆盖度中等，生物多样性一般水平，较适合人类生存，但有不适合人类生存的制约性因子出现	植被覆盖较差，严重干旱少雨，物种较少，存在着明显限制人类生存的因素	条件较恶劣，人类生存环境恶劣

南浔区生物丰度指数呈上升趋势；植被覆盖率较高，但近年来有下降的趋势；水网密度近两年保持在 45%左右；土地退化程度保持稳定；环境质量指数逐年上升；生态环境状况指数呈波动趋势，但生态环境状况等级均为优。从数据来看，南浔区本底生态条件良好，生态破坏程度不高，随着城市建设的发展，生态环境将会面临较大的挑战。

3）农业发展现状

南浔区是著名的"鱼米之乡"，河网密布，除粮食、蔬菜生产外，水产养殖占据农业产值的重要部分。2015年，南浔区实现农林牧渔业总产值41.85亿元，其中，种植业产值10.67亿元，畜禽养殖产值9.96亿元，渔业产值17.48亿元，农林牧渔服务业产值3.69亿元。

2015年，南浔区粮食播种面积45.04万亩，蔬菜面积8.34万亩，油菜籽面积6.05万亩，果用瓜面积0.85万亩，花卉苗木面积1.52万亩；生猪出栏21.85万头，湖羊出栏13.10万头，家禽出栏1 267万羽；淡水鱼总产量11.56万t。

2．生态农业发展存在的主要问题

1）产业链体系不完善

目前南浔区的农产品市场体系建设取得了重大进展，但是存在着不规范、缺乏标准等不完善问题，"生产—加工—销售—市场"这一产业链体系不完善：①农民进入市场的组织化程度低，专业合作经济组织发展不成熟，农民市场参与能力较弱；②农产品加工发展滞后，农业附加值没有得到很大提升；③农产品交易方式仍比较落后，流通现代化程度较低；④市场基础设施建设不足，影响了市场功能的充分发挥；⑤缺乏进行大宗农产品交易的有效平台，农产品流通成本高。

2）生产环境压力较大

南浔区农业生产的环境污染压力较大。这主要有三个方面的原因：①畜禽散养户比例还较高，特别是生猪散养户，散养户的增加给全区动物疫病的防控、农业面源污染的管理等带来了难度；②水禽养殖、温室龟鳖等养殖面积较大，给河道造成了比较大的污染；③种植业过程中化肥、农药施用缺乏指导，污染负荷较大，严重威胁了区域水环境质量。

3．生态农业规划技术体系

1）优化产业结构，发展生态农业

（1）优化空间布局

根据南浔区的地理资源特色和"农业两区"（现代农业园区和粮食生产功能区）建设，形成了中片为大虹桥万亩粮食生产功能区、西片以渔业为主导的菱和现代农业综合区、东片以蔬果产业为主导的浔练现代农业综合区的"一体两翼"空间发展格局（图5-2）。

在生态农业建设中，应逐步加快土地流转速度，形成以规模化为方向，带动农业标准化和现代化发展，同时推进以各类集镇、中心村为节点的支农服务网络体系建设，总体上形成"以四大农业分区为基础、以农业产业化基地建设为提升"的现代农业产业集聚发展格局，全力推进"农业两区"的转型升级。

图 5-2　南浔区生态农业布局

　　①四大主题功能区：在全区重点推进优质粮食功能区、现代渔业产业区、精品果蔬产业区和特色畜禽养殖区四大主题农业功能区建设，每年建成一批农业精品园，截至2020年建成50个农业精品园。

　　②农业产业化基地：在四大主题农业功能区内建设四大农业产业化基地，包括位于菱湖镇的长三角生鲜水产加工基地，位于双林镇的全省优质稻米加工基地，位于千金镇的全省肉制品加工基地，位于练市镇的全市果蔬配送基地（图5-3）。

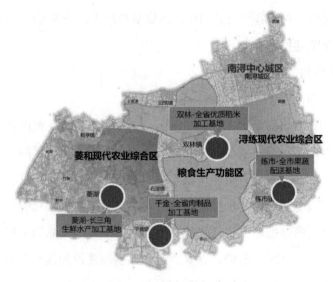

图 5-3　南浔区生态农业重点工程

（2）优化产业内部结构

如何进一步优化升级农业产业结构已成为南浔区现代农业进一步发展的突出问题。通过稳定粮食生产、做大做强畜禽养殖业、做特做优水产业、优化改造蚕桑业等措施，不断优化农业产业结构。

①稳定粮食生产。南浔区作为浙江省主要的粮食生产区之一，稳定粮食产量是落实粮食安全政策的重要战略。目前，全区已建成粮食生产功能区 12.3 万亩，其中省级粮食生产功能区 10 个，面积 13 033 亩。围绕保障粮食安全总目标，以改善粮食生产条件、建设吨粮田为核心，选择集中连片的标准农田，按照建设良田、应用良种、推广良法、配套良机、推行良制的要求，依靠科技，增加投入，完善设施，稳定、提高粮食亩产量，到 2018 年全区已建设粮食生产功能区面积 20 万亩。

②稳定发展畜禽养殖业。南浔区养殖业无序发展现象突出，亟须加快产业结构调整步伐。以规模化经营为方向，发展畜禽养殖龙头企业，通过招商引资、设施装备等多方面扶持畜禽养殖企业做大做强。逐渐压缩分散畜禽养殖空间尤其是不规范的养猪生产，逐步取缔零散的畜禽养殖户，重点是针对外来养殖场和禁养区、限养区内的养殖场等对水环境治理影响较大养殖场进行治理。逐步压缩生猪养殖规模。对规模化畜禽养殖场要加快推行排污许可证制度，严格执行环境影响评价和环保"三同时"制度，因地制宜地推进生态还田、沼气发电、截污纳管等不同污染减排工作。

③优化改造蚕桑业。南浔区是全国重点蚕茧产区之一，是浙江省优质茧生产基地和丝绸出口创汇基地，丝绸文化历史悠久，但由于近年来茧、丝、绸市场行情的极度疲软，丝绸出口形势不好，加上蚕种养殖的季节性制约，蚕桑产业很难规模化、集约化发展，造成近年来蚕茧生产持续下滑，较多桑地利用性不高，亩产产出较低。应重点通过引进经营主体进行桑树、桑叶、桑果的综合开发利用，并延伸蚕桑产业链，发展蚕桑制品加工，依托桑基鱼塘文化发展旅游业，不断提高蚕桑业的综合效益水平。

④做特做优水产业。按照"减量、生态、提质、创牌"的要求，以菱和省级现代农业综合区为主，建设万亩生态放心鱼基地，建设 2 个智慧型现代渔业园区、3 个规模池塘清洁养殖示范基地，提升中国淡水鱼都品牌。同时，对污染负荷较大的温室甲鱼养殖进行转型升级，温室龟鳖养殖场减少 20 万 m^2，养殖废水处理率达 100%，重点推广生态化养殖技术，包括南浔泰宇外塘生态甲鱼养殖示范点、练市今日水产两段法示范点建设。

（3）构建区域统筹的农业全产业链

建立农产品加工、物流体系，通过区域统筹，重点建设位于菱湖镇的长三角生鲜水产加工基地、位于双林镇的全省优质稻米加工基地、位于千金镇的全省肉制品加工基地、位于练市镇的全市果蔬配送基地，建立覆盖粮食、畜禽、水产等加工与销售的农产品全产业链，提高农产品附加值；同时，通过综合型农产品批发市场项目的开发，完善农产品销售体系，增强南浔区农业与市场，尤其是与大都市市场的对接能力，建立快捷的农产品物流体系，缩短从农田到餐桌的时间。

（4）加大示范基地建设

专业化农业精品示范基地是现代农业快速发展的龙头，重点推进浔南—练北浔练公路沿线的精品农业园区建设以及和菱公路沿线的精品渔业产业园区建设，深化落实区"十二五"农业规划的总体布局，创建若干省级、市级知名精品园，同时推进菱湖南片水网地区特色渔业产业园建设，使中国淡水鱼都品牌基本确立，精品渔业产业园成为水产养殖区发展的主要方向。远期应进一步优化渔业和瓜果蔬菜基地内精品园结构，重点推进优质粮食功能区内精品园的建设，形成若干名优水稻种植园品牌，整合养殖业资源，引导建设若干设施化养殖园区。

（5）形成农产品品牌效应

南浔区农产品总量较大，品质较高，小的品牌众多，但具备影响力的大品牌较少，同时通过绿色、有机认证的农产品面积相对较少，这制约了农产品打开市场的难度，农产品生产经营的品牌意识亟待增强。应借助无公害、绿色、有机农产品基地建设和标准化生产，支持引导龙头企业和专业合作社做大做强农产品品牌，形成"政府推动、企业主动、市场拉动"的良性互动局面。

2）推进控制农业面源污染

（1）种植业面源污染综合治理

①扩大种植业规模化经营。扩大菱和省级现代农业综合区及大虹桥万亩粮食生产功能区规模化经营，增强"两区"典型的带动作用。扩大粮食高产示范方的示范、带动和辐射效应，提升粮食生产能力。同时，优化茬口布局，合理规划种植季节，推广绿肥作物种植。

将粮食全产业链建设列入浙江省农业重大项目，在南浔区建成粮食功能区 2.74 万亩，新增省级粮食生产功能区 2 个，面积 2 740 亩。整合高标准农田示范工程项目资金 2 300 万元，完成大虹桥万亩粮食生产功能区三期工程建设，即水田面积 1.2 万亩的练市片区（涉及练市镇慈姑桥、钟家墩、蔡家桥等 7 个村）。通过一、二、三期建设，大虹桥粮食生产功能区连片规模已达到 2.7 万亩。完成丰穗、和谐、华扬 3 个育秧烘干中心建设。

集中建设现代农业园区，新增省级主导产业示范区 2 个（练市欣农鸭、菱湖卢介庄特种水产）、省级特色农业精品园 1 个（练市鼎鑫蔬菜省级精品园）、市级主导产业示范区 3 个（河东渔业、练北蚕桑、卢介庄特种水产）、市级精品园 5 个（双林鳜鱼、练市鼎鑫蔬菜、丰藤水果、和联鱼桑、紫晶香果蔬），全面完成创建目标任务。

②推广生态循环产业模式。围绕南浔区相关规划要求，明晰从"企业+项目""区域+产业""全区范围" 3 个层次创建"二带四区十园十五个示范工程项目"的生态循环农业产业布局，实现粮油、畜禽、蔬果、水产、蚕桑、休闲观光六大产业综合循环，建成资源节约、环境友好的生态循环农业。

鼓励产业发展"资源→产品→废弃物→再生资源"的资源能源循环利用模式，在宏观上建立主导产业间物质循环、能量流通、生态平衡的生态循环示范带，包括全产业循环"粮油生产→食用菌生产→果蔬种植→畜禽养殖"示范带、主体产业循环"粮油加工→畜禽养殖→粮油生产"示范带。在微观上建立特色产业内部资源节约、高效、循环利用的生态循环示范链，包括水果种植产业循环"水果枝梗→果树有机肥→生态鸡饲料→果树有机肥"示范链、畜禽养殖产业循环"牧草→湖羊青饲料→蚯蚓饲料→黄鳝饲料→牧草有机肥"示范链。从宏观和微观两个角度推广生态循环产业模式。

在练市镇等湖羊养殖量较大的乡镇，试点开展将农作物秸秆通过发酵技术作为青贮饲料；建立"农作物秸秆→湖羊→沼→农作物"的循环模式，有效地推动农业废弃物的资源化利用。在双林金牛农庄、练市神牛生态农业公司等基地充分利用丰富的稻草资源，积极发展蘑菇等草腐型食用菌生产，并利用蘑菇菌渣作基肥还田发展芦笋等高效经济作物，形成水稻→食用菌→芦笋的生态循环种植模式，既推动了食用菌、芦笋等特色产业的发展，又实现了农业资源的循环利用。

③建设生态档案农业基地。从提高耕地质量和农田环境质量、加强农产品安全性监管以及修复生态链和促进资源循环利用出发，推进生态档案农业基地建设。在基地建设过程中，结合郊区畜禽粪便"减量化、无害化、资源化、生态化"综合治理推进，推广使用商品有机肥，探索畜禽粪便返田的新路，集成推广秸秆还田等保护性耕作模式，培肥郊区耕地地力；积极推广绿肥种植，强化测土配方施肥工作，推广专用配方肥施用，加大秸秆深耕还田力度，推进秸秆综合利用；推广防虫网、杀虫灯等物理防治技术，加快推进高毒农药替代工作，确保农产品食用安全和生态安全；开展农田地力与环境监测，实现对农业生态环境安全与耕地地力的监测、评价、预警；完善管理制度，加强源头治

理，规范生产行为，加强对农产品质量全过程监测，建立化肥农药施用追溯制度。

（2）养殖业污染综合治理

①推进"双控双减"。以"整治拆除一批、生态治理一批、循环配套一批"为原则，先后制订"规范生猪和温室龟鳖养殖实施方案""生猪和温室龟鳖'双控双减'专项整治行动实施方案"，以外来养殖场和禁养区、限养区内的养殖场等对水环境治理影响较大养殖场为重点，强势推进"双控双减"行动。

②治理规模化畜禽养殖场污染。采用政府补贴和场区自筹的方式，对辖区内有条件的生猪、奶牛规模化养殖场按照标准化场的建设进行设施改造，排泄物综合治理的主要工艺根据生猪规模养殖基本建在农田中的实际，采用了"猪—沼—田"的农牧结合模式，实现"零排放"的目标，即通过"雨污分离、干湿分离"将干粪统一收集发酵制成有机肥料外运；污水则通过厌氧发酵、净化、氧化的方式进行治理，经处理后的污水达到农田灌溉的标准后排放于周边农田，用作农田灌溉。

在全力进行传统模式规模化养殖场污染治理的同时，南浔区通过试点探索新型生态养殖，开展发酵床饲养模式。在猪舍地面以下挖深 60～80 cm，填满木屑、米糠等有机垫料，添加商业化的微生态菌，形成一个有利于微生物生长繁育的生态发酵床。猪排泄出来的粪便被垫料掩埋，水分被发酵过程中产生的热蒸发，猪粪、尿经微生态菌发酵后得到充分的分解和转化，猪舍不需要专门清除粪便，也无臭味，无蛆少蝇。部分转化的菌体蛋白还能被猪采食，同时这也较好地恢复了猪拱食的自然习性。在冬季，微生物发酵还能有效提升猪舍温度，起到保温越冬的作用。

③建立畜粪收集处理中心。在对辖区内规模化和散户集中设施改造和搬迁整治的基础上，还应加大市、区政府扶持，建立畜粪收集处理中心，对养殖过程中产生的畜粪要按照"户聚、村收、片处理"的模式进行统一收集处理，并建立产销对口机制，从根本上解决有机肥的出路问题。

处理中心的投入使用能够实现畜禽养殖清洁生产，减少疫病的传播。目前，畜粪多采用好氧堆肥处理，技术相对成熟。堆肥产品一部分可用于本地蔬菜瓜果田作为有机肥施用；一部分可销往外省市，取得一定的经济效益。畜粪收集处理体系构建中，应配备相关收集车辆和工作人员，负责收集处理附近片区畜禽粪，各镇还可根据收集运行实际需要适当新建、扩建处理中心。

④推广湖羊离地平养模式。离地平养模式的主要工艺为将湖羊离地平养，粪便、污水等污染物通过木板、竹板的间隙直接排于棚外，保持了羊舍的干净、整洁，减少了疫

病传播的概率，也为配套污染治理设施、集中处理粪便等污染物创造了条件。该模式运用较规范的为南浔沈华养殖场和双林紫鑫养殖场。目前，两场均建设了污染治理配套设施，通过粪便的集中处理和污水的过滤净化大大减少了污染的排放，并且通过示范场的带动辐射作用，新建的养殖场也普遍采用了离地平养模式。

⑤推动水禽旱养模式。改良传统的内塘饲养模式，采取嬉水带模式，污水通过循环净化达到农田灌溉标准后再排放至灌溉渠道，达到"零排放"的目的。

4．生态农业规划实施效果

通过南浔区生态农业规划的推进实施，全区拆除违章生猪养殖场 100 万 m² 以上，生猪饲养量减少 30 余万头；拆除温室龟鳖场 30 多万 m²，养殖废水治理面积 60 万 m² 以上，温室龟鳖废水治理工作全面铺开；千金、和孚、善琏、练市、菱湖、南浔、石淙 7 个病死动物收集点已建成并投入运行，全区建立 3 家以上粪便收集处理中心，收集范围覆盖全区，年收集能力达到 20 万 t 以上，畜禽排泄物的资源化利用率进一步提高；建立区级测土配方施肥示范区 1 个和科技示范户 20 个、镇级示范区 10 个和科技示范户 50 个，树立样板，展示测土配方施肥技术效果，引导农民应用测土配方施肥技术，全区实施测土配方面积 50 万亩（次）以上，粮油作物测土配方施肥率达 100%，全年推广应用商品有机肥及配方肥 1 万多 t，粮油种植区有机肥覆盖率达到 80% 以上，每亩年施用氮肥比创建前减少 11% 以上，高效、低毒、低残留农药推广率也达到 100%。

5.1.2 水产养殖污染减排分类政策示范（以湖州市为例）

1．自然及社会经济发展基本情况

1）区域自然状况

（1）地理位置

湖州市地处浙江省北部，太湖南岸，东苕溪和西苕溪汇合处。东邻嘉兴，南接杭州，西依天目山，北濒太湖，与无锡、苏州隔湖相望，是环太湖地区唯一因湖而得名的城市。地处东经 119°14′～120°29′、北纬 30°22′～31°11′。全市东西最长 126 km、南北端宽 90 km，面积 5 818 km²，现辖德清、长兴、安吉三县和吴兴、南浔两区（图 5-4）。

（2）地形地貌

全市地势大致由西南向东北倾斜，西部多山，最高峰龙王山海拔 1 587 m。东部为平原水网区，平均海拔仅 3 m 左右。有东苕溪、西苕溪等众多河流，西部以山地、丘陵为主，俗称"五山一水四分田"。

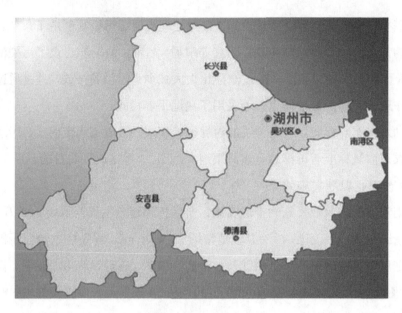

图 5-4　湖州市行政区划

（3）气候特征

湖州市属亚热带湿润季风气候，总特点为季风显著，四季分明；雨热同季，降水充沛；光温同步，日照较少；气候温和，空气湿润；地形起伏高差大，垂直气候较明显。全市年平均气温 12.2～17.3℃；最冷月为 1 月，平均气温-0.4～5.5℃；最热月为 7 月，平均气温 24.4～30.8℃。年降水量 761～1 780 mm，年降水日数 116～156 天，年平均相对湿度均在 80%以上。风向季节变化明显，冬半年盛行西北风，夏半年盛行东南风，3 月和 9 月是季风转换的过渡时期，以东北风和东风为主。

（4）水文地质及流域概况

湖州境内主要河流有西苕溪、东苕溪、下游塘、双林塘、泗安塘等；境边南接东苕溪上游，北濒太湖，东联大运河及黄浦江（图 5-5）。平原河网湖荡密布，山区建有山塘水库，库容 10 m³ 以上水库 149 座。域内 536 km²，河道密度 2.6～3.8 km/km²，其中河流、湖泊面积 496 km²。

京杭大运河和源于天目山麓的东、西苕溪纵穿横贯湖州全境。苕溪东经由页塘流于黄浦江，北经 56 条溇港注入烟波浩渺的太湖。境内水系密如蛛网，交织在一起，形成江南水乡。

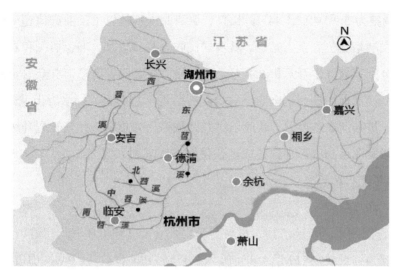

图 5-5 湖州市苕溪流域

（5）土地利用情况

湖州市土地面积为 582 094.91 hm^2。其中，农用地为 468 866.82 hm^2，占全部土地的 80.55%；建设用地为 76 907.46 hm^2，占全部土地的 13.21%；未利用地为 36 320.63 hm^2，占全部土地的 6.24%。农用地中，耕地面积为 153 144.58 hm^2，占全部土地的 26.31%。建设用地中，城乡建设用地为 62 859.85 hm^2，占全部土地的 10.80%；交通水利用地为 11 771.39 hm^2，占全部土地的 2.02%；其他建设用地为 2 276.22 hm^2，占全部土地的 0.39%。未用地中，水域面积为 30 355.36 hm^2，占全部土地的 5.22%。

（6）森林植被状况

湖州市森林资源丰富，全市林业用地面积 460 万亩，林木蓄积量 650 万 m^3，森林覆盖率达 50.9%。2010 年以来，共完成造林更新面积 22.45 万亩，森林抚育 34 万亩，建成重点生态公益林优质林分 116 万亩，全市的林业行业总产值达已达 485 亿元。

2）社会经济概况

（1）行政区划

现辖德清、长兴、安吉三县和吴兴、南浔两区。

（2）社会发展概况

全市 2015 年年末户籍人口 263.71 万人，城镇人口 122.81 万人。地区生产总值突破 2 000 亿元，人均生产总值超过 7 万元，财政总收入突破 300 亿元。社会消费品零售总额 2015 年达到 963.9 亿元。产业结构进一步优化，三次产业结构比例由 2010 年的 8：

54.9∶37.1 调整为 5.9∶49.2∶44.9。长兴、德清跨入规模以上工业产值超千亿县行列；农业现代化发展指数位列全省第一。城乡居民收入稳步增加，城镇居民和农村居民人均可支配收入分别突破 4.2 万元和 2.4 万元。湖州市社会安定有序，群众安全感和满意度位居全省前列。当前，湖州正坚定不移地践行习近平总书记"绿水青山就是金山银山"的重要思想，贯彻浙江省委、省政府以"八八战略"为总纲、打好转型升级组合拳的决策部署，一张蓝图绘到底，加快建成现代化生态型滨湖大城市。

3）区域环境状况

（1）大气环境状况

2015 年，湖州市区、德清县、长兴县和安吉县大气环境质量均超过国家二级标准，超标指标主要为细颗粒物（$PM_{2.5}$）和可吸入颗粒物（PM_{10}）。市区 $PM_{2.5}$ 均值为 57 $\mu g/m^3$，较 2014 年的 64 $\mu g/m^3$ 下降 10.9%。

2015 年，市区空气质量达标天数为 212 天。超标的 143 天中，$PM_{2.5}$ 为首要污染物的有 61 天，占 42.7%；PM_{10} 为首要污染物的有 1 天，占 0.7%；NO_2 为首要污染物的有 2 天，占 1.4%；O_3（臭氧）为首要污染物的有 79 天，占 55.2%。相比 2014 年，空气优良率下降 1.1 个百分点。

除此之外，湖州市酸雨污染依然严重，酸雨类型未发生根本变化，降水中主要致酸物质仍然是硫酸盐。相比 2014 年，2015 年全市降水 pH 平均值上升 0.11，其中市区、德清县、安吉县降水 pH 平均值均有不同程度上升，长兴县降水 pH 平均值有所下降。

（2）水环境状况

全市各河流段中，东苕溪、西苕溪、长兴水系水质状况均为优，东部平原河网、城市内河水质状况均为良好。影响河流水质的主要污染指标为氨氮和溶解氧。总体水质有较大改善。

2015 年，全市 79 个县控以上地表水监测断面水质类别符合Ⅱ类、Ⅲ类、Ⅳ类、劣Ⅴ类标准的比例分别为 43.0%、49.4%、6.3%、1.3%，与 2014 年相比，Ⅱ～Ⅲ类水质断面上升了 7.8 个百分点，Ⅳ类下降了 1.4 个百分点，Ⅴ～劣Ⅴ类下降了 6.4 个百分点。

干净的饮用水是生活中不可缺少的物质之一。《2015 湖州市环境状况公报》（以下简称《公报》）显示，2015 年，湖州市县级以上主要集中式饮用水水源地及各备用水源地水质达标率均为 100%。主要入湖口监测断面连续 8 年均达到或好于Ⅲ类水标准。湖州市地下水水质符合地下水Ⅲ类水质标准，无明显污染。

（3）声环境状况

据《公报》显示，2015 年湖州市所有行政区域的环境噪声均小于 55 dB。其中市本级、德清县、长兴县和安吉县区域环境噪声分别为 53.7 dB、53.7 dB、48.7 dB 和 54.7 dB。相比 2014 年，市区、德清县、长兴县区域环境噪声均有不同程度的下降，安吉县区域环境噪声持平。

生活噪声源和交通噪声源仍是影响城市声环境质量的主要噪声源。2015 年湖州市所有行政区域的道路交通噪声平均值为 65.1 dB，相比 2014 年下降了 0.8 dB。超过 70 dB 的路段长度合计为 23.752 km，超标率为 6.3%，相比 2014 年，超标率下降了 4.6 个百分点。

市区、德清县、长兴县和安吉县道路交通噪声分别为 67.0 dB、69.0 dB、58.1 dB 和 68.2 dB，均低于国家 70 dB 的控制值要求。相比 2014 年，市区、长兴县、安吉县道路交通噪声均有不同程度下降，德清县道路交通噪声持平。

2．水产养殖业生产及污染产生情况

1）生产状况

2015 年，湖州市各类水域养殖总面积 5.12 万 hm²，比上一年增加 2 400 hm²，同比增长 4.92%，其中，稻田养鱼面积 2.54 万 hm²，增长 6.28%。水产品总质量 36.06 万 t，比上一年增加 5.48 万 t，增长 17.92%，其中，养殖产量 34.78 万 t，增长 18.87%；捕捞产量 1.28 万 t，下降 3.03%。全年渔业经济总产出 100.80 亿元，增长 11.18%，其中，养殖产出 71.76 亿元，增长 16.93%；捕捞产出 1.36 亿元，增长 12.40%；水产苗种产出 3.58 亿元，增长 0.28%；涉渔流通和服务业产出 6.84 亿元，增长 31.79%；渔村人均收入 15 409 元，增长 1.93%。

2015 年，鲢、鳙、草、鲫、鳊和鲤等常规鱼养殖产量 10.85 万 t，比上一年增长 11.97%；龟、鳖、虾、蟹和鲈、鳜、鳢、鲌等名、特、优新水产品养殖产量 23.93 万 t，增长 22.22%，占养殖总产量的 68.80%，比上一年上升 1.88 个百分点。多数水产品种的价格下跌，饲料价格也下跌 5%，养殖成本有所降低，但水产养殖总体经济效益继续下降。名、特、优水产品专养面积 3.11 万 hm²，比上一年增长 2.30%。受上一年市场价格等因素的影响，青虾、罗氏沼虾等虾类养殖面积继续增加，河蟹养殖面积稳定，龟鳖类、黄颡鱼和翘嘴鲌养殖面积大幅减少，加州鲈鱼养殖面积增加。

2）污染物产生情况

（1）水产养殖污染物产生系数

根据第一次全国污染源普查《水产养殖业污染源产排污系数手册》获取浙江省不同

品种水产品的 TN、TP 和 COD 产污系数。由于池塘的高密度集约化养殖以及水体自身的稳定和自净能力相对较弱，池塘养殖的排污量较高，水体富营养化现象严重。研究结果表明，太湖流域境内池塘养殖氮、磷养分年均输入量分别为 337.00～800.37 kg/hm^2 和 43.14～106.95 kg/hm^2；长湖水产养殖所产生的污染负荷中 65.58%的 COD、68.98%的 TN 和 84.18%的 TP 来源于周边池塘养殖，投肥投饵对水体氮、磷污染负荷的增加有很大影响。湖州市水产养殖对环境污染的影响主要来源于池塘养殖，因此选择池塘养殖模式下的排污系数（表 5-2）。

表 5-2　水产养殖污染物产生系数

品种	TN/（g/kg）	TP/（g/kg）	COD/（g/kg）
鳜鱼	5.755	2.219	125.824
鳖（池塘）	6.73	0.814	41.54
鳖（工厂化）	39.295	6.221	37.262
鲈鱼	27.237	4.417	253.077
河蟹	2.679	0.472	56.715
罗氏沼虾	0.301	0.044	4.997
青虾	2.713	0.577	2.54
南美白对虾	1.311	0.106	34.655
蛙	6.73	0.814	41.54
乌鳢	27.237	4.417	253.077
青鱼	1.388	0.256	20.67
泥鳅	8.216	0.601	72.664
翘嘴红鲌	1.388	0.256	20.67
花鲳	1.388	0.256	20.67
黄颡鱼	8.216	0.601	72.664
克氏原螯虾	2.713	0.577	2.54

（2）湖州市水产产量

根据湖州市水产技术推广站提供的数据，获取 2015—2017 年湖州市各区县主要水产品的养殖产量，如表 5-3 所示。

表 5-3　池塘养殖主要水产产量　　　　　　　　　　　　　　　　　　单位：t

品种	2015 年	2016 年	2017 年
青鱼	16 319	22 000	26 537
草鱼	27 788	29 588	31 171
鲢鱼	30 434	32 336	34 518

品种	2015 年	2016 年	2017 年
鳙鱼	21 118	20 630	20 956
鲤鱼	5 963	5 450	5 780
鲫鱼	15 502	16 485	16 769
鳊鲂	7 677	8 396	10 332
泥鳅	1 625	4 001	9 029
鲇鱼	274	241	76
黄颡鱼	51 148	60 953	74 204
短盖巨脂鲤	18 517	20 094	32 974
长吻鲩	1 854	3 622	1 814
黄鳝	244	238	212
鳜鱼	8 738	7 702	6 966
鲈鱼	17 935	25 472	37 005
乌鳢	24 603	29 023	32 886
罗非鱼	160	130	108
罗氏沼虾	1 816	2 205	2 257
青虾	12 755	15 740	15 756
克氏原螯虾	1 675	2 131	1 755
南美白对虾	935	777	680
蟹类	4 648	4 879	5 577
蛙	6 061	5 076	3 798
池塘化龟鳖	16 230	19 547	19 828
温室龟鳖	47 790	27 270	12 420

（3）水产养殖污染物产生量

2015 年，湖州市水产养殖污染物产生总量分别为 TN 4 266.28 t、TP 667.85 t、COD 24 051.07 t，污染物排放总量分别为 TN 3 801.19 t、TP 591.11 t、COD 22 056.54 t（表 5-4）。

表 5-4　2015—2017 年湖州市主要水产品污染物产生量

年份	TN/（t/a）	TP/（t/a）	COD/（t/a）
2015	4 266.28	667.85	24 051.07
2016	3 951.09	609.65	27 674.93
2017	3 960.02	601.64	32 690

（4）温室龟鳖养殖产污量分析

温室龟鳖养殖（以中华鳖为主）曾是湖州市水产养殖中的特色产业和支柱产业之一。自浙江省全面实施"五水共治"行动以来，湖州市强势推进龟鳖温室清零工作。全市温室龟鳖养殖大棚面积最高达 700 万 m²，2013 年拆除 46 万 m²，2014 年拆除 78 万 m²，

2015 年拆除 228 万 m², 2016 年拆除 165 万 m², 2017 年拆除南浔区全部温室龟鳖养殖大棚 138 万 m², 实现湖州市温室商品龟鳖彻底清零。2015 年, 湖州市温室甲鱼养殖产污量分别为 TN 1 877.91 t、TP 297.30 t、COD 1 780.75 t (表 5-5)。2017 年年底, 温室龟鳖全部清零, 今后不产生污染物排放量。

表 5-5 湖州市温室甲鱼污染物产生量

年份	TN/ (t/a)	TP/ (t/a)	COD/ (t/a)
2014	2 153.76	340.97	2 042.33
2015	1 877.91	297.30	1 780.75
2016	1 071.57	169.65	1 016.13
2017	488.04	77.26	462.79

3. 水产养殖业污染防治存在的主要问题

1) 国家对面源污染防治工作提出了更高要求

《关于加快推进生态文明建设的意见》《生态文明体制改革总体方案》等中央文件, 均提出要加快推进农业面源污染治理, 进一步加大了环境保护工作对农村地区的覆盖。《国民经济和社会发展第十三个五年规划纲要》《全国农业现代化规划》《全国农业可持续发展规划》《畜禽规模养殖污染防治条例》《水污染防治行动计划》《土壤污染防治行动计划》《大气污染防治行动计划》等的相继发布, 进一步明确了环保、发改、农业、水利、国土等国务院相关部委在农村面源污染防控方面的主体任务与监管责任, 表明了国家对以面源污染为主因的农村环境问题的高度重视和坚决治污的决心。浙江省全省大力推进"五水共治", 湖州市是"两山论"诞生地, 是全国首个地市级生态文明先行示范区, 立足新形势, 湖州市对农业面源污染防治工作提出了新的更高要求。

2) 污染治理难度较大

当前湖州土地流转加快了规模化经营进程, 大户、家庭农场、农民专业合作社、农业企业是主要的农业经营主体, 在追求资源利用最大化、经济效益最大化的进程中, 可能采取化肥、抗生素等渔药及大量投饵等高投入、高产出的生产模式和最大化利用资源而忽视抚育资源的掠夺式生产方式, 加大了水产养殖污染的产生。由于集约化水产养殖采取高密度的放养模式, 大量投喂外源性饲料 (尤其是冰鲜鱼), 而饲料利用率只有 30% 左右, 其余留存于养殖水域环境中, 造成了水环境的污染。温室甲鱼养殖是湖州市水产养殖中的特色产业和支柱产业之一, 温室甲鱼养殖业的快速发展曾为渔业经济快速发展、农民收入提高做出了贡献, 全市温室龟鳖养殖大棚面积最高达 702 万 m²。温室甲鱼全年封闭式高密度养殖产生的高浓度尾水对水环境产生了严重影响，也为污染治理带来了较大挑战。近年来，为解决温室养殖甲鱼带来的高污染问题，湖州市逐步推进龟鳖温室清零工作，到 2017 年实现了湖州市温室商品龟鳖彻底清零。温室甲鱼养殖清零退出后，如何安置养殖户（老龄人口占多数）成为新的挑战。与此同时，湖州市大幅缩减生猪养殖规模后，对全市农业经济产生了负面影响，因此对渔业经济提出了更高要求，加大了湖州市水产养殖业转型升级与污染治理的难度。

3）污染防治技术模式推广难度大

目前，湖州市正在逐步进行水产养殖业的转型升级，切实加大稻—鱼共生（轮作）模式、池塘养殖生态化改造（尾水生态处理）、生态龟鳖养殖、循环流水养殖模式、配合饲料替代冰鲜鱼技术等的示范推广，但适应水产养殖面源污染量大面广特征的低成本、易推广、因地制宜的防治实用技术不足，污染防治技术模式推广难度大。湖州市当前大力推广的池塘养殖生态化改造工程、稻—鱼共生轮作减排工程、循环流水养殖技术均需要大量的环保基础投资。以池塘养殖生态化改造工程为例，200 亩养殖基地的改造和尾水设施的建设一次性投资达 200 万元/亩以上，亩均投资达 10 000 元以上，且每年需要一定数量的运行维护费用。因此，湖州市推进渔业生态养殖加快尾水处理需要大量资金与技术支持，加大了污染防治技术模式推广的难度，需要积极争取国家、省市扶持项目、资金及政策，同时还需推动水产规模化、园区化经营，引导企业加强与技术推广部门、科研院所合作，集中建造尾水处理设施，防治水产养殖污染。

4. 水产养殖污染减排政策示范的开展

1）集成适合湖州地区水产养殖污染防治技术模式并推广应用

（1）池塘工业化生态养殖系统

该系统是池塘循环流水养殖模式的实际工程应用，是池塘 80∶20 养殖模式的技术转型与升级，将传统池塘的"开放式散养"模式创新为新型的池塘循环流水"圈养"模式（图 5-6）。池塘工业化生态养殖系统分为 2 个功能区域：①占原有池塘 2%～5%面积的工业化生态养殖系统区域，包括提气推水、养殖水槽及废弃物提取 3 个功能模块，主要功能是高溶氧流水、高密度养鱼及废弃物提取；②水体净化区，主要功能为水体净化与循环，养殖滤食型鱼类、虾蟹，种植经济水生植物。池塘工业化生态养殖遵循循环经济理念，通过科学布局养鱼与养水的空间与功能，综合运用新型养殖设施与工业化技术，集约化利用养殖空间，科学构建生态位，有效吸除废弃物，从而实现高产优产、水资源循环使用和营养物质多级利用，基本做到水质的稳定及养殖尾水的零排放，较好地实现了经济效益与环境效益的双提升。

（a）循环流水养殖

（b）残渣收集设施

（c）尾水生态净化

图 5-6　新型池塘循环流水"圈养"模式

（2）稻—鱼（虾、蟹）共生模式

稻—鱼生态种养模式是通过改变水产养殖方式，以稻田湿地为养殖水体，将水产养殖与水稻种植有机结合起来，通过充分利用稻—鱼的生态互惠作用，来减少饵料、肥料等养殖、种植物料的投入，从而减少水产养殖和水稻种植对水体环境的氮、磷等养分物质排放，减少水体污染风险。在稻—鱼共生系统中，一方面，稻田大部分杂草、水体中的大量浮游生物和细菌以及部分有机物腐屑都是鱼等水生经济动物很好的天然饵料，可以直接被鱼摄食，从而可以不投或仅投放少量饵料就可以满足鱼的食物需求，而且残余饵料或鱼的排泄物降解产生的氮、磷等养分物质会被水稻吸收，从而减少养分的流失。另一方面，稻田中鱼、虾等水生动物的不间断活动产生中耕浑水效果，促进土壤中养分物质的释放及水稻生长。

湖州市主要推广的稻—鱼共生模式有稻—鳖共生模式，稻—虾共生、轮作模式，稻—鱼共生模式，渔—菜共生、轮作模式，茭（藕）—鳖共生模式等。稻鱼生态种养模式虽然不是直接对养殖水体进行修复，但是可以作为一种生态养殖模式来部分替代对水体污染重的集约化养殖方式，从而减轻水产品养殖产业对水体的污染风险，同时提高水产品的质量和市场竞争力。

（3）典型养殖尾水处理技术

湖州市现阶段大力推广示范池塘养殖生态化改造工程，以处理水产养殖尾水。典型养殖尾水处理循环系统技术路线如图 5-7 所示。

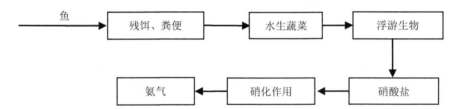

图 5-7　湿地净（洁）水池

池塘通过生态化处理养殖尾水实现内循环，基本达到零排放，且基地景观效果好。同时，鱼的品质也得到了保障，更加健康安全。

尾水处理循环系统充分体现了节能减排的效果，既减少了外用水量，又充分做到零排放，有利于助推湖州市"五水共治"和生态农业建设与发展。

2）编制了《湖州水产养殖污染减排技术指南》并推广应用

为推进生态文明建设，促进湖州市社会经济和生态环境保护的协调发展，防治该地区水产养殖污染，推进"十三五"农业源减排工作，结合当前渔业发展面临的新形势、新任务，大力推进渔业供给侧结构性改革，加快渔业转方式调结构，促进渔业转型升级，根据国家水产养殖相关政策、规范和湖州市水产养殖及污染防治现状，编制了《湖州水产养殖污染减排技术指南》，主要包括适合湖州地区的水产养殖污染防治控源技术、单元技术、典型污染控制模式和生态化水产养殖模式等内容。该指南从 2016 年起在湖州市得到应用，为《湖州市生态渔业示范专项行动实施计划》、湖州市水产养殖尾水治理等方面提供了技术支撑。

5."十二五"时期湖州市水产养殖业污染减排示范效果

湖州市全面落实"五水共治"，推进美丽湖州建设，在市环保局、农业局水产推广站的组织下，全面推动水产养殖污染防治工作。利用本书研究的水产养殖业水污染物减排核算方法，针对湖州市水产养殖现状与存在的问题，制订了减排行动方案、水产养殖污染控制与减排技术指南，从 2016 年起在湖州市得到应用，为湖州市水产养殖污染防治政策制定、尾水处理、减排效果核算等方面提供了技术支撑。"十三五"期间，湖州市温室龟鳖养殖面积减少了 531 万 m^2，温室龟鳖养殖减排 TN 1 591.60 t、TP 251.95 t、COD 1 509.21 t。全市 2014 年完成水产养殖塘生态化改造 66 930 亩，2015 年完成 44 944 亩，2016 年完成 31 969 亩，总计达 143 843 亩，大幅削减了水产养殖污染物。2017 年，湖州市在全省率先开展全流域水产养殖尾水综合治理，制定了全市的水产养殖尾水治理实施方案，推广水产养殖尾水治理工程技术，预计到 2019 年年底，可以全面完成60 万亩池塘养殖尾水治理任务，有力地推进了湖州市水产养殖污染物减排工作，保护了水生态环境。2017 年，湖州市水产养殖尾水治理面积达 18.8 万亩，通过减排核算方法计算该年度实施水产养殖尾水综合治理工程总计削减 COD 4 502.08 t、TN 545.38 t、TP 82.86 t。

5.2　上海市松江区农业面源污染分类减排政策示范

根据农业面源污染现状，选择在上海松江区开展农村生活源和农副产品加工业污染控制与减排政策示范。

5.2.1　自然及社会经济发展基本情况

1. 区域自然状况

1）地理位置

黄浦江流域位于太湖流域东南端，为平原感潮河网地区，流域面积 3 653 km²。黄浦江自淀山湖至吴淞口全长 113.4 km，米市渡以上为上游，闸港以下为下游。赵家村以下河长 82.5 km，河道宽一般为 400 m，水深 7～9 m，主要支流有吴淞江和蕴藻浜。黄浦江发源于西部淀山湖口淀峰，其上游分段为拦路港、泖河、斜塘、横潦泾、竖潦泾，至松江米市渡以下始称黄浦江。黄浦江上游接纳太湖流出的诸河，是太湖向东海泄水的主要通道，现时 78%的太湖入海径流通过黄浦江排入东海，主要有淀山湖、太浦河、红旗塘、上海塘四大主要水系。黄浦江是一条多功能的河流，兼有饮用水水源、航运、排洪排涝、纳污、渔业生产、旅游等多种利用价值。为了保护水质不受污染，上海市已将闵行西界以上的江段及淀山湖等划为水源保护区，把龙华港至闵行西界江段划为准水源保护区。

上海市松江区地处黄浦江中上游，位于黄浦江上游水源保护区，总面积 604 km²（图 5-8）。松江区地处太湖流域碟形洼地的底部，地势异常低平，有 2.7 万 hm² 耕地的地表高程在 3.2 m 以下。整个区域南宽北窄，南北长约 24 km，东西宽约 25 km，略呈梯形，其中陆地面积占 87.91%，水域面积占 12.09%。

2）自然气候

松江区属北亚热带季风气候，温和湿润，四季分明。2015 年平均气温偏高，降水量偏多，日照异常偏少。全年平均气温 17.1℃，比常年高 0.9℃；日照时数 1 557.4 h，比常年少 242.5 h；降水量 1 526.2 mm，比常年多 358.0 mm。年极端最高气温 38.7℃，极端最低气温零下 4.8℃。

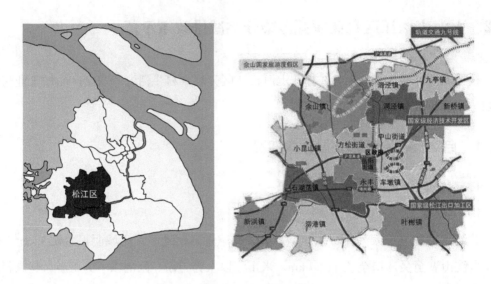

图 5-8 松江区区位图和行政区划图

松江区水源属黄浦江水系，上受淀山湖、太湖、浙北天目山等处来水，经黄浦江下泄入江海。境内河渠纵横、池塘众多，是典型的水网地带。全区域大小河道 1 081 条段，均系强感潮河，其中市级河道 11 条，区级河道 63 条，每昼夜涨、落各 2 次。

2．社会经济概况

1）行政区划

2015 年年末，松江区辖有 11 个镇、6 个街道。全区有 211 个居委会，86 个村委会。境内有国家级经济技术开发区、国家级松江出口加工区和佘山国家旅游度假区，是"十三五"期间上海重点发展的长三角城市群综合性节点城市。

2）社会发展概况

2015 年年末，全区共有常住人口 176.02 万人，比上年增长 0.2%，其中，户籍常住人口 67.44 万人，比上年增长 1.4%；外来常住人口 108.58 万人，下降 0.5%。

2015 年，全区居民家庭人均可支配收入 39 529 元，比上年增长 9.0%，增幅超过全市平均增幅 0.5 个百分点。其中，工资性收入 30 835 元，比上年增长 7.0%；经营性收入 1 735 元，增长 16.5%；财产性收入 4 557 元，增长 15.8%；转移性收入 2 402 元，增长 18.5%。

3．区域环境状况

1）大气环境状况

2017 年 3 月，松江区月降尘量 4.1 t/km^2，PM$_{2.5}$ 月均浓度 50 μg/m^3。

2）水环境状况

2016 年，黄浦江 6 个断面水质均为Ⅲ类，与 2015 年相比总体水质有所改善，主要水质指标中氨氮和 TP 浓度分别下降 28.6%和 22.3%。此外，根据松江区环保局公布的数据显示，2017 年 3 月松江区地表水水质状况如表 5-6 所示。

表 5-6　2017 年 3 月松江区地表水水质状况

序号	河流名称	断面名称	水质类别	主要污染物
1	大涨港	横潦泾交汇口	Ⅲ	
2	园泄泾	斜塘口交汇口	Ⅱ	
3	叶榭塘	叶榭水厂	Ⅳ	
4	淀浦河	沪松公路桥	Ⅵ	氨氮
5	蒲汇塘	沪亭公路桥	Ⅵ	氨氮、TP、溶解氧
6	通波塘	阳华桥	Ⅵ	溶解氧

5.2.2　农业生产和农村生活及污染产生情况

1．农业生产情况

种植业：松江区全年粮食播种面积 20.2 万亩，其中二麦 4.4 万亩、水稻 15.8 万亩，全区家庭农场发展至 1 119 户，经营面积 14 万亩，占全区粮食播种面积的 92.5%；全年蔬菜播种面积 8.1 万亩，其中叶菜类 3.8 万亩、豆类 1.3 万亩。

养殖业：畜禽养殖业全年出栏生猪 25.2 万头、出栏肉鸡 161.2 万羽；水产养殖业鱼塘面积 7 793 亩、水产品产量 2 942 t。

2．农村生活情况

松江区户籍常住人口 67.44 万人，而外来常住人口达到 108.58 万人，是户籍常住人口的 1.6 倍，主要集中在黄浦江以北经济较为发达的九亭镇、新桥镇、车墩镇、泗泾镇等乡镇。

3．农村主要环境问题

根据前期上海市环科院开展的上海市农村主要环境问题调查结果，松江区农村地区主要环境问题集中在农村外来人口生活污染、种植业面源污染、河道黑臭问题等几个方面。

这些农村主要环境问题在各镇的分布并不均衡，总体上可分为浦北和浦南两块，这两个区域迫切需要解决的问题不尽相同。对于九亭、洞泾、新桥等浦北地区的乡镇来说，由于经济发展快、导入人口多，外来人口生活污染、河道黑臭问题等是首要解决的环境问题，尤其是农村地区大量外来人口集聚引发的生活污染问题，是松江浦北地区河道黑臭的主要污染源（图 5-9）；而对于泖港、叶榭、新浜等浦南地区的乡镇来说，由于地处黄浦江饮用水水源保护区或准保护区内，工业发展和土地开发受到限制，经济相对落后，外来人口数量不多，因此种植业污染问题是需要着重解决的问题（图 5-10）。而在种植业化肥污染问题通过家庭农场种养结合方式基本得到解决的背景下，松江区作为上海近郊以设施园艺为主的蔬菜初级加工区产生的大量废弃物，是松江浦南地区农业废弃物处理利用的瓶颈问题。

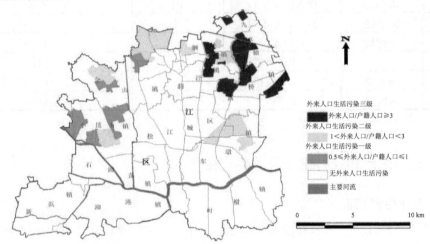

图 5-9　松江区农村地区外来人口生活污染分布

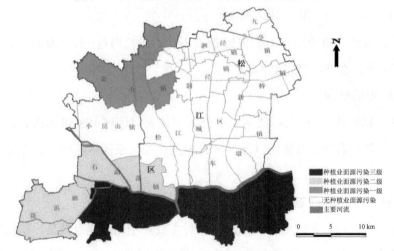

图 5-10　松江区种植业面源污染分布

5.2.3　农业生产和农村生活污染防治存在的主要问题

1. 蔬菜初级加工污染防治存在的主要问题

1）产业链条长，监管难度较大

蔬菜初级加工依附于农业生产，规模小而散，污染发生较为隐蔽，还没有形成专门的监督监管机制。由于市场化发育程度较低，农产品的产前、产中和产后还被割裂在城乡工农之间的不同领域、地域之间，所涉及的部门多但结构松散，不利于统一监管。目前，我国农产品的生产、加工、物流与销售等环节采用分段监管为主的方式，其中农业部门负责初级农产品生产环节的监管，质检部门负责食品生产加工环节的监管，工商部门负责食品流通环节的监管，卫生部门负责餐饮等消费端的监管，食药监部门负责对食品安全的综合监督，存在各管理机构自成体系、政出多门、多元化领导等现状，缺少统一的监管体制，势必会造成部门之间职能交叉、责任不明，不利于农产品加工的有序发展，导致在农产品初级加工环节往往会形成监管盲区。

2）技术与管理水平不能满足蔬菜采后保鲜的需要

蔬菜采收后加工、冷链水平与蔬菜废弃物产生密切相关。目前上海农产品采后加工、流通过程整条蔬菜冷链连续性不强，其主要原因在于生产型企业自身的定位和资本投入的局限性。很多蔬菜生产企业都初步形成了"生产者—配送中心—消费者"这一简单的流通模式，尽可能地省去了中间环节的批发商和零售商，职能一体化程度较高。但与职能相对简单的配送物流公司和一些销售终端相比，销售流通环节蔬菜损耗较大，导致冷链连续性不强。工艺和管理方面，预冷环节时间和温度的执行标准不定，冷链物流环节冷藏车的普及率较低，货物搬运储藏期间受环境影响和温度波动较大，货物往往在过热条件下运输，效率不高。虽然冷链基础设施已呈现初步规模，但在装备及技术方面，无论是从田间采收、还是冷库、物流及销售终端，与发达国家的冷链装备在自动化和机械化水平方面还存在较大差距。

2. 农村生活污染防治存在的主要问题

1）农村地区人口居住密度过高

区域经济的快速发展引入了大量的外来流动人口。由于镇区居住成本过高等因素，外来人口多分布于工业集中区附近的村落中，居住密度普遍较高。根据调查，在外来人口集中的村落，平均每户居住 20 人左右，最高达到 28 人。过度密集的人口产生了大量的生活污水和垃圾，远远超出了村落的环境承载力，村落原有薄弱的环境处理能力更难以满足骤增的污染物处理需求，由此导致了较为严重的污染。

2）农村生活污染治理环境基础设施不足

相对于城市地区而言，上海农村地区目前的环境基础设施普遍比较落后，难以满足经济迅速发展和快速城镇化过程中环境保护的需求，这在松江区经济发达的乡镇中表现得尤为明显。对于九亭、新桥、洞泾这些二、三产业发达的乡镇来说，大量外来人口聚居于农村地区，生活污染负荷骤增，更凸显了农村污水和固体废物处理设施的不足。

同时，上海农村地区的居住分散，集中度不高。村镇集中处理设施较少，户分散农村生活污水收集管网铺设成本高，因此目前松江区许多村农村的生活污水和粪便混合排放，处理设施简单，一般经三格或两格化粪池后直排，农业利用较少。

松江区农村普遍采用"户收集、村集中、镇转运、区县处理"的城乡一体化收运模式。这一模式由政府引导，由村组织收集农户家中的生活垃圾，再由乡镇统一运送至县垃圾处理厂进行集中处理。县级城市的垃圾填埋场建设规划和容量的主要设计依据是所在县城城区的垃圾产生量，当把县城下设的村镇生活垃圾收集起来运送到填埋场进行处理时，就会出现填埋场处理能力跟不上的问题，加重了填埋场的负担并减短了其使用年限。

3）缺乏低成本可推广的农村污水和生活垃圾处理技术

农村生活污染处理设施的欠缺一方面与政府投入不足有关，另一方面也是由于目前还缺乏适合大城市郊区农村生活污染特点、低成本、易操作和可推广的农村污水处理技术。虽然上海近些年也陆续研发和试点了包括人工湿地、土地处理、小型污水处理装置等农村生活污水处理技术，但这些技术在稳定性、适应性和经济性等方面还存在较多的问题，目前还无法大范围推广，这也在一定程度上造成了上海农村污水处理仍然停滞不前的局面。

农村生活垃圾收集与处理成本增高，处理量增加，资源化处理处置技术缺乏。人口居住分散导致了劳动力成本的增加，保洁员与运输人员的工资开支和运输费用逐年提高。垃圾箱、垃圾桶、中转站、运输车辆等基础设施的数量较多并需更新，加上垃圾产生量日益增多，乡镇政府的财政负担也日益加重。

4）农村污水和生活垃圾处理设施运维管理体系不完善

农村生活污水分散式处理设施经过多年建设投入，数量多，投资额大。但目前农村环保监管体系尚未完善，技术人员缺乏，分散式处理设施运行维护机制未建立。

农村生活污水治理运行维护管理工作应主要针对污水收集管网系统和终端处理系

统开展长期维护，保障农村生活污水治理设施的正常运行，使出水水质达到规定的排放标准。

农村生活垃圾集中处理模式将各种垃圾混杂在一起，有回收价值的废品未能得到充分利用，是传统的"资源—产品—污染物"单向流动模式，不符合循环发展的要求。循环经济的原则是"减量化、再利用、资源化"，已成为各地区解决环境问题的方向和标准。由于受城市垃圾填埋容积限制，应提倡可降解垃圾不出户、不出村、不出镇，对农村生活垃圾进行源头分类处理。但村镇源头分类处理往往受上一级（县、市）相应配套体系的限制，对可回收垃圾、有毒有害和不可降解垃圾未实施分类或村镇粗分后未进入资源回收系统，使源头分类并未完全落实。

5.2.4　农业生产和农村生活污染治理方案

1．农副产品加工业污染治理方案

根据农村地区小型、分散、粗放式设施园艺场蔬菜废弃物的产生特征及其基本性质，以肥料化为主要途径，因地制宜地采用好氧堆肥方式就地处理利用，从废弃物原料配比、堆肥质量控制措施、后续利用要求等方面提出蔬菜废弃物资源化处理利用推进机制。

1）技术路线

将蔬菜废弃物（菜叶、菜皮等）堆成梯形，下底宽 1.8 m、上底宽 1 m、高 1.5 m、长 30 m，覆盖薄膜发酵；待堆高下降 30 cm 时，用专用翻堆机翻堆 2 次，并继续覆盖肥堆发酵；待堆高再下降 20 cm 时，第 3 次翻堆；将经 2 次翻堆后的肥堆（堆高 1 m 左右）加入 20 cm 厚畜禽粪便，覆盖薄膜再发酵；将专用温度计插入肥堆深 40 cm 观察温度变化，待肥堆温度升至 70℃时保持 3 天，第 4 天翻堆 1 次；翻堆后，待肥堆温度达 60℃左右时，保持 3 天后再进行第 2 次翻堆；当肥堆温度下降至 40℃以下，肥堆松散、无臭，表明发酵结束，肥料可直接利用（图 5-11）。发酵时间长短视季节变化而不同，一般冬季需 6 个月左右，春秋季需 4 个月左右，夏季需两个半月左右。

2）管理机制

设施建设：基地需建设规模化堆肥场地、基础设施和机械设备，配备专业工作人员，在堆置技术及机械操作方面要求专人负责。

技术培训：松江区蔬菜站全年组织规模化园艺场、合作社及标准园相关人员参加蔬菜废弃物循环利用技术培训，并配备专门技术人员对规模化基地进行跟踪式技术指导，监督操作过程，对关键的操作情况给予记录，以确保此项技术更加完善合理。

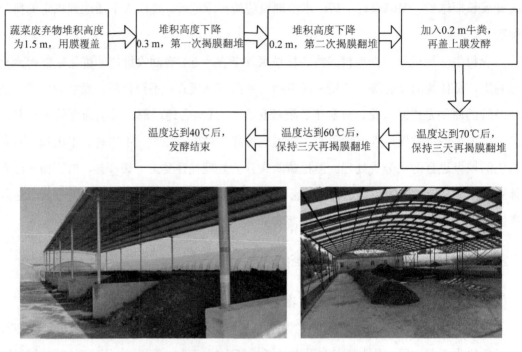

图 5-11　蔬菜废弃物堆肥技术流程及利用现场

政策配套：对积极开展蔬菜废弃物循环利用的规模化基地（场）给予政策扶持，实际操作上给予技术支持保障。

2．农村生活污染治理方案

根据大城市近郊农村地区外来人口集聚引起的农村生活污染特征，以农村生活污水处理技术优化，设施规范化运维管理，农村生活垃圾网格化收集、分类处置和资源二次回收为主要途径，提出农村生活污水处理和农村生活垃圾处理处置促进机制。

1）技术路线

（1）农村生活污水

根据松江区农村居住人口增加、处理设施可用土地有限的情况，生活污水处理可与当地自然条件相结合：①在村集中居住区采用复合生物滤池-人工湿地或组合型生物滤池处理工艺进行处理；②分散户优选采用厌氧+好氧一体化污水处理装置或推广"四格净化工艺"的厌氧+小型人工湿地处理技术，同时尽可能将处理后的污水农用，从而节约建设和运行费用（图 5-12、图 5-13）。对村集中和分散处理设施均辅以规范化的运维管理。

生活污水 → 集水井 → 初沉池 → 厌氧 → 好氧 → 达标排放

图 5-12　农村生活污水小型集中处理厌氧+好氧工艺流程

生活污水 →(格栅)→ 集水井 →(泵)→ 厌氧池 → 人工湿地 → 出水井 → 达标排放

图 5-13　农村生活污水分散处理厌氧（好氧）+人工湿地工艺流程

（2）农村生活垃圾

由于松江区大部分农村纳入城市垃圾收运处理系统，因此在"户集、村收、镇运、区处"主导处理模式下，推动以源头分类减量为目标的二次分类回收，从源头上控制垃圾的总量，实现垃圾的减量化。垃圾从源头进行分类后，再将纸张、玻璃、废旧木材、废旧电池、塑料、包装材料、废旧电器、建筑垃圾等进行分类并完成回收再利用（图5-14）。

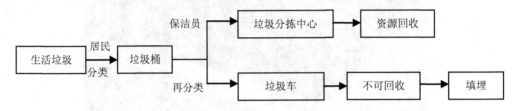

图5-14　农村生活垃圾二次分类收集流程

推行"农村环卫设施标准化、保洁作业规范化、村宅管理自治化"，并启动"一镇一站、一村多点"的垃圾处置模式，就地完成农村地区湿垃圾减量。

2）管理机制

（1）硬件建设

根据《上海市农村生活污水处理工程项目和资金管理暂行办法》和《关于开展松江区农村生活垃圾治理工作的实施意见》，松江区每年制订农村生活污水处理工程建设计划和农村生活垃圾收集处置体系完善计划。

（2）制度健全

农村生活污水处理设施要求设施维护管理采用运维单位管理和村日常管理相结合的模式。实行设施铭牌标准化、信息管理标准化、管理制度标准化等，以及人员管理、台账管理、岗位操作等规范化运维。做好管网收集系统的巡查和故障的处置、污水处理设施及其配套机电设施的运行维护、处理终端和化粪池的维护及清理。

农村生活垃圾收集处置建立和健全了一支保洁员队伍、一套卫生管理制度、一项投入增长机制、一个监管考评体系、一份宅基地保洁协议等一系列农村生活垃圾治理长效管理机制，坚持分类减量、及时收集转运、突出无害处理"三个环节"。同时，做到健全投入保障机制、督促检查机制、自我管理机制"三个机制"，确保工作队伍、设施设备、经费保障等制度化。

（3）政策配套

①农村生活污水治理设施运行维护管理方面，由区财政每年安排经费用于农村生活

污水处理设施养护计划的政府采购，委托第三方专业公司进行管理和运维。落实运行维护技术规程制定、运行维护人员培训、信息管理系统建立完善等工作。综合运用互联网技术，建立数字化服务网络系统和平台，重点对村集中农村生活污水治理设施运行状态进行实时监控。区镇主管部门制定农村生活污水治理设施运行维护管理考核办法及目标考核责任制，加强指导督察。

②农村生活垃圾源头分类减量制度方面，在松江区垃圾分类减量工作领导小组办公室增设了区农村生活垃圾治理推进办公室。通过行政、经济两种手段引导村民进行垃圾分类减量。政府采取宣传指导、组织活动、检查评比、督导整改、考核评价等行政手段督促农户、保洁员、乡镇转运站等搞好垃圾分类减量，确保各工作环节到位。将村级农村环境整治及相关运行经费与减量考核挂钩，通过经济手段促进垃圾减量，并明确区财政给予每个行政村 10 万元的补贴资金保障。

5.2.5　示范效果分析

1．"十二五"松江区农副产品加工污染防治效果分析

生态效益：通过运用蔬菜废弃物循环利用技术，一方面极大地解决了生产基地内蔬菜废弃物对水环境、大气环境的污染，另一方面制成有机肥后回施到菜地起到了保护土壤、提高地力的作用。大量施用有机肥还可以减少化肥施用量，改善基地的生产环境。

经济效益：规模化基地使用自制的有机肥料可做到自给自足，平均每亩施用 2 t 以上，未采购商品有机肥；使用自制有机肥料后，化肥的使用量明显下降，不仅改善了土壤，而且减少了化肥使用成本，平均每亩化肥使用量减少了 35%左右。

推广效果：蔬菜废弃物资源化处理利用推进机制已在上海市松江区 20 个以上设施蔬菜园艺场得到试点应用，并被上海市农业委员会和上海市环境保护局在上海市"十三五"环保规划和第六轮环保三年行动计划编制过程中采纳，对推动农村地区农副产品加工废弃物处理利用、促进农业资源的循环可持续发展具有良好的效果。

2．"十二五"松江区农村生活污染防治效果分析

生态效益：通过农村生活污水处理工程的建设和运行以及农村生活垃圾收集和处置体系的健全和推进，有效解决了松江区农村地区外来人口集聚导致的农村生活污水和生活垃圾处理处置问题，大幅度削减了农村生活污染排放对水环境的污染，大大提升了农村地区的生态环境质量。

推广效果：农村生活污水处理工程的规范运维机制在松江区各乡镇农村生活污水处

理设施的管理和运维过程中得到全面推广，有效保障了农村生活污水处理设施的长期稳定运行；农村生活垃圾的网格化收集和分类化处置机制在松江区各乡镇农村生活垃圾的收集和处置过程中得到全面覆盖，全区湿垃圾日处置量已由 2012 年年底的 40 多 t 提升到了 300 多 t。农村生活污水处理工程的规范运维机制和农村生活垃圾的分类化处置机制，在上海市"十三五"环保规划和第六轮环保三年行动计划编制过程中被采纳，对减少上海农村地区生活污染排放、促进农村生活污水处理设施长效运行和农村生活垃圾资源化利用有良好的效果。

5.3　辽宁省铁岭市种养业污染分类减排政策示范

5.3.1　自然及社会经济发展基本情况

1．区域自然状况

1）地理位置

铁岭市地处辽宁省北部、松辽平原中段，东经 123°27′～125°06′、北纬 41°59′～43°29′，南与沈阳市、抚顺市毗邻，北与吉林省四平市相连，东与抚顺市清原满族自治县、吉林省辽源市接壤，西与沈阳市法库县、康平县及内蒙古自治区科尔沁左翼后旗和通辽市为邻，是辽宁省 14 个省辖地级市之一。全市东西最长 134 km、南北端宽 162 km，总面积 1.3 万 km²。其中，市区面积 638 km²。铁岭市地处辽宁中部城市群，是吉林、黑龙江两省通往其他省、市和出海港口的重要通道。

2）地形地貌

铁岭市地处长白山余脉与辽河冲积平原的缓接地带，形成了东高西低、北高南低的地貌轮廓，大体以哈大铁路为界，划分出东部低山丘陵区和西部漫岗冲积平原区两大地貌。

西丰县与清河区全境，铁岭县、开原市、昌图县的东部为低山丘陵区，这些地区山势相对陡峭，海拔高度在 500～800 m。山区林木繁茂，植被良好，河川密集，谷底狭窄，流水侵蚀较强。调兵山市全境、昌图县和铁岭县西部为漫岗冲积平原区。昌图西部有着较厚的黄土岗地，相对高差较小，河道流速缓慢，形成了宽阔的河漫滩。铁岭县西部、调兵山市为辽河冲积平原。河水多次泛滥和自然裁弯取直，在铁岭县双井子、蔡牛、凡河等地多见牛轭湖和沼泽地。

3）气候特征

铁岭属温带湿润、半湿润季风气候。全年日照为 2 700 h 左右，年平均降雨量为 700 mm 左右，年平均气温 6.3℃，最低气温−31℃，最高气温 34.4℃，封冻期 150 天左右，无霜期 127～162 天。全年四季分明，雨量适中。冬季寒冷干燥，夏季温热多雨，雨热同季日照丰富，干湿季节分明。

4）水文地质及流域概况

铁岭拥有以辽河为主、包括 87 条大小支流在内的辽河水系，水资源总量 31.41 亿 m^3，可利用量 21.15 亿 m^3，不仅满足了铁岭城乡人民生活用水，而且为全市及其下游的工农业生产提供了必要条件。

全国七大江河之一的辽河纵贯境内 100 多 km，境内流域面积在 100 km^2 以上的河流 39 条、水库 94 座。清河、柴河、南城子、棒子岭四大水库设计库容均在 2 亿 m^3 以上，其中清河水库蓄水量为 9.7 亿 m^3，地下可利用的水资源存量 12.9 亿 m^3。铁岭不仅水源充足，而且水质好，在全市最优，达到国家规定的 II 级以上饮用水标准，特别适宜水质要求高、耗水量大的工业用水需要。境内有铁岭、清河两大发电厂，装机容量达 250 万 kW，年发电量 113 亿 kW·h，是东北电网的骨干电厂。

5）土地利用情况

铁岭市土地资源类型多样，全市土地总面积 129.84 万 hm^2，其中耕地 62.04 万 hm^2、园地 1.22 万 hm^2、林地 43.26 万 hm^2、草地 1.97 万 hm^2，分别占铁岭市土地总面积的 51.6%、0.9%、33.3%、1.5%；城镇村及工矿用地 8.87 万 hm^2、交通运输用地 2.81 万 hm^2、水域及水利设施用地 4.46 万 hm^2，分别占铁岭市土地总面积 6.8%、2.2%、3.4%，其他土地 0.22 万 hm^2，占铁岭市土地面积 0.2%。

6）森林植被状况

铁岭市在植被区划上位于暖温带落叶阔叶林区和温带针阔混交林区交汇处，森林植物种类比较丰富，约有 1 000 种。其中，乔灌木树种 300 余种。全市森林面积 37.4 万 hm^2，占全市总面积的 21.4%，人均森林面积 0.13 hm^2，森林覆盖率 25%，森林蓄积量为 800 多万 m^3，人均森林蓄积量 3.1 m^3。树木种类以阔叶、落叶树为主。在阔叶树中柞树为优势树种，另有杨、柳、桦、刺槐、榆、水曲柳、胡桃秋、黄菠萝等珍贵树种。针叶树多为人工营造林，以落叶松为最多，其次为油松、红松、樟子松和云冷杉。年可生产 4 万 m^3 木材。

2．社会经济概况

1）行政区划

铁岭辖有 2 个区（银州区、清河区）、2 个县级市（调兵山市、开原市）、3 个县（铁岭县、西丰县、昌图县）、2 个经济开发区（铁岭经济开发区、铁岭高新技术产业开发区）。区（市）县下设街道办事处 13 个、镇 51 个、乡 38 个。首府设在银州区。

2）社会发展概况

2013 年年末，全市总人口达 301.9 万人，在总人口中，市辖区人口 43.9 万人，占 14.5%；县（市）人口 258.0 万人，占 85.5%；农业人口 199.1 万人，占 66.0%；非农业人口 102.8 万人，占 34.0%。2013 年，全市出生率为 6.65‰，死亡率为 5.81‰，人口自然增长率为 0.83‰。

城乡居民收入快速增长。城镇居民人均可支配收入实现 20 576 元，比上一年增加 1 989 元，增长 10.7%；农民人均纯收入 11 869 元，比上一年增加 1 300 元，增长 12.3%。

铁岭市是多民族聚居地区，境内有汉族、满族、朝鲜族、蒙古族、回族、锡伯族、维吾尔族、俄罗斯族等 31 个民族。

3．区域环境状况

1）大气环境状况

2013 年，5 项环境空气主要污染指标均符合标准。环境空气质量按季节评价，冬季污染较重。降尘年均值为 6.1 t/（km^2·月），符合标准要求，比 2012 年下降 6.2 个百分点。PM$_{10}$ 年均值为 74 μg/m^3，符合《环境空气质量标准》（GB 3095—1996）二级标准。PM$_{2.5}$ 年均值为 39 μg/m^3，超过 GB 3095—2012 二级标准 0.1 倍。二氧化氮年均值为 22 μg/m^3，符合 GB 3095—1996 一级标准。二氧化硫年均值为 30 μg/m^3，符合 GB 3095—1996 二级标准。

2）水环境状况

（1）辽河干支流

按《地表水环境质量标准》（GB 3838—2002）评价，辽河干流水质符合Ⅳ类标准，2013 年辽河铁岭段水质持续保持良好；招苏台河、清河、柴河、凡河、长沟河、亮子河、王河、马仲河、万泉河水质符合Ⅳ类标准；寇河水质符合Ⅲ类标准。

（2）水库

2013 年 5—11 月，铁岭市环境保护监测站对柴河水库和清河水库水质进行了监测。柴河水库、清河水库 TN 超标，其他项目均符合《地表水环境质量标准》（GB 3838—2002）

中 II 类水质标准。

（3）水源地

铁岭市地表水水源地为柴河水厂，供水水源为柴河水库。铁岭市环境保护监测站对柴河水厂的水质进行了监测，按《地表水环境质量标准》（GB 3838—2002）中 III 类标准进行评价，各项指标均符合标准。

铁岭市地下水水源地为双安水厂、新区净水厂。铁岭市环境保护监测站对双安水厂、新区净水厂水质进行了监测，按《地下水质量标准》（GB/T 14848—93）III 类标准进行评价，各项指标均符合标准。

3）声环境状况

城市功能区环境噪声平均等效声级为 54.2 dB。其中，昼间平均等效声级为 52.5 dB，比 2012 年下降 0.9 dB；夜间平均等效声级为 46.1 dB，比 2012 年下降 1.7 dB。道路交通噪声平均等效声级为 65.3 dB，达到国家标准，噪声质量等级为好。区域环境噪声有效监测点位 229 个，噪声平均等效声级为 52.8 dB，各类标准适用区平均等效声级均达标，城市区域环境噪声质量等级为较好。

5.3.2 "十二五"时期农业源污染防治工作

国家《节能减排"十二五"规划》，要求大幅度提高能源利用效率，显著减少污染物排放，特别强调要强化主要污染物减排，推进农村污染治理和畜禽清洁养殖，还提出了规模化畜禽养殖污染防治等十大重点工程和保障措施。铁岭市被财政部和国家发改委确定为节能减排财政政策综合示范市，在"十二五"农业源减排期间做了大量工作。从 2012 年开始，各县区环保局均加大了农业源减排项目挖掘力度，落实了开原市凤兴养殖专业合作社、西丰县天德镇复兴农牧科技开发有限责任公司等减排力度较大的减排项目 10 项。同时，加大力度建设畜禽养殖防治及粪便处理工程，最终超额完成节能减排示范市 2015 年度总量减排任务。

此外，铁岭市在全省率先启动生态红线划定工作，市委、市政府积极投身到辽河治理保护工作中，并取得明显成效。全市先后对 20 家治污设施不完善、不能稳定达标排放、严重污染环境的企业实施关停取缔，对 56 家排放污水的企业限期治理，减少 COD 排放 1 500 多 t。对市区排污口进行了大规模的清淤整治，有效防止了辽河二次污染。同时，铁岭市退耕还河工作基本结束，双安桥、铁岭县新调线、开原市西孤家子湿地工程、昌图县福德店湿地工程等生态恢复工程相继启动。

5.3.3　种养业生产及污染产生情况

1．种植业生产状况

铁岭市位于辽河沿岸、松辽平原中段，拥有 4 个全国商品粮基地县，是辽宁省的农业大市和主要产粮区，素有"辽北粮仓"之称。农作物种植业以粮食种植为主业，其中粮食种植又以玉米种植为主体，玉米、水稻种植面积近几年来保持基本稳定。2014 年，全市农作物播种面积 709.0 万亩，其中粮食作物 672.8 万亩，杂粮作物 36.2 万亩。玉米 583.5 万亩，占粮食作物播种面积 82.3%；水稻 89.3 万亩，占粮食作物播种面积 12.6%；大豆及其他小杂粮占 5.1%。2016 年，全市农作物播种面积达 891.1 万亩，其中粮食作物 709.8 万亩，经济作物 181.3 万亩。粮食作物中，籽粒玉米 585.1 万亩、水稻 90.0 万亩、大豆 13.4 万亩、马铃薯 17.0 万亩；经济作物中，蔬菜 96.2 万亩、花生 42.2 万亩、其他作物 43.0 万。铁岭市不但农业资源丰富，而且生态环境好，远离污染源。目前境内绿色食品环评面积达到 776 万亩，未来还将完成 230 万亩环境检测，从资源到环境为绿色食品产业和无公害农产品开发创造了十分有利的条件。

2．畜禽养殖业生产状况

铁岭市建成并通过市验收的标准化养殖小区 180 个，有 16 个畜禽养殖小区被确定为国家菜篮子项目养殖基地，昌图生猪、肉牛，开原生猪、肉鸡被确定为全市畜牧优势主导产业。2013 年，全年生猪出栏 504.45 万头，肉牛出栏 75.16 万头，肉鸡出栏 15 768 万羽，山羊出栏 58.65 万只，奶牛存栏 7.12 万头，蛋鸡存栏 1 915 万羽，绵羊存栏 26.54 万头，其中生猪、肉牛、奶牛、肉鸡、山羊、绵羊分别比上一年增长 13.01%、13.37%、1.07%、5.20%、6.96%、1.60%，蛋鸡存栏量相比上一年减少 21.26%。全年肉类总产量达 113.3 万 t，比上一年增长 1.3%。其中，猪牛羊肉产量 71.6 万 t，比上一年增长 6.4%。全市实现畜牧业产值 272.1 亿元，同比价增长 4.7%。实现畜牧业增加值 115.2 亿元，同比价增长 6.4%。

3．农业源污染物产生情况

1）种植业污染产生情况

（1）种植业氮、磷污染物流失系数

随着我国粮食产量的快速增长，农民对化肥的依赖与日俱增。而我国化肥利用率普遍较低，化肥中未被作物吸收的氮、磷营养成分高达 60%～70%，因化肥过量施用而导致的氮、磷养分流失已经成为我国农业面源污染公认的重要污染源之一。这部分营养成分在降雨和灌溉的作用下，主要以地表径流和地下淋溶两种方式进入水环境，构成对地表水和地下水质量安全的直接和潜在威胁。

种植业生产过程中农田氮、磷养分流失数量受地形地貌、降雨、土壤、作物类型、耕作、施肥、灌溉方式等因素影响，不同地区化肥流失数值区别较大。根据第一次全国污染源普查资料编纂委员会编制的《污染源普查技术报告》，结合申萌萌等论文中的参数作为测算依据，取平均值确定各种种植作物污染物的产生系数（表5-7）。

表 5-7　种植业污染物产生系数

种植作物	TN/[kg/（hm²·a）]	TP/[kg/（hm²·a）]
玉米	5.46	0.57
水稻	1.67	2.88

数据来源：北京师范大学学报（自然科学版），2014，50（5）：491。

（2）铁岭市 2014 年主要作物种植面积

收集铁岭市 2014 年度主要作物种植面积的统计年鉴，如表5-8所示。

表 5-8　2014 年度主要作物种植面积　　　　单位：万亩

作物种类	西丰县	铁岭县	开原市	昌图县	调兵山	清河区	全市
玉米	56.2	76.3	70.4	340.5	13.8	15	572.2
水稻	7.5	28	37.1	17	1.6	0.4	91.6

（3）主要种植作物污染物产生量

①种植作物污染物产生量计算

$$Q = \sum N_i \times P_i \tag{5-2}$$

式中，i —— 作物种类；

N_i —— 第 i 类作物的年种植面积，hm²；

P_i —— 第 i 类作物污染物的产生参数，kg/（hm²·a）。

②主要污染物产生量

2014 年，铁岭市种植业污染物产生总量分别为 TN 0.22 万 t、TP 393 t。其中，昌图县产生总量分别为 TN 1 258.35 t、TP 162.03 t，分别占全市产生总量的 58.60%、41.20%，是全市最大的种植业污染物产生地区；其次为开原市、铁岭县、西丰县等（表5-9）。

表 5-9　2014 年铁岭市各市县主要作物污染物产生量

区域	玉米种植面积/万亩	水稻种植面积/万亩	TN/（t/a）	TP/（t/a）
西丰县	56.2	7.5	212.92	35.76
铁岭县	76.3	28	308.91	82.75
开原市	70.4	37.1	297.56	97.98
昌图县	340.5	17	1 258.35	162.03
调兵山	13.8	1.6	52.01	8.32
清河区	15	0.4	55.05	6.47
全市	572.2	91.6	2 184.79	393.31

2）主要畜禽养殖污染物产生情况

（1）畜禽养殖污染物产生系数

畜禽粪便的日排泄量与品质、体重、生理状态、饲料组成与饲喂方式等相关。我国目前尚没有相应的国家标准，根据《"十二五"主要污染物总量减排核算细则》，结合王方浩等论文中的参数作为测算依据。王方浩等通过收集比较 1994—2004 年公开发表的论文中数据，取平均值确定各种畜禽污染物的产生系数（表 5-10）。

表 5-10　畜禽养殖污染物产生系数

畜禽品种	粪便排泄量/（t/a）	COD/（kg/a）	TN/（kg/a）	氨氮/（kg/a）	TP/（kg/a）
生猪	1.05	46	3.7	1.8	0.56
奶牛	19.4	2 131	105.8	2.85	16.73
肉牛	7.7	1 782	70.8	2.52	8.96
蛋鸡	0.053	4.75	0.5	0.1	0.12
肉鸡	0.005 5	1.42	0.06	0.02	0.02
山羊	0.5	18	3.75	0.4	2.48
绵羊	0.58	19.9	4.35	0.46	2.87

数据来源：生猪、肉牛、奶牛、羊、蛋鸡、肉鸡的产污系数采用全国畜禽养殖业产污系数平均值以及文献［王方浩，等. 中国畜禽粪便产生量估算及环境效应. 中国环境科学，2006，26（5）：614.］所公布的数据。

（2）铁岭市 2014 年主要畜禽养殖量

收集铁岭市 2014 年度各类畜禽养殖数量的统计年鉴，如表 5-11 所示。

表 5-11　2014 年度主要畜禽养殖量　　　　　　　　　　　　单位：头/羽

	肉牛	奶牛	山羊	生猪	肉鸡	绵羊	蛋鸡
银州区	95	6 809	1 106	56 453	2 790 000	205	60 000
清河区	6 100	7 301	28 872	133 400	3 350 000	1 318	480 000
开发区	2 132	5 798	687	50 200	2 275 900	0	30 245
铁岭县	90 251	21 241	89 951	745 595	24 660 000	12 817	1 130 000
西丰县	100 853	774	81 664	392 307	19 440 000	36 158	900 000
昌图县	345 533	11 810	205 707	2 154 560	39 700 000	157 168	10 820 000
调兵山	11 157	3 694	15 440	165 071	8 840 000	14 220	1 280 000
开原市	197 360	5 506	133 779	1 207 274	52 760 000	42 008	3 940 000
全市	753 481	62 933	557 206	4 904 860	153 815 900	263 894	18 640 245

（3）主要畜禽养殖污染物产生量

①畜禽养殖污染物产生量计算

$$Q = \sum N_i \times P_i \qquad (5\text{-}3)$$

式中，i——畜禽种类；

　　　N_i——第 i 类畜禽的年养殖量，头；

　　　P_i——第 i 类畜禽的产生参数，t/a。

②主要污染物产生量

2014 年，铁岭市畜禽养殖污染物产生总量分别为粪便 1 443.84 万 t、COD 202.47 万 t、TN 9.99 万 t、氨氮 1.62 万 t、TP 1.80 万 t。其中，昌图县产生总量分别为粪便 613.78 万 t、COD 85.46 万 t、TN 4.29 万 t、氨氮 0.68 万 t、TP 0.76 万 t，分别占全市产生总量的 41.51%、41.21%、42.96%、41.08% 和 41.96%，是全市最大的畜禽养殖污染物产生地区；其次为开原市、铁岭县、西丰县等，开发区畜禽养殖污染物产生量最小（表 5-12）。

表 5-12　2014 年铁岭市各市县主要畜禽污染物产生量

区域	粪便排泄量/（万 t/a）	COD/（t/a）	TN/（t/a）	氨氮/（t/a）	TP/（t/a）
银州区	21.13	21 547.49	1 138.46	183.60	212.71
清河区	38.77	40 147.96	2 252.91	403.45	451.49
开发区	19.61	21 851.77	1 104.37	161.07	195.07
铁岭县	213.78	282 648.69	13 833.46	2 278.12	2 470.21
西丰县	141.99	233 485.45	10 753.77	1 490.61	1 939.39
昌图县	613.78	854 615.45	42 932.16	6 813.19	7 553.73
调兵山	46.33	54 540.06	3 081.64	653.29	663.71
开原市	348.44	515 841.59	24 842.54	4 208.17	4 516.87
总计	1 443.84	2 024 678.46	99 939.31	16 191.50	18 003.18

5.3.4　种养业污染防治存在的主要问题

1．种养矛盾突出，规模化畜禽养殖发展受限

"种养平衡、综合利用"是适合畜禽养殖污染防治的主要模式，也是适合农业种植发达地区畜禽养殖污染防治的最优模式。铁岭市地处我国东北地区，地域辽阔、土地肥沃，是我国重要的农业生产基地，松嫩平原和三江平原更是我国重要的商品粮生产基地，一直承担着粮食储备及特殊调剂任务，为支援国家建设和保持社会稳定做出了重要贡献。黑、吉、辽三省耕地面积占全国耕地总量的 1/6，2010 年粮食总产量分别为501.3 万 t、284.25 万 t 和 176.5 万 t，其中玉米和大豆产量最高；以玉米为例，年产量约4 000 万 t，占全国产量的 1/3，居全国首位。这些农作物在生长期内对于养分，尤其是氮、磷的需求量旺盛，而畜禽养殖废弃物中富含有大量的氮、磷，因此从可承载的养殖数量来看，我国东北地区可养殖的畜禽数量较大。另外，由于近年来我国东北三省的经济发展遇到了矿业资源枯竭、地方经济增长乏力和产业竞争力下降等一系列问题；国家和地方政府更是提出了以产业转型为核心的振兴东北经济的发展战略，其中畜禽养殖业作为农业和农村经济调整的关键性产业，黑、吉、辽三省都相继将农业提到战略性地位，分别提出了"畜牧倍增""以粮换肉"和"主副换位"的发展规划，区域畜牧业发展迅速；但由于缺乏合适的畜禽养殖废弃物有效利用技术和手段，东北地区的环境污染随之加剧，农业源污染物减排压力增大等问题又反过来严重制约着畜牧产业的持续发展。

2．畜禽养殖污染防治基础薄弱，管理政策与防治理念缺失

（1）管理政策方面，铁岭市畜禽养殖业发展主要以自发状态为主，还没有形成从产业发展和环境保护相协调的畜禽养殖布局和规划；由于玉米、豆粕等养殖原料较为丰富，村里的农户一般将小规模的畜禽养殖作为一项副业。在村屯内，举目皆是盖着暖棚的畜禽栏舍，其内饲养着上百头猪或上千只禽；另外，他们往往还根据市场行情和自我意愿选择养殖畜种和养殖时间。过于广泛的畜禽养殖分布格局和变动较大的养殖个体信息，加大了畜牧和环保部门的监管难度，也造成了管理者在相关政策制定方面的缺失。

（2）防治理念方面，铁岭市畜禽养殖污染起步晚，污染治理基础比较薄弱，畜禽养殖污染防治技术不完善，养殖户主污染防治理念缺失，除少部分资金雄厚的规范化畜禽规模养殖场和政府投入补贴资金进行标准化生态建设的畜禽规模养殖场（小区）外，大部分畜禽养殖场的养殖废弃物均处于简单农用甚至自由排放横流的状态，养殖场周边的环境污染十分严重，卫生防疫也难以保障。

3．区域特色的畜禽养殖污染防治技术模式缺乏

在畜禽养殖污染防治过程中，干清粪、水冲粪、水泡粪及生物发酵床是粪便处理的几种方式；厌氧工艺、好氧工艺、深度治理工艺乃至几种工艺结合是污水处理的几种形式；根据地方自然环境、种植情况和气候特点选择合适的畜禽粪污处理方式进行组合，并找到区域范围内最优的防治模式是推进畜禽养殖污染防治工作、促进畜禽养殖业健康良性发展的前提。但对铁岭市部分畜禽养殖场的粪污处理方式进行现场调研可知，虽然该区域内畜禽养殖污染防治基础薄弱，但各种类型的畜禽养殖废弃物处理方式都存在，即便某些并不适用于该区域。例如，好氧工艺对温度的依赖性较大，而东北地区冬季气温较低，对养殖场采用该种工厂化治理排放模式就基本不符合地区特点，而且该工艺建设投资大、运行费用高，与养殖行业的低利润和高风险之间也不相符。因此，需要构建符合铁岭市地区特色的畜禽养殖污染防治技术模式并推广应用。

4．农业面源污染治理难度较大

（1）相对于农业点源污染来说，面源污染具有分散性、随机性、广泛性等特点，加之没有固定的排污口，排污量没有办法精准的计算，排污渠道多种多样，导致污染物不易监测，治理难度较大。目前的技术主要有人工湿地污水处理系统、生物膜处理技术、污染物质的生态拦截技术等，但是效果都不理想，治理起来困难重重。

（2）导致农业面源污染的最根本原因是种植业和养殖业农户为了增加产量而过度使用农药、化肥等危害物质，究其根源是目前市场上的需求量大，市场应鼓励绿色食品的宣传，并适当给予补贴，可缓解污染严重的问题。

5．农民对于农业面源污染的危害性认识不够

铁岭市在农业面源污染治理过程中不仅需要在客观条件上得到改善和提高，同时也要在主观意识方面提高农民对于农业面源污染危害的认识。首先，农户作为农业经济的主体，势必要追求自身利益的最大化，为提高粮食产量，促进效益增收，化肥、农药施用量逐年递增，并且农用塑料薄膜随意丢弃、秸秆废弃焚烧现象也十分严重，这些行为给农村环境造成了严重污染。其次，大部分农民的受教育程度偏低，没有意识到污染问题和自己息息相关，并且已经严重影响到了日常生活，破坏了环境，甚至从长远来说危害自身健康和子孙后代的繁衍生息。

5.3.5 种养业污染控制与减排方案

1. 种植业污染治理方案

1) 形成适合铁岭地区的种植业污染源头阻控技术并推广应用

铁岭市作为辽宁省的农业大市和主要产粮区,以玉米为种植主体。目前,因化肥施用量逐年递增导致氮、磷养分大量流失,其中氮素流失严重,秸秆废弃焚烧也十分严重,这些行为严重污染了环境。为了解决这些问题,需要制定与集成种植业污染系统防控技术,并在当地推广应用。

(1) 选择氮素利用的优势玉米品种。玉米品种应选择当地主栽品种,密植型玉米较稀植型玉米在保证产量的同时更有利于土壤氮素吸收,降低土壤氮素残留对地下水的污染风险。由此可见,利用高产及氮肥利用率高的品种是合理利用资源、减少环境污染的重要途径。

(2) 采取不同农艺措施调控技术。开展氮肥使用水平、秸秆还田相关研究,秸秆还田配施氮肥可以明显降低氮肥施用量,提高化肥利用率,节约生产成本。与秸秆未还田相比,无论低氮、中氮还是高氮水平,秸秆还田均可提高玉米产量,降低土壤矿质氮的累积量,提高氮肥利用率,降低硝态氮淋溶污染地下水的风险。综合考虑,秸秆全量还田配合氮肥施用量($192\ kg/hm^2$),玉米植株籽粒产量、氮收获指数、地上部植株氮肥吸收利用率、氮肥农学利用率均较高,$0\sim100\ cm$ 土层未出现硝态氮明显累积,是最佳施氮运筹模式。

(3) 采用氮肥运筹调控技术。开展了氮肥减量、不同追施比例和时期的研究,与农民习惯施肥($N\ 240\ kg/hm^2$,基肥和大喇叭口追肥为 $1:2$)相比,氮肥减量 10%($N\ 216\ kg/hm^2$)和 20%($N\ 192\ kg/hm^2$)处理的玉米产量并没有降低,而氮肥利用效率显著增加。氮肥减量后移可使耕层无机氮供应较好地与作物吸收同步,降低收获期 $0\sim100\ cm$ 土层硝态氮积累,减少氮素的田间表观损失,提高氮肥利用效率。在试验条件下,氮肥减量20%($N\ 192\ kg/hm^2$)基追比例 $1:3:1$ 处理植株产量、地上部植株氮肥吸收利用率、氮肥农学利用率均较高,$0\sim100\ cm$ 土层未出现硝态氮明显累积,氮素表观损失量最少,是最佳施氮运筹模式。

2) 集成适合铁岭地区的种植业污染过程拦截技术并推广应用

(1) 等高线种植结合保护性农艺措施调控技术。开展了顺坡耕作对照、等高线耕作、等高线+秸秆覆盖三方面研究。等高线耕作和秸秆覆盖模式下农田氮、磷流失显著低于顺坡耕作模式下农田氮、磷的流失，2014 年和 2015 年在 4 次不同强度的自然降雨条件下，等高线耕作比顺坡耕作坡面农田全氮降低了 19.33%～34.77%，秸秆覆盖模式的效果更显著，4 次降雨分别降低了坡面农田全氮流失的 29.00%～53.46%。等高线+秸秆覆盖模式可有效控制坡面水土和养分流失，起到保水保肥的效果。

（2）下垫面构建-生物篱源头调控技术。应用等高种植、秸秆覆盖和农林牧复合模式能在较低投入下有效控制坡地土壤侵蚀和径流氮、磷的流失。在相同降雨强度下，各种植模式径流系数及泥沙流失速率大小顺序为顺坡对照＞等高线种植＞秸秆覆盖＞农牧（玉米-苜蓿）＞农林（玉米-水蜡）＞农林牧复合耕作（玉米-苜蓿-水蜡）。

自然降雨条件下，农耕土壤坡面氮、磷随水土流失规律不同，氮以径流携带为主，流失的主要形态是硝态氮，而磷流失的主要途径是泥沙携带，主要以颗粒态磷形式流失。不同自然降雨强度对坡地氮、磷流失速率的影响显著。雨强越大，地表径流中氮、磷流失速率越高。

相同雨强的自然降雨条件下，农林复合种植模式对坡耕地水土流失和农业面源污染具有显著防治效果，2015 年应用效果比 2014 年显著。农林牧复合耕作（玉米-苜蓿-水蜡）是有效的控制水土流失、保土保肥和防控农业面源污染的最佳模式。

2．畜禽养殖污染治理方案

1）形成适合铁岭地区的畜禽养殖污染系统控制技术并推广应用

铁岭市存在畜禽养殖污染防治滞后、污染控制技术不成熟、适合地区特点的防治技术缺乏等问题，为解决这些问题，一直在不断尝试集成与创新畜禽养殖污染防治控制技术。结合区域自然社会特点和研究成果，最终集成与优选出一系列符合铁岭市畜禽养殖污染防治特点的系统控制技术，并在当地推广应用。

（1）优选与集成全漏缝免水洗自动清粪生猪养殖源头控制技术。优选出了全漏缝地板、免水冲洗的自动清粪生猪养殖源头控制技术。通过在铁岭市 20 多家畜禽养殖场的推广应用发现，该技术降低了后续污水处理的压力，同时分别较水冲粪和干清粪工艺节水 70% 和 40% 左右，对比采取干清粪工艺，人工成本将减少 50% 左右，对于提倡清洁生产的规模化养殖企业具有非常重要的借鉴意义。

（2）开发与集成阳光棚槽式好氧堆肥工艺。受气候影响，铁岭市冬季堆肥发酵过程受到限制，有机肥生产无法连续，需要建设较大的储存场所才能保证畜禽粪便的有效堆放。此外，好氧堆肥过程主要依靠微生物进行，而微生物的活性受温度影响很大，堆肥初期的发热阶段温度均控制在 15℃以上；而铁岭市冬季气温寒冷干燥，封冻期 150 天左右，在此种气候条件下堆肥在生物化学反应中酶的活性降低，有机肥堆肥发酵受阻。针对铁岭市冬季气温较低，但晴天多、光照充足，日照率在 60% 以上的特点，开发与集成了阳光棚槽式好氧堆肥技术与工艺，充分发挥了区域冬季光能资源丰富的优势，把太阳光能转变成热能，即使在严寒季节，不加热或少加热也能进行有机肥的发酵生产（图 5-15）。该项技术成功推广应用于铁岭市 15 家有机肥厂，使有机肥生产企业不再受到冬季温度低的影响，可连续生产，既解决了生产原料在冬季需大面积堆积导致的储存车间过大、建设成本过高的问题，又减少了因停产造成的经济损失，达到了节省投入成本和提高经济效益两方面的共赢。

（a）阳光棚槽式好氧发酵车间　　　　　　　（b）普通好氧发酵车间

图 5-15　好氧发酵有机肥车间

（3）开发与集成阳光大棚、半地埋式红泥塑料厌氧处理技术。铁岭市大部分的畜禽养殖场建在农村或城市近郊，经济基础相对薄弱、交通不便，电力供应不稳定，环境治理压力大。因此，要求处理畜禽养殖污水的工艺和技术必须具备投资少、处理效果好、可回收利用部分资源并有一定经济回报的特点；同时，还要因地制宜，保证厌氧处理工艺冬季运行稳定。基于此，开发了阳光大棚、半地埋式红泥塑料厌氧处理技术，并应用于区域规模化养殖粪污专项治理过程中（图 5-16）。

①阳光大棚+半地埋式建设。厌氧处理设施的建设可分为全地上式、半地埋式和全地埋式 3 种类型。其中，全地上式建设方式的运行维护和排渣比较方便，但建设成本较高、保温效果不好；全地埋式建设方式保温效果较好，但运行维护和排渣极不方便；而半地埋式建设方式既有利于保温和日常运行维护，也可实现自动排渣，同时建设成本相对适中。因此，在东北寒冷地区宜推广使用厌氧处理的半地埋式建设方式。另外，在半地埋式建设的外部，还可搭建阳光大棚，继续发挥东北地区冬季光能资源丰富的优势，把太阳光能转变成热能，保证厌氧发酵的稳定运行。

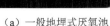（a）一般地埋式厌氧池　　　　　　　（b）阳光大棚、半地埋式红泥塑料厌氧处理

图 5-16　地埋式厌氧处理类型

②红泥塑料材料覆皮。传统的厌氧处理工艺一般采用工程密封形式，且需要针对产生的沼气配备专门的储气罐。而采用红泥塑料材料作为厌氧池的覆皮具有以下优点：红泥塑料耐腐蚀、抗老化，吸热性能优，用其覆皮厌氧槽能充分利用太阳能，加热池内污水，提高发酵温度，从而提高发酵速率、降解率和产气率；红泥塑料拱顶易打开，便于清渣维修，且采用多槽组合，单个发酵槽维修不影响整体正常运行；厌氧处理过程产生的沼气直接用红泥塑料贮气袋贮存，可根据产气量、贮气量大小随时增减贮气袋数量；建设工期短、投资少，比低压湿式贮气柜减少投资 40%以上。

（4）开发与集成沼液水肥一体化技术。针对铁岭市集中连片农业种植用地的特点，充分利用现有农业设施，通过沼液水肥一体化灌溉施肥技术，结合当地土壤理化性质和水稻生长需肥量，有效将沼液应用于水稻种植，对水稻生长过程的化肥减量替代和畜禽养殖污染减排等具有重要意义（图 5-17）。该项技术现已在铁岭市推广使用，并为当地农民所接受。同时，通过选取 3 家分别采用不同沼液输出方式的养殖企业进行投资估算可知，采用沼液水肥一体化技术进行沼液输送，由于利用了水利灌溉沟渠，不仅节省了人工，使劳动强度降低，而且最重要的是，相对车辆运输和管道运输沼液的形式，灌渠输送分别减少投资为 59.46%和 50%。

图 5-17　沼液水肥一体化技术灌溉流程

2）编制了《铁岭市畜禽养殖污染防治技术指南》并推广应用

根据畜禽养殖及污染防治现状，结合辽宁省铁岭地区农业生产和自然条件特点，以促进全市畜禽养殖业健康良性发展为前提，以"合理规划、种养平衡"为基础，以治理为辅、防治结合为指导思想，遵从畜禽养殖废弃物减量化、资源化和无害化的全过程系统控制思路，对辽宁省铁岭市畜禽养殖进行分类指导。该指南已在铁岭市发布并试行，推动了铁岭市畜禽养殖减排及畜禽养殖污染分类指导工作，适用于规模化畜禽养殖场、养殖小区及养殖专业户的污染防治，其主要内容包括畜禽养殖污染治理单元技术、治理模式、竣工验收及运行管理等方面，可为我国畜禽养殖废弃物污染防治提供技术支持，供各养殖场建设治污设施参考借鉴。

3）编制了《铁岭市畜禽养殖污染防治规划》并实际应用

解决畜禽养殖污染问题不能单纯只针对粪污的治理，因为畜禽养殖污染的产生原因不单一，仅仅从技术角度来考虑是不全面的，它还涉及政策实施颁布、管理制度的安排等因素。在综合考虑区域畜禽养殖发展与污染防治平衡的基础上，按照"以种定养、种养平衡"的原则编制了《铁岭市畜禽养殖污染防治规划》并实际应用。该规划的编制加强了铁岭市畜禽养殖业的环境监管和工作指导，引导构建了畜禽养殖业环境管理体系和符合当地实际的畜禽养殖污染综合防治措施，并不断提高当地畜禽养殖管理和污染防治水平，对当地生态环境改善、人民群众身体健康的保障、全市农村经济可持续发展都有极大的促进作用。

5.3.6 减排示范效果分析

1. 种植业污染防治效果分析

2014—2016 年，在铁岭地区进行玉米面源污染源头阻控、过程拦截集成技术的示范与推广，累计示范与推广面积 10 余万亩。示范区采用玉米田氮素面源污染调控集成技术，即采用密植型玉米优势品种、秸秆还田、施肥方式、优化减氮和氮肥后移等技术集成，在确保玉米产量的前提下，有效降低了玉米田地下水硝态氮的污染负荷，降低了土壤氮素淋失的风险。通过玉米田氮素面源污染调控集成技术的应用，示范区玉米田节约化肥施用量 30～45 kg/hm^2，秸秆还田固定化肥量 15～30 kg/hm^2，累计增产玉米 750 kg，新增总产值 500 多万元。可见，推广应用适合铁岭地区的种植业污染源头阻控技术能够在有效改善区域生态环境、增加农民收入的同时，保障生态安全和粮食安全，实现区域农业可持续发展。

在项目组的指导下，铁岭市种植业开展了科学施肥的种植业污染防治工作，多施有机肥，肥料总量控制，使减排效果较为显著，2014 年和 2015 年农业源污染物总量减排共削减 TN 210 t、TP 31 t。

2. 畜禽养殖污染防治效果分析

在项目组的指导下，结合铁岭市"节能减排示范市"建设，在铁岭市环保局、动检局的组织下，全面推动规模化畜禽养殖污染防治工作，通过基于畜禽养殖废弃物农业资源化利用的畜禽承载力研究，建设铁岭市规模化畜禽养殖污染防治信息管理系统平台，制定并颁布了《铁岭市规模化畜禽养殖污染防治技术指南》和《铁岭市畜禽养殖污染防治规划》等规范性文件，全面指导铁岭市规模化畜禽养殖污染减排工作。通过水专项的科技支撑，铁岭市 2014 年完成 111 家规模化畜禽养殖场的治理，并得到国家污染物总量减排核查认定，分别减少 COD、氨氮排放量 6 300 t、420 t；2015 年，77 家规模化畜禽养殖场完成治理，并得到国家污染物总量减排核查认定，分别减少 COD、氨氮排放量 3 975 t、246 t；2014 年和 2015 年农业源污染物总量减排共削减 COD 10 275 t，氨氮 666 t，超额完成节能减排示范市和"十二五"污染物总量减排任务。

5.4　河南省安阳市安阳县种植业污染控制与减排分类政策示范

5.4.1　自然及社会经济发展基本情况

1. 区域自然状况

1）地理位置

安阳县隶属河南省安阳市，地理坐标为东经 113°53′～114°45′、北纬 35°57′～36°21′。县境南与汤阴县、鹤壁市毗邻，北与河北省磁县、临漳县、涉县隔河相望，西与林州市接壤，东与内黄县相连。安阳县东西长 73.75 km，南北宽 44 km，面积 1 201 km²，耕地面积 69 080 hm²（图 5-18）。

2）地形地貌

安阳县地势西北高而东南低。西部为太行山余脉，层峦逶迤，沟壑纵横；稍东，缘山两岭分居南北，连绵起伏，延伸至中部；再东，与华北平原相接，广袤无垠，一马平川。最高点在磊口乡的沙帽垴，海拔 674 m；最低点在瓦店乡的广润陂，海拔 54.5 m。山、川、平、洼多种地貌构成了安阳县复杂的地形结构。

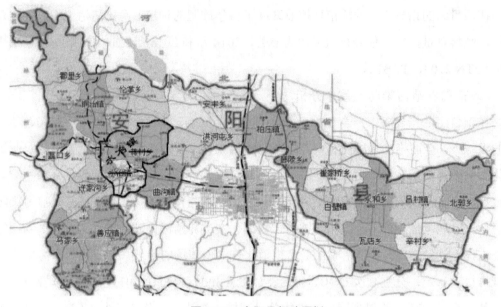

图 5-18　安阳县行政区划

3）气候矿产

安阳县地处北暖温带，属大陆性季风气候区。年平均气温为 14.1℃，全年无霜期为 208 天，日照率为 50%，春秋两季较短。春夏秋季偏南风为主，冬季偏北风为多。年降水量平均为 556.8 mm，最多为 852.9 mm，最少为 275.7 mm，年际差异很大，时空分布不均匀，月季分布更不均匀。夏季（6—8 月）降水最多，平均达 362.6 mm，占全年降水量的 65%；秋季（9—11 月）降水较少，平均为 95.3 mm，占全年降水量的 17%；冬春两季（12 月至次年 5 月）降水稀少，仅占年降水量的 18%。

安阳县不仅土地肥沃，矿产资源也很丰富。经勘测境内矿产，共有能源矿产、金属矿产、冶金辅助原料矿产、化工原料矿产、建筑材料及其他非金属矿产、地下水、地热和矿泉水 9 大类 30 多种矿物。主要矿种有煤、煤层气、铁、锰、长石、石膏、白云岩、石灰岩、熔剂灰岩、水泥灰岩、霞石正长岩、瓷土、膨润土、耐火黏土、砖瓦黏土等，为安阳县经济发展提供了良好的条件。

2. 社会经济概况

1）行政区划及人口分布

安阳县是以农业为主的大县，全县辖 12 镇 7 乡 571 个行政村（居委会），人口绝大部分居住在农村，地域分布不均匀。就农村来说，有集市或乡镇政府驻地的村镇较为集中，特别是以经济较为发达、商业较繁荣的水冶镇、白璧镇、吕村镇等人口较多。就东、西部来说，西部山丘地区人口相对稀少，东部平原地区人口相对稠密。2011 年年底，全县总人口 98.81 万人，其中常住人口 85.42 万人，城镇化率 36.51%。

2）社会发展状况

安阳县 2015 年全年生产总值 334.7 亿元，比上一年增长 2.1%。分产业看，第一产业增加值 28.7 亿元，增长 3.4%；第二产业增加值 188.1 亿元，增长 0.4%；第三产业增加值 118.0 亿元，增长 7.5%。三次产业结构为 8.6：56.2：35.2。

全年地方财政总收入 11.66 亿元，较上一年增长-3.0%。公共财政预算收入完成 9.76 亿元，较上一年增长-6.9%，其中，税收收入 6.71 亿元，较上一年提高-13.2%，税收占公共财政预算收入的比重为 68.74，比上一年降低 4.6 个百分点。公共财政预算支出 30.49 亿元，增长 16.1%，其中，教育支出增长 11.9%，科学技术支出增长-34.6%，农林水事务支出增长 1.0%，扶贫支出增长 14.1%，医疗卫生支出增长 19.9%。全县有 2 个乡镇财政收入超亿元。

3）农业情况

全年粮食种植面积 10.644 万 hm^2，比上一年下降 0.4%，其中，小麦种植面积 4.907 万 hm^2，增长 0.1%；玉米种植面积 5.53 万 hm^2，下降 0.8%；棉花种植面积 0.104 万 hm^2，增长 1.6%；油料种植面积 0.242 万 hm^2，下降 5.4%；蔬菜种植面积 1.29 万 hm^2，下降 0.5%。

全年粮食产量 67.69 万 t，比上一年增长 3.3%；棉花产量 0.13 万 t，增长 12.2%；油料产量 0.62 万 t，下降 1.6%。

4）资源与环境

全县水资源总量为 3.3 亿 m^3。建有水库 35 座，其中中型 1 座。全年新造林 1.1 万亩，通道绿化 93.9 km，新发展林下经济 8 600 亩。马鞍山森林公园晋升为省级森林公园。

5.4.2 种养业生产情况

安阳县是重要的优质粮产区。农业是安阳县的传统优势产业，尤其是中东部平原地区，土地肥沃，水资源和光照充足，四季分明，全年无霜期 208 天，发展农业有得天独厚的条件。2015 年，安阳县粮食作物 106 439 hm^2，比上一年减少 0.4%，其中，玉米 55 397 hm^2 占粮食作物播种面积的 52.0%，比上一年减少 0.6%；小麦 49 071 hm^2 占粮食作物播种面积的 46.1%，基本与上一年持平；谷子 1 166 hm^2，占 1.1%，同比增加 9.6%。

安阳县也是重要的畜产品基地。2015 年，安阳县畜牧业产值达到 7.1 亿元。大牲畜

2015 年年底有 4.4 万头，其中，牛有 3.9 万头、马有 0.1 万头、驴有 0.2 万头、猪有 21 万只、羊有 8 万只。牛出栏 1.7 万头，猪出栏 27.5 万头，羊出栏 4.9 万只，家禽出栏 652 万只。各类规模养殖场户 5 500 余家，规模以上标准化企业达 214 家，畜牧业农民专业合作社 166 家，吸纳劳动力就业已达 3.8 万人，每年直接增加现金收入近 5.4 亿元。

5.4.3　农业源污染防治方案

针对安阳县既是优质粮产区，又是重要的畜产品基地，提出了建立生态循环农业方案。

1．农业循环模式

以循环发展为动力，采取以肉牛和生猪养殖为主、沼气生产为纽带的复合型循环工作模式，将废物加以综合利用，沼气供户，沼液经过厌氧、好氧处理后直接灌溉农田，沼渣堆肥发酵还田，田间生产的秸秆作为青贮饲料、生产有机肥或直接还田。

1）主要循环体

采取以肉牛、生猪养殖为主，沼气建设、生态发展为纽带的复合型经济工程模式，将养殖场、沼气工程与有机农业作为一个整体，使各个环节产生的废物得以充分利用，变废为宝。主要循环体如下：

①秸秆—青贮—肉牛养殖—牛粪、牛尿废水等—沼气池—沼气—供能、照明、供暖；

②生猪养殖—猪粪、猪尿废水等—猪粪+猪尿+冲洗水—沼气池—沼气—供能、照明、供暖。

通过复合循环生态链，利用畜禽粪便不仅能变废为宝，解决生产用能问题，而且可减少环境污染，防治疫病蔓延。

2）沼气工程

沼气工程可以将治理污染、净化环境、回收能源、综合利用、改善生态环境有机结合起来，从而走出一条生态畜牧业产业化可持续发展的道路。

牛场、猪场粪便都采用干清粪方式，收集的粪便进入调节池。尿液、冲洗用水的液体经过预处理后进入酸化计量（预加热）调节，再进入厌氧反应器，产生的沼气经过气水分离、脱硫等精华处理后进入贮气柜，沼气用于供户和养殖场日常生活，沼渣、沼液作为有机肥料用于蔬菜和粮食作物种植，使粪便和尿液及时处理并综合利用，达到污染物零排放。

3）秸秆综合利用

围绕农作物秸秆优势资源，把秸秆饲料化、肥料化、能源化、原料化和基料化作为主要的利用方式。通过秸秆饲料化促进畜牧业发展，通过肥料化推动生态农业发展，通过能源化改善农村能源结构，通过基料化促进当地农村经济发展。

4）有机蔬菜与粮食种植

沼气工程产生的沼液、沼渣固液分离后，沼液用作种植有机蔬菜、农作物等。经过试验喷洒过沼液的蔬菜、农作物无病虫害。由此沼气工程生产的沼液和沼渣都是优质的有机肥，可以替代化肥生产绿色农产品，在农作物叶面喷沼液，还可起到防虫治病的效果，减少使用农药的数量。此外，沼液还用作饲料添加剂喂牛。这样可形成了以沼气为纽带的"四位一体"（养殖—沼气—菜）生态能源有机农业生产。沼渣经脱水、配料、造粒、干燥、包装后生产生态复合肥料。这种生态模式一方面充分利用了自然资源，为养殖业的规模化、清洁化生产广开门路，提高养殖业产出，增加了收入；另一方面对于提高土壤肥力、保护植被有重要意义，能从根本上避免生态环境的恶化。

循环方式流程见图 5-19。

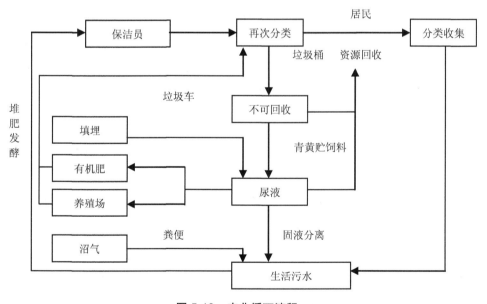

图 5-19　农业循环流程

2．养殖废弃物处理方案

1）种养一体化模式

畜禽养殖、沼气、种植一体化生态模式是从源头上解决畜禽养殖业污染问题的一种循环经济模式，是以构建"资源—产品—再生资源—再生产品"的多级循环产业模式为基础，优化畜牧业产业结构、合理利用资源、保护生态环境、推进畜牧业可持续发展的一种新的环保经济形态。

畜禽养殖、沼气、种植一体化生态模式的基本结构是利用畜禽养殖产生的畜禽粪便和养殖污水，通过建设沼气工程生产清洁能源和优质肥料，产生的沼气用于发电、专用燃料等农民生活，同时沼气、沼液、沼渣用于农业种植生产，从而实现积肥、产气同步，种植、养殖并举，能源综合利用的高效能模式（图5-20）。

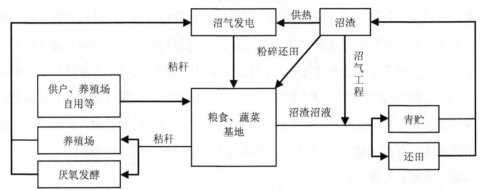

图 5-20　种养一体化模式

2）"三改两分再利用"模式

"三改"即改水冲粪或人工干清粪为漏缝地板下刮粪板清粪，改无限用水为控制用水，改明沟排污为暗道排污。"两分"即实行固液分离、雨污分离，固液分离指干粪与尿及冲洗水分流；雨污分离指修建双排水沟，一条作雨水沟，用于收集雨水，一条作污水沟并加盖，用于收集粪尿污水，只让污水进入处理设施。"再利用"即粪污无害化处理后综合利用，采用固液分离，减少污水量，使干粪与尿及冲洗水分流，最大限度地保存粪中的营养物，减少污水中污染物的浓度。

3）废弃物集中处理模式

通过粪车将畜禽粪便直接运到发酵区，经过一次发酵、二次陈化堆放。首先，消除了畜禽粪便的臭味。在一次发酵时，应按比例加入秸秆、植物叶片、杂草粉末等植物茎秆叶，同时应加入发酵菌种，将其中的粗纤维进行分解，以便粉碎后的粒度要求符合造粒生产的要求。其次，将完成二次陈化堆放过程的发酵物料粉碎，进入混合搅拌系统，在混合搅拌前，根据配方将氮、磷、钾和其他一些微量元素均加入混合搅拌系统，开始搅拌，将混合后的物料输送至圆盘造粒系统，成粒经烘干机后进入冷却系统，将物料至常温后开始筛分，符合要求的粒进入包膜机包裹涂膜后开始包装，不符合要求的粒经粉碎机粉碎后重新回到圆盘造粒系统继续造粒。经过以上若干程序，畜禽粪便变成了有机肥直接施到农田。

有机肥加工生产工艺流程：原料选配（畜禽粪便、秸秆等）→发酵处理→配料混合→造粒→冷却筛选→计量封口→成品入库。

3．秸秆综合利用方案

1）秸秆机械化还田

秸秆机械化还田是以机械粉碎、破茬、深耕和耙压等机械化作业为主，将作物秸秆粉碎后直接还到土壤中去，以增加土壤有机质、配肥地力、提高作物产量、减少环境污染、争抢农时季节的一项综合配套技术。

2）秸秆有机肥

秸秆有机肥是指秸秆经微生物发酵、除臭和完全腐熟后加工而成的有机肥。秸秆肥中有机质十分丰富，氮、磷、钾养分较为均衡，并含有各种微量元素，是各种作物、各种土壤都适宜的常用肥料，具有提高产品品质、增加产量的显著效果。

3）秸秆饲料

秸秆饲料化即将秸秆经过青贮、氨化、微贮等物理、化学和生物技术处理，提高其营养价值、养分含量及适口性后用于饲养畜禽，通过养畜还腹还田的一种科学方法。

5.4.4 示范效果分析

1．经济效益分析

利用建成的沼气池实行粪、尿干湿分离，粪便堆放发酵后作为蔬菜、粮食基地的有机基肥，沼气用于周边农户生活用气和发电，沼液用于灌溉，不仅解决了养殖废弃物的无害化处理及无污染排放，同时养殖废弃物又得到了循环利用，提高了农产品的品质，降低了生产成本，设施蔬菜亩效益增收 600 元以上，粮食作物每亩增收 300 元以上，为示范区 300 亩设施蔬菜和 9 700 亩粮食作物年新增种植业效益 310 万元。

此外，秸秆作为青贮饲料解决了饲料来源，提升了肉类品质，同时生产的沼气解决了周边农户的用电用能问题，降低了成本。

2．社会效益分析

农业生产方式转变取得重大进展，农业综合生产能力稳步提升，生态环境效益明显改善。畜牧业与种植业有机相结合，加上以沼气发酵为主的能源生态工程、粪便堆肥发酵利用生态工程，将农作物秸秆等废弃物和家畜排泄物能源化、肥料化，向农户提供了清洁的生活能源和生产能源，向农田提供了清洁高效的有机肥料，有效控制了化肥农药的不合理使用，使示范区内大田作物使用禽畜粪便和秸秆等有机肥氮替代化肥氮达到30%以上，农户粮食生产成本下降了20%；同时，由于使用有机肥和沼气发酵后的沼液，农户残品的质量安全水平有了明显的提高，农产品优质品率达到90%以上。农民增收10%以上，土地流转率达到50%以上。构建起了资源节约、生产清洁、废物循环利用、产品安全优质的生态循环农业发展路径，建立起了养分综合管理计划、生态循环农业建设指标体系等制度，推动了生态循环农业的发展。

3．生态效益分析

采用生态循环农业，走发展生态农业的路子，以农业废弃物资源再利用为中心，利用农业生产过程中的下脚料和副产品进行绿色饲料加工作为牛的饲料，将牛的粪便进行无害化处理后作为项目区域内农作物的有机肥，从而使养殖废弃物得到充分利用，既消化了这些废弃物，又通过产品链、生态链的构建增加了经济效益，减少了对环境的污染，创造了新的价值并节约了资源，成就生物链式经济效益和节能环保和谐发展的新格局，达到经济效益、社会效益和生态效益三者的有机结合，促进了人与自然协调、和谐的发展。

第 6 章

结 语

6.1 研究成果

1. 形成了"基于流域水环境目标的农业源污染减排目标与任务分配方法"

按照国家《水污染防治行动计划》确定的各流域水质达标目标，结合流域断面水文参数，核算出目标年理想水环境容量；结合环境统计、总量减排数据、农业源污染物自然削减率等已有成果，结合地区工业、生活、农业产业结构及所占比例，推算出目标年农业源污染物限度排放量，根据基准年农业源污染物排放量核算出目标年农业源污染物削减量——减排目标。以减排目标为基础，综合考虑地区经济、产业结构现状和发展规划，确定各地区农业源污染减排任务。该方法克服了国家"十二五"期间仅以污染物排放基量为依据的总量目标与任务分配方法的局限性，将总量减排与环境质量有效地联系起来，解决了经济欠发达、环境容量大的地区经济发展受总量控制约束的不足。该方法已在"十三五"生态环境部污染物总量减排任务分配中得到应用和验证。

2. 构建了"基于单位农业生产活动与关键影响因素的农业源产排污量核算方法"

通过大量的现场调研，结合典型案例的现场定位监测与模拟实验监测，掌握与农业源产排污量存在稳定关系的农业生产活动基量，将主产区关键影响因素条件下单位农业生产活动基量作为该类农业源的产排污系数，并以此作为基础系数，以影响各类农业源污染物排放量的关键影响因素对单位农业生产活动产排污量的影响程度系数作为调整系数，构建了农业源单位农业生产活动基础产排污系数与关键影响因素调整系数的农业源（畜禽养殖业、种植业、水产养殖业）产排污量核算方法。

$$W = \sum Q_i \times C_i \times \prod K_i \tag{6-1}$$

式中，W —— 农业源主要污染物产排污量；

　　　Q_i —— i 类农业源生产活动基量；

　　　C_i —— i 类农业源基础产排污系数；

　　　K_i —— i 类农业源调整系数。

该核算方法克服了以往农业源产排污量核算对农业生产活动基量需求量大、难于获取的不足，并通过建立农业源产排污量关键影响因素调整系数，解决了农业源产排污量受自然条件影响大、难于区别不同区域（自然条件）核算的不足，提高了产排污量核算的精度。核算方法在第二次全国污染源普查——农业氨气排放量普查中得到应用。

3. 提出了畜禽养殖、水产养殖污染防治区域划分建议

根据各地区降雨量、气温、地形地貌特征、人均农作物播种面积和人均 GDP 等影响畜禽养殖污染防治的主要因素，采用聚类分析法将我国畜禽养殖污染防治划分为 14 个区域：青藏区、甘新蒙区、黄土高原区、西南区、长江中游区、华南区、东北区、长城沿线区、华北平原区、沿海-经济发达区、四川盆地区、淮南区、内蒙区、北蒙黑区，并提出适合不同区域的畜禽养殖污染防治模式、污染治理设施建设要求。

根据全国农业源污染普查结果，针对不同水环境管理分区以及水产养殖业主要污染物排放强度空间特征，对水产养殖业污染排放强度进行分区研究，划定高强度排放区（湖北、湖南、江苏、四川、江西、安徽、广东、广西、山东、浙江、福建）、中强度排放区（辽宁、河南、河北、云南、海南、黑龙江、重庆、天津）和低强度排放区（吉林、上海、贵州、宁夏、陕西、新疆、内蒙古、北京、山西、甘肃）。根据每个区域的特点，提出适合不同区域的水产养殖污染防治模式。

4. 构建了一套"AHP-模糊综合评价法农业源控制管理制度环境绩效评估方法"

针对企业管理、环境管理、政策执行效率等因素，构建了我国农业源污染控制管理制度环境评估指标体系；同时，运用定量与定性相结合的方法，研究构建了农业源污染控制管理制度环境绩效评估模型，从而形成了一套基于 AHP-模糊综合评价法的农业源污染控制管理制度环境绩效评估方法，并借助太湖流域农业面源污染治理效果开展了评估体系实证研究。

5. 有针对性地提出了当前农业面源污染物减排的政策建议

通过开展环境友好型种植业污染物减排激励政策、畜禽养殖业、水产养殖业污染减排的保障机制研究，制订了农业面源种植业、畜禽养殖业、水产养殖业污染减排行动方案；归纳梳理了我国现有的畜禽粪污治理模式，系统提出了畜禽养殖业"源头削减、过

程控制、资源化利用、末端治理"的全过程污染防治技术体系；通过对我国现有的畜禽养殖、水产养殖环境管理法律体系、环境政策的梳理和管理现状及存在问题的分析，结合当前国家推动的相关农业环境管理政策，向水专项管理办公室提交了《关于规范畜禽养殖禁限养区划定》《面向新时期农业源环境统计》《关于加强池塘水产养殖环境管理》《关于加强我国水产养殖污染控制与减排》共4份政策建议。

6. 形成了一批农业源污染减排技术指南、规范及管理制度

在系统研究农业源污染防治技术与政策的基础上，集成与归纳了当前我国畜禽养殖、水产养殖、种植业、农村生活污染的主要技术模式，并通过典型案例调查与实测，结合国家或地方环境管理需求，形成了如下农业源污染减排技术指南、规范及管理制度。

①技术指南5项：《海南省畜禽养殖污染减排技术导则》《铁岭市规模化畜禽养殖污染防治技术指南》《湖州水产养殖污染减排技术指南》《农副产品加工业蔬菜废弃物堆肥利用技术指南》《种植业污染防治技术指南》。

②技术规范3项：《上海市畜禽场粪尿生态还田污染防治技术规范（试行）》《湖南省农村生活污水分散式处理设施运行监管技术规范》《排污许可证申请与核发技术规范（畜禽养殖行业）》。

③标准1项：《畜禽养殖业污染物排放标准》（上海市）。

④补贴办法1项：《种植业面源污染减排技术推广补贴办法》。

6.2 存在的问题

（1）"十三五"期间，国家陆续出台了一系列农业生产与生态环境保护方面的法律法规、行动计划等重要文件，尤其是《环境保护法》《水污染防治行动计划》的出台对农业农村污染防治、畜禽养殖污染防治、种植业结构与布局、农村环境综合整治等方面都陆续提出了新的要求，因此农业源污染防治在理论体系建设与政策示范等工作中可能会存在管理措施无法执行、政策建议失效等问题。

（2）政策示范需要的时间周期较长，难于在短期内对某一政策措施的效果进行科学评估，因此可能会无法准确判断政策示范的实际效果。

（3）农业源数量大、分布广，且对农业源的监测、监管力度不足；农业源减排和统计数据量大，数据的真实性、有效性判断难度大。

（4）农业源污染受区域特征、生产方式的影响大，总量控制措施也各不相同，提出的减排技术指南、补贴办法等政策措施仅在部分地区进行小示范应用，全面应用仍需进一步验证与修正。

6.3 本书建议

6.3.1 开展农业源污染总量减排的政策建议

本书在对我国农业源污染防现状调查与分析的基础上，围绕农业生产发展与农村环境质量改善相统一的总体目标，分别对畜禽养殖业、农业种植业、水产养殖业、农村生活源及农副产品加工业污染物总量减排提出政策措施。

1．畜禽养殖污染物总量减排政策建议

（1）完善国家和地方畜禽养殖发展和污染防治规划。

（2）加强政策引导，优化以资源化利用为主体的粪污治理模式。

（3）按养殖品种与规模进行分类、分区污染减排管理。

（4）创新畜禽养殖污染环境监测与监管体制。

（5）加强畜禽养殖污染防治宣传教育和技术培训。

2．种植业污染物总量减排政策建议

（1）制定种植业污染减排激励及生态补偿政策：①明确责任主体权利与义务；②实施限定性农业生产技术标准；③推广农民专业合作组织、农户种植污染减排激励机制；④建立广泛的种植业污染减排生态补偿政策。

（2）建立并鼓励农业面源污染减排合作协会模式。

3．水产养殖业污染总量减排政策建议

（1）加强水产养殖业管理法律法规体系和管理机制建设。

（2）合理规划，调优区域布局，建立养殖水域环境容量评估制度。

（3）开展养殖水域生态修复，推行生态健康养殖模式。

（4）推进水产养殖设施标准化、现代化更新改造。

（5）加强水产养殖产业支撑体系建设。

（6）转变水产养殖经营方式，加强水产养殖污染防治宣传引导。

4．农村生活源污染总量减排政策建议

（1）农村生活污水污染控制与减排：①完善农村生活污水处理设施运行经费扶持措

施；②健全农村生活污水处理设施规范化运行维护制度；③强化农村生活污水处理设施运行监管制度。

（2）农村生活垃圾污染控制与减排：①多渠道筹集农村生活垃圾收运费用；②强化农村生活垃圾分类收集与资源回收利用；③加强农村生活垃圾就地处理技术模式的应用指导和监管。

5．农副产品加工业污染总量减排政策建议

（1）转变思路，开展农副产品加工业污染防治顶层设计。

（2）筛选、推广农副产品加工业污染防治适用型技术模式。

（3）制定农产品加工副产物综合利用支持政策。

（4）形成农副产品初级加工减排工作实施与考核机制。

（5）将农副产品初级加工业纳入环保监管体系。

6.3.2 农业源污染防治工作需进一步加强的研究建议

（1）国家方针政策和法律法规会因社会发展需求和国情实时更新，因此在开展农业源污染防治理论体系建设与政策示范等工作时，应根据国家最新政策法规要求不断调整、改进和修正。

（2）针对我国农业源数量大、分布广，数据的真实性、有效性判断不准确等问题，建议进一步整理和分析全国各区域农业源污染数据，准确分析评估课题示范区政策示范效果，为我国农业源的政策制度的制定与出台提供更科学的支撑。

（3）本书提出的政策建议只在部分地区推广应用，应用真实的效果无法进行准确评估，需要后续跟踪。

（4）本书提出的减排技术指南、补贴办法等政策措施仅在部分地区进行小示范应用，后续应开展进一步验证与修正研究，为全面应用提供支撑。